今すぐ使えるかんたん

Premiere Elements やさしい入門

プレミア エレメンツ

バージョン 2024 / 2023 / 2022 対応版

Imasugu Tsukaeru Kantan Series
Premiere Elements
Yasashii-Nyumon

Windows & Mac 対応

技術評論社

本書の使い方

- 画面の手順解説だけを読めば、操作できるようになる！
- もっと詳しく知りたい人は、両端の「側注」を読んで納得！
- これだけは覚えておきたい機能を厳選して紹介！

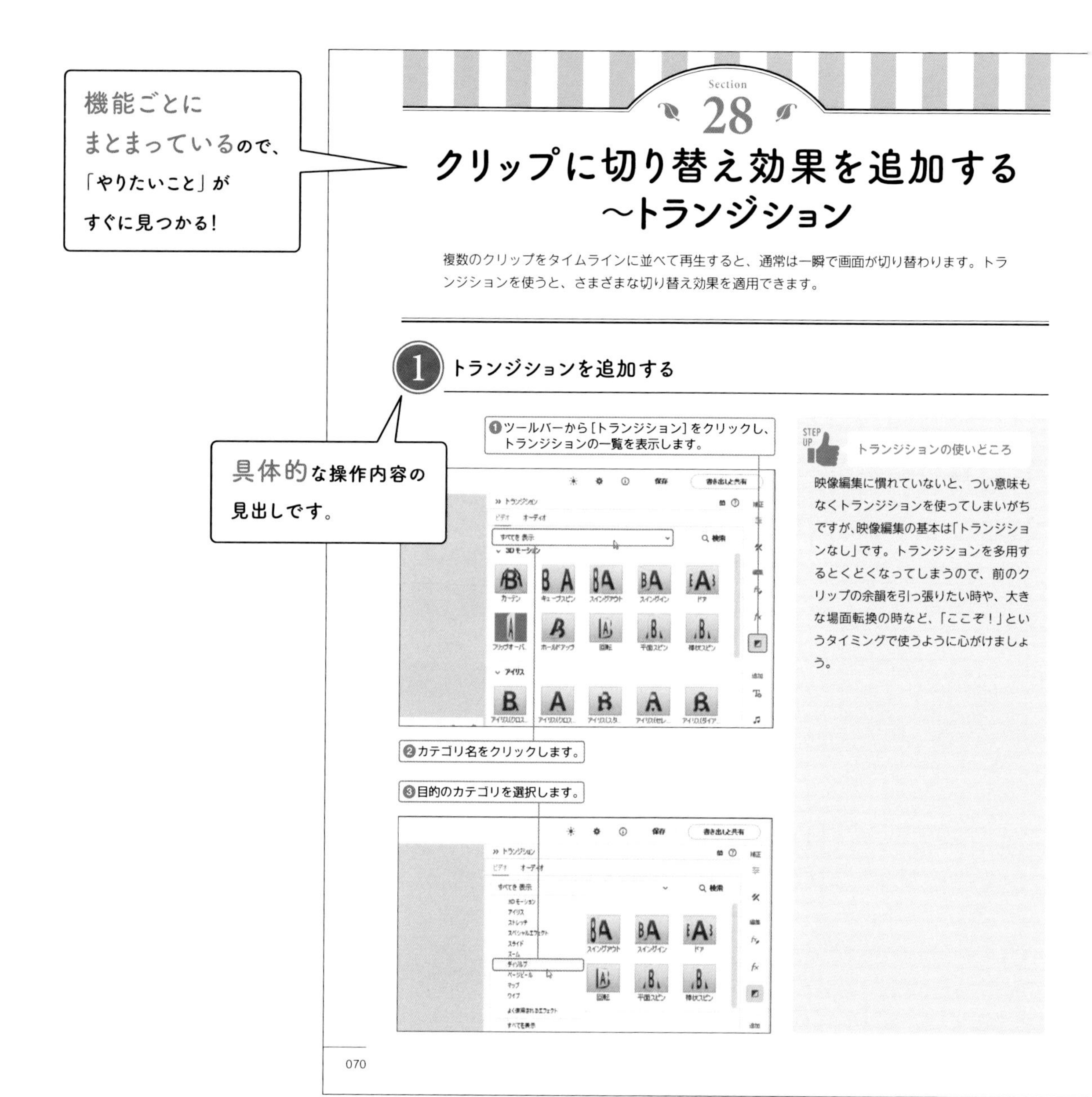

補足説明

操作の補足的な内容を「側注」にまとめているので、よくわからないときに活用すると、疑問が解決！

補足説明

便利な操作

用語の解説

応用操作解説

番号付きの記述で
操作の順番が一目瞭然です。

④目的のトランジションをタイムライン上のクリップ間にドラッグします。

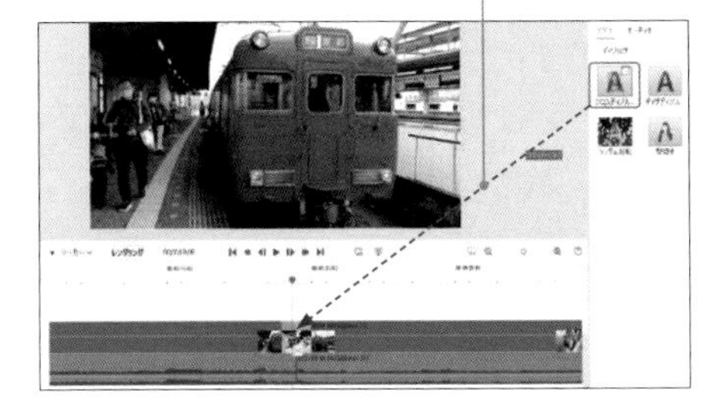

⑤[トランジションの調整]画面が表示されます。

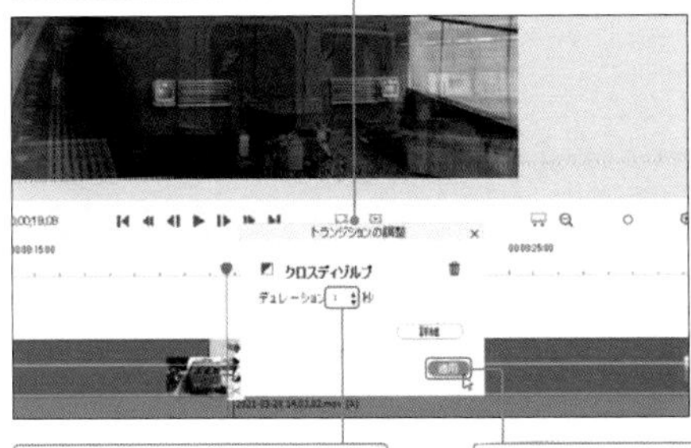

⑥トランジションのデュレーション（持続時間）を入力し、

⑦[適用]をクリックします。

MEMO クリップは同一トラック上に配置する

トランジションを使用するには、つなぐ2つのクリップが同一トラック上に配置されている必要があります。

HINT あとから設定を変更するには？

トランジションの設定を変更するには、タイムライン上のトランジションをダブルクリックして「トランジションの調整」画面を表示します（Sec.30参照）。

3 クリップの基本編集と切り替え効果

ムービーの導入部や最後にトランジションを使って演出する

使用するトランジションによって効果は異なりますが、トランジションの使い道は、クリップ間に切り替え効果を持たせるだけではありません。ムービーの最初や最後にトランジションを設定すると、ムービーの導入部を暗転から開始したり、ムービーの最後にホワイトアウトを数秒かけて余韻を持たせるなどの演出ができます。

目次

Chapter 1 Premiere Elementsの基本を知ろう

Chapter 2 ムービー素材の読み込み

Chapter 3 クリップの基本編集と切り替え効果

Chapter 4 クリップの基本補正とエフェクト

Chapter 5 便利なムービー編集テクニック

Chapter 8 編集したムービーの書き出し

Appendix

サンプルファイルのダウンロード

本書で使用しているサンプルファイル（人物、動物等は除く）は、以下のURLのサポートページからダウンロードすることができます。ダウンロードしたときは圧縮ファイルの状態なので、展開してから使用してください。なお、サンプルファイルは本書操作の一助として提供していますので、個人での使用に限ります。SNSやWebサイト等への公開は不可といたしますので、あらかじめご理解の上ご利用ください。

https://gihyo.jp/book/2024/978-4-297-14140-0/support

本書をお読みになる前に

- 本書に記載された内容は、情報の提供のみを目的としています。したがって、本書を用いた運用は、必ずお客様自身の責任と判断によって行ってください。ソフトウェアの操作や掲載されているプログラム等の実行結果など、これらの運用の結果について、技術評論社および著者、サービス提供者はいかなる責任も負いません。
- 本書記載の情報は、2024年4月現在のものを掲載しています。ご利用時には変更されている場合もあります。ソフトウェア等はバージョンアップされる場合があり、本書での説明とは機能内容や画面図などが異なってしまうこともあり得ます。本書ご購入の前に、必ずバージョン番号をご確認ください。
- 本書の内容は、以下の環境で動作を検証しています。Premiere Elements 2023／2022では機能や画面構成が異なる場合があります。また、一部の機能はPremiere Elements 2023／2022では利用できない場合があります。

  Adobe Premiere Elements 2024
  Windows 11 ／ macOS Sonoma
- ショートカットキーの表記は、Windows版Premiere Elementsのものを記載しています。macOS版Premiere Elementsで異なるキーを使用する場合は、( )内に補足で記載しています。

以上の注意事項をご承諾いただいた上で、本書をご利用願います。これらの注意事項をお読みいただかずにお問い合わせいただいても、技術評論社および著者、サービス提供者は対処しかねます。あらかじめ、ご承知おきください。

Chapter 1

Premiere Elementsの基本を知ろう

Premiere Elementsはホームビデオや個人が趣味で撮影した映像をきちんと編集することを目的として作られたソフトウェアです。本章では、Premiere Elementsではじめて映像を編集するための基本的な知識や手順、画面構成について解説します。

Section 01

Premiere Elementsとは

Premiere Elements（プレミアエレメンツ）は撮影した動画素材をつなげたり、文字やBGMを配置したりできる動画編集ソフトです。ここでは、Premiere Elementsでどんなことができるかを確認しましょう。

Premiere Elementsは映像編集ソフト

❶ビデオカメラやスマートフォンで撮影した動画を素材として、

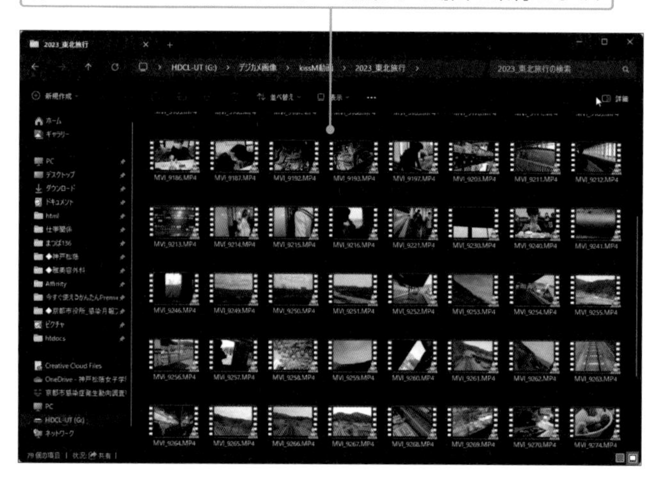

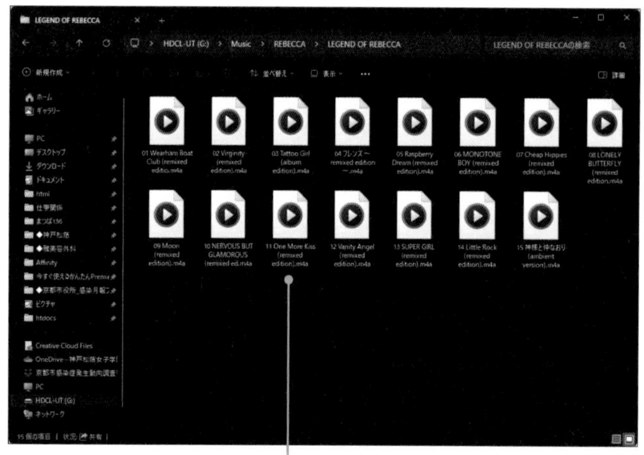

❷BGMやタイトルを付けたりすることで、1つのムービー作品として仕上げます。

KEYWORD　Premiere Elements

Premiere Elementsは、Adobe社が開発・販売する入門者向けの動画編集ソフトです。動画から必要なパートを抜き出してつなぎ合わせたり、BGMを付けたり、タイトルを付けたりすることで1つのムービー作品として仕上げます。完成したムービー作品はムービーファイルとして書き出したり、SNSに投稿することができます。

HINT　Premiere Elementsを購入するには？

Premiere Elementsは家電量販店などの店舗で購入するほか、Adobeのオンラインストアからダウンロード購入することもできます。また、画像編集ソフトのPhotoshop Elementsがセットになったパッケージも販売されています。どちらもサブスクリプションではなく買い切りの製品です。

Premiere Elementsでムービーを制作する方法

ビデオストーリー

ハイライトリール

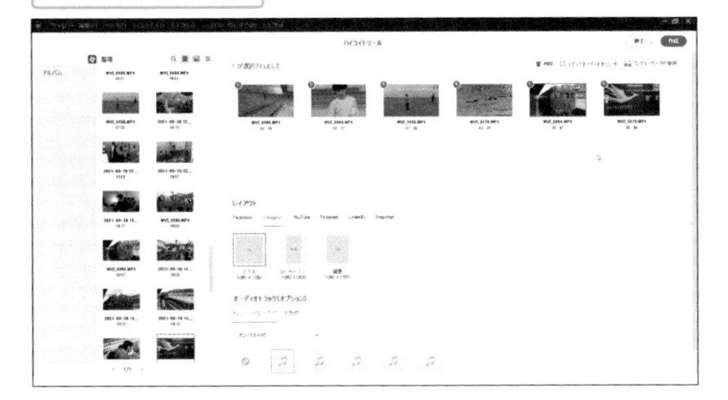

クイックビュー

エキスパートビュー

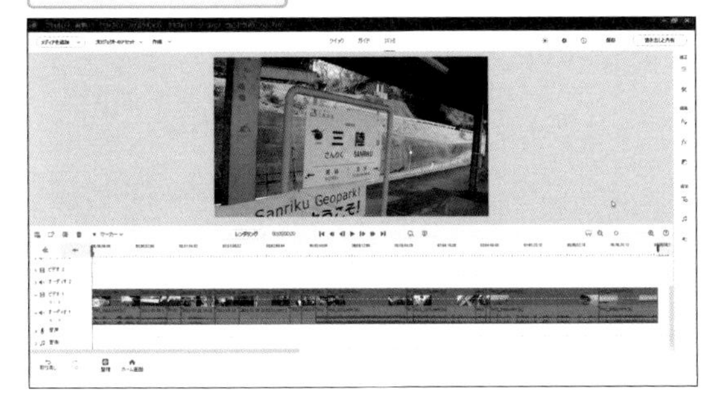

MEMO ビデオストーリー

「誕生日」「一般」「卒業式」「旅行」「結婚式」などのカテゴリ内のテーマを選び、素材となる動画や画像を指定していくことで、テーマに沿った、見栄えのするムービーに仕上げることができます(P.214参照)。

MEMO ハイライトリール

タイムラインに動画素材を配置した後、インスタントムービーを使用すると、タイトルや音楽、並び順、ムービーの長さなどを設定するだけで、自動的にテーマに沿った1本のムービー作品に仕上げることができます(P.214参照)。

MEMO クイックビュー

「エキスパート」ビューに比べて、かんたんに編集できるモードです。インスタントムービーやビデオストーリーのようにテーマファイルはなく、ある程度の自由度がありますが、単一のトラックしか扱えません。

MEMO エキスパートビュー

多彩な機能を利用して、自由度の高い編集ができます。素材を階層ごとにまとめるトラックがタイムライン上に複数用意され、より複雑な編集に対応します。本書では、エキスパートビューを利用した動画編集について解説します。

Section

02

ムービーの制作手順を知る

ムービー作品を作るためには、いくつかの手順が必要です。Premiere Elementsでそれらの作業が効率よく行えるよう、ムービー作品の制作に入る前に、その手順を確認しておきましょう。

ムービーの制作手順

❶素材の読み込み

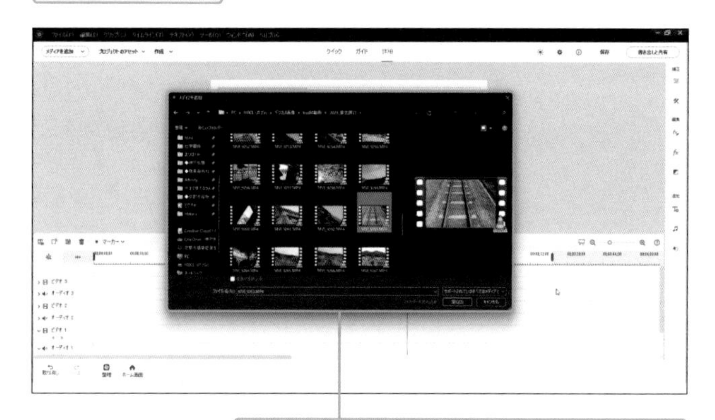

撮影した動画素材をパソコンに取り込みます。

MEMO

素材の読み込み

ビデオカメラやスマートフォンで撮影した動画をPremiere Elementsで扱えるように、パソコンに取り込みます。動画だけでなく、デジタルカメラで撮影した写真やイラスト、音声、音楽ファイルも素材として扱うことができます。

❷素材の配置

Premiere Elementsに取り込んだ動画素材を読み込みます。

MEMO

素材の配置

ムービー作品を作る前に、まずはプロジェクトを作成します。取り込んだ各種素材（クリップ）をタイムラインに配置し、使用する範囲を決定します。プレビューで動画の流れを確認しながら、無駄なシーンを省いていきます。

③演出・効果の追加

動画に演出や効果、文字などを追加します。

MEMO 演出・効果の追加

配置した動画に、切り替え時の効果（トランジション）を設定したり、エフェクトの機能を使って特殊効果や演出を加えたりします。合わせて、オープニングタイトルや、状況説明のための字幕（テロップ）なども設定し、作品を盛り上げる要素を加えていきます。

④音楽・ナレーションの追加

BGMやナレーションを追加して、ムービーを盛り上げます。

MEMO 音楽・ナレーションの追加

BGMやナレーションなどを追加すると、作品のテンポがよくなります。動画の雰囲気に合った曲をBGMに加えるだけで、作品としてのクオリティがぐっとアップします。お気に入りの曲だけではなく、あらかじめ用意されている曲や効果音などを使用することもできます。なお、作品をSNSなどに公開する場合は、楽曲の著作権に十分注意しましょう。

⑤ムービーファイルの出力

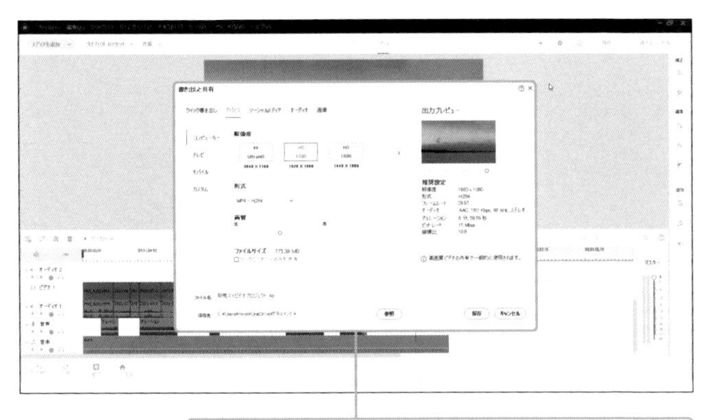

作成した動画をファイルやSNS向けに出力します。

MEMO ムービーファイルの出力

編集作業が完了したら、最終的に1つのムービーファイルとして、目的に応じたさまざまなメディアに出力します。Premiere Elementsにはファイルへの書き出し機能に加えて、インターネット経由で各種SNSやYouTube、Vimeoなどの動画サイトにアップロードして公開する機能が搭載されています。

Section 03

Premiere Elementsの起動と終了

ここでは、Premiere Elementsの起動と終了方法を解説します。Premiere Elementsを起動すると、はじめにホーム画面が表示されます。

Premiere Elementsを起動する

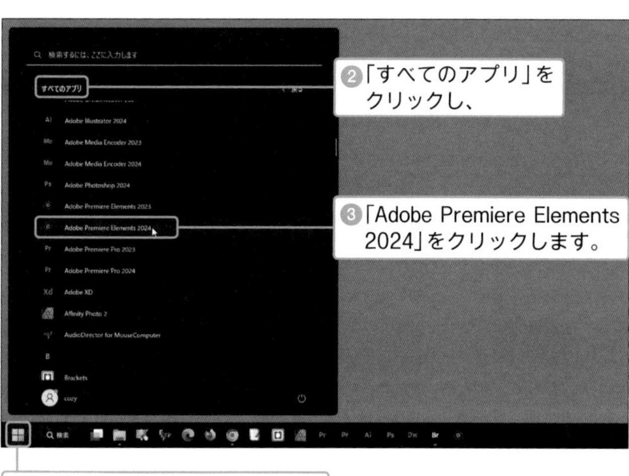

❷「すべてのアプリ」をクリックし、

❸「Adobe Premiere Elements 2024」をクリックします。

❶Windowsを起動して、スタートメニューをクリックします。

❹Premiere Elementsのホーム画面が表示されます。

❺［ビデオの編集］をクリックします。

タスクバーに登録する

手順❸でPremiere Elementsを起動した後、タスクバーの「Adobe Premiere Elements 2024 Editor」アイコンを右クリックして、「タスクバーにピン留めする」を選択すると、次回からタスクバーのアイコンをクリックすることでPremiere Elementsを起動できます。

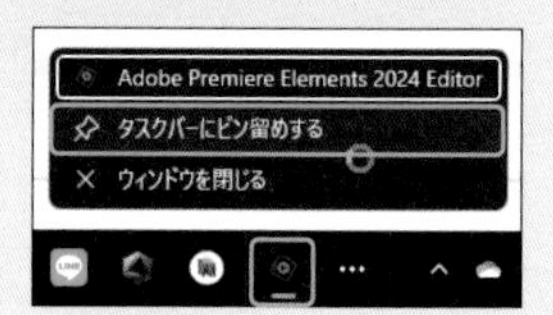

Macの場合

Macの場合は［LaunchPad］をクリックして、［Adobe Premiere Elements 2024］をクリックすると起動します。

その他のアプリケーション

ホーム画面で［整理］をクリックすると、Elements Organizerが起動します。［写真の編集］をクリックすると、画像編集ソフトのPhotoshop Elementsが起動しますが、インストールされていない場合は体験版ダウンロード画面が表示されます。

❻Premiere Elements Editor 2024が起動します。

❼画面右上の［最大化］をクリックして、全画面表示にします。

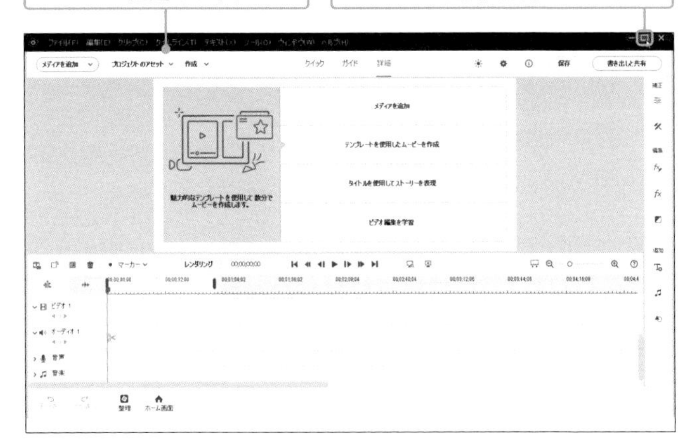

Elements Organizerとは

Adobe Elements Organizerはパソコン内の画像や映像ファイルの管理を行うソフトです。映像を解析して、映っている人物、撮影された場所、日付・時間などで素材を分類します。また、それぞれの素材に対してタグやキャプション、重要度を設定することも可能です。

Premiere Elementsを終了する

❶［ファイル］メニュー→［終了］の順にクリックします。

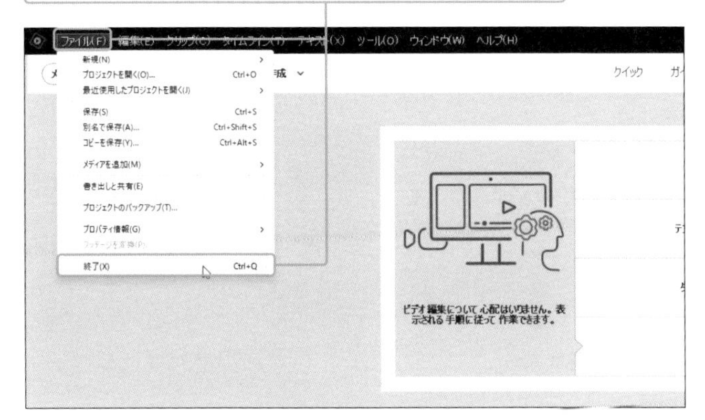

❷Premiere Elements Editorが終了し、ホーム画面が表示されました。

Premiere Elementsの終了について

Premiere Elementsのホーム画面の［閉じる］をクリックするとホーム画面は閉じますが、Premiere Elements Editor 2024は終了しません。Premiere Elements Editor 2024のファイルメニューから終了するか、［閉じる］ボタンをクリックして終了してください。

Macの場合

Macの場合は、［Adobe Premiere Elements 2024 Editor］→［Adobe Premiere Elements Editorを終了］の順にクリックします。

Section 04

「エキスパート」ビューに切り替える

Premiere Elementsは、手軽に編集が行える「クイック」ビュー、最新機能を操作しながら学べる「ガイド」ビュー、多彩な機能で編集できる「エキスパート」ビューの3つのモードを備えています。

1 3種類の「ビュー」を知る

Premiere Elementsには「クイック」ビュー、「ガイド」ビュー、「エキスパート」ビューの3つのモードが用意されており、画面上部中央のワークスペース切り替えボタンで切り替えることができます。本書では、「エキスパート」ビューを使った本格的な編集方法について解説します。

「クイック」ビュー

[クイック]をクリックすると、クイックビューに切り替わります。

「ガイド」ビュー

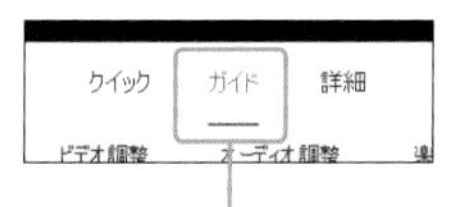

[ガイド]をクリックすると、ガイドビューに切り替わります。

「エキスパート」ビュー

[詳細]をクリックすると、エキスパートビューに切り替わります。

HINT 各ビューの特徴

- **「クイック」ビュー**
  シンプルな画面で、かんたんに編集ができます。その反面、使用できるフィルターの数が少なかったり、一部機能が使えないなど、細部までこだわった編集はできません。
- **「ガイド」ビュー**
  目的別に、操作方法を画面上で指示してくれるツアーガイドです。実際に編集しながら目的の操作を体験できるため、Premiere Elementsでどんなことができるのか、どんな操作体系なのかを知るために有効です。
- **「エキスパート」ビュー**
  より緻密な動画編集をするためのビューです。「クイック」ビューに比べてより詳細な設定が可能で、動画の切り替え時の効果（トランジション）やフィルター（エフェクト）も充実しています。

エキスパートビューに切り替える

❶はじめてPremiere Elementsを起動すると、初期設定の「クイック」ビューが表示されます。

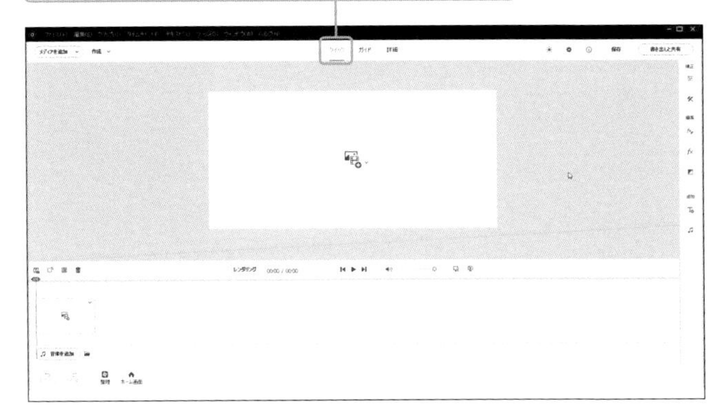

❷画面上部の［詳細］をクリックします。

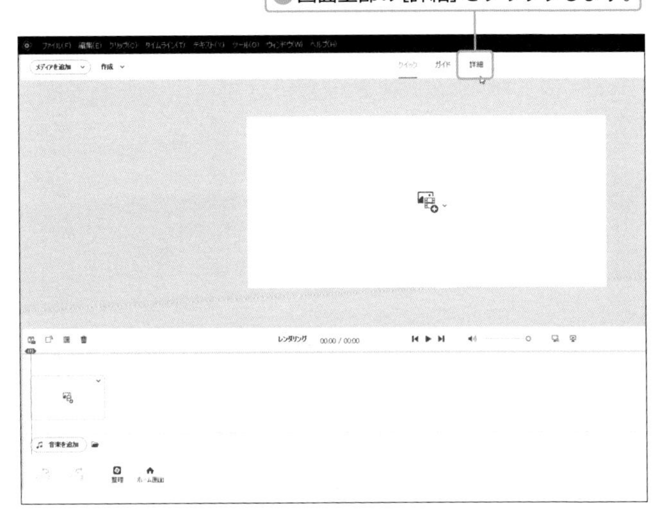

❸画面が「エキスパート」ビューに切り替わりました。

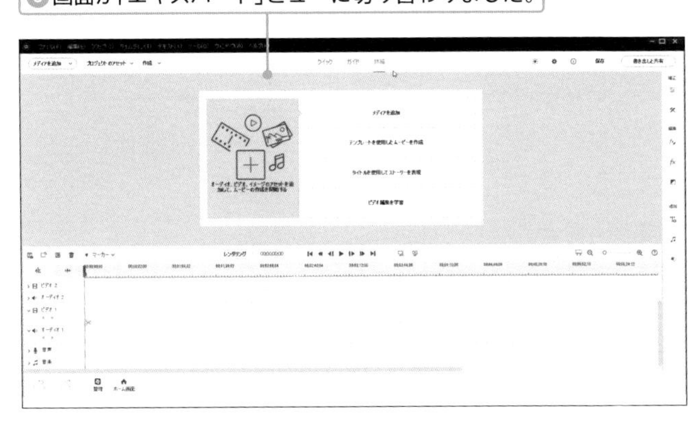

HINT

2回目以降の起動

Premiere Elementsの2回目以降の起動時には、直前の作業で使用していたビューが最初に表示されます。

MEMO

編集中にビューを切り替えると？

作業の途中でビューを切り替えても、編集中の内容はそのまま保持されます。

Section 05

Premiere Elementsの画面構成

ここではPremiere Elementsの画面構成と各機能について解説します。編集中はいろいろな機能を駆使して作業を進めるので、どこにどんな機能があるのかを把握しておきましょう。

Premiere Elementsの各部名称と機能

❶メインメニュー	Premiere Elementsの主なメニューがまとめられています。画面内にあるボタンと同じ機能のメニューもあります。
❷[メディアを追加]ボタン	さまざまなメディアから、動画や写真をPremiere Elementsに読み込む際に使用します。
❸[プロジェクトのアセット]ボタン	プロジェクト内で使用する素材クリップを格納している[プロジェクトのアセット]パネルを表示します。
❹[作成]ボタン	テーマに沿ったムービーを手軽に作れる「ビデオストーリー」や「インスタントムービー」を作成します。
❺ワークスペース切り替えボタン	「クイック」ビュー、「ガイド」ビュー、「エキスパート」ビューに切り替えます。
❻[アプリの外観カスタマイズ]ボタン	クリックすると、環境設定を呼び出すパネルが表示されます。環境設定の[UIモード]を変更することで、アプリの外観が変更できます。
❼[プロジェクト設定]ボタン	[編集]メニュー内のプロジェクト設定を開きます。通常、あまり使用しません。
❽[情報を見る]ボタン	カーソルを合わせると、プロジェクトファイルが保存されている場所が表示されます。
❾[保存]ボタン	作業中のプロジェクトファイルを上書き保存します。
❿[書き出しと設定]ボタン	作成したムービー作品をファイルやDVDに出力したり、動画共有サイトにアップロードする際に使用します。
⓫プレビューウィンドウ	編集中のムービーをプレビューします。編集した内容がすぐに反映されますが、正確な最終イメージを確認するためには書き出しが必要です。
⓬ツールバー	編集に必要なさまざまなツールを機能別に3つのカテゴリ、8つのボタンに分けて格納しています。
⓭[フリーズフレーム]ボタン	編集中の動画クリップから静止画を抽出します。抽出した静止画は画像として保存したり、そのままタイムラインに配置したりできます。
⓮[右に回転]ボタン	クリックするごとに、選択中のクリップを時計回りに90度ずつ回転させます。
⓯[オートリフレーム]ボタン	選択しているクリップにオートリフレームエフェクトを適用します。
⓰[削除]ボタン	選択しているクリップを削除します。
⓱[マーカー]ボタン	チャプターを作るためのマーカーを設置します。
⓲[レンダリング]ボタン	タイムラインのワークエリアの範囲を計算して、プレビューファイルを作成します。フィルタやトランジション効果なども、最終イメージと同じ表現で再生することができます。
⓳コントローラー	編集中のムービーを再生／一時停止したり、巻き戻し／早送りするなどのコントロールを行います。
⓴[設定]ボタン	プレビュー再生する際の画質や拡大率を設定します。
㉑[フルスクリーンで再生]ボタン	画面いっぱいにプレビュー画面を広げて再生します。
㉒ズームコントロール	タイムラインの時間軸を拡大／縮小します。微妙なタイミングなどを調整する場合はズームイン、全体の流れを確認したい場合はズームアウトすると、効率よく作業ができます。
㉓タイムライン	動画や音楽の素材クリップを読み込んで、タイムライン上に配置します。配置されたクリップの長さや順番を変更するなど、自由に編集できます。「エキスパート」ビューでは、タイムライン上にビデオクリップやオーディオクリップを並べて配置できるのが特徴です。
㉔アクションバー	[取り消し]、[やり直し]、[整理]の各ボタンが配置されています。[整理]をクリックすると、Elements Organizerを起動します。
㉕ビデオトラック	ビデオクリップを配置します。初期設定では、ビデオトラックは3つ用意されていますが、追加することもできます。
㉖オーディオトラック	オーディオクリップを配置します。通常、動画素材に含まれる音声はビデオトラックと結合されていますが、オーディオを切り離すこともできます。
㉗時間インジケーター	現在の再生・編集位置を示します。ドラッグすることで、編集位置を変更できます。
㉘ワークエリアバー	薄いグレーになっている部分をワークエリアといいます。これを指定することで、ワークエリア部分だけを書き出したり、プレビューの作成時間を短縮したりできます。

MEMO

知っておきたいショートカットキー

ショートカットキーを知っておけば、さまざまな操作をすばやく行うことができます。操作に慣れてきたら、試してみましょう。

※( )内はMac版

プロジェクトの管理	
Ctrl (command) + N	新規プロジェクトの作成
Ctrl (command) + O	プロジェクトを開く
Ctrl (command) + S	プロジェクトの保存
Ctrl (command) + Q	Premiere Elementsを終了
編集	
Ctrl (command) + Z	取り消し
Ctrl (command) + Shift + Z	やり直し
Ctrl (command) + A	すべてを選択
Ctrl (command) + X	カット
Ctrl (command) + C	コピー
Ctrl (command) + V	貼り付け
Ctrl (command) + Alt (option) + V	エフェクトと調整を貼り付け
Shift (fn) + Delete	削除
Delete	削除してクリップ間を詰める
Ctrl (command) + G	クリップをグループ化
Ctrl (command) + Shift + G	グループ化解除
Ctrl (command) + K	クリップを時間インジケータの位置で分割
タイムラインの操作	
space	タイムラインの再生・一時停止
G	時間インジケータを先頭フレームに移動
W	時間インジケータを最終フレームに移動
Alt (option) + ←/→	選択したタイムラインのクリップを1フレームずつ移動
ムービーの再生	
Alt (option) + Enter	フルスクリーンで再生
l	再生(押すごとに、2倍速→3倍速→4倍速へ高速化する)
j	逆再生(押すごとに、2倍速→3倍速→4倍速へ高速化する)
←/→	時間インジケーターを1フレームずつ移動
Shift + ←/→	時間インジケーターを5フレームずつ移動

キーボードショートカットのカスタマイズ

[編集] メニュー→ [キーボードショートカット] の順にクリックすると、キーボードショートカットパネルが開きます。ショートカットを設定したい項目を選択し、キーボードのキーを押すと、押したキーがショートカットとして登録されます。[別名で保存] ボタンをクリック すると、カスタムキーセットとして登録できます。

Chapter 2

ムービー素材の読み込み

Premiere Elementsでは映像だけでなく、写真や音声、文字なども素材として扱います。Premiere Elementsでは、それらのファイルをパソコンに取り込み、プロジェクトという形で管理しています。本章ではプロジェクトの扱い方、各種ファイルの取り込み方法について解説します。

Section 06

プロジェクトを作成する

Premiere Elementsで動画を編集するためには、作成するムービーごとにプロジェクトを用意する必要があります。ここでは、プロジェクトとその制作方法について解説します。

プロジェクトとは

プロジェクトとは「Premiere Elementsでムービーを編集するための作業環境」のことで、作成するムービーごとにプロジェクトが必要です。プロジェクト内には、読み込んだ動画や音楽、写真などの素材クリップ各種、タイムライン上に配置したクリップ、クリップに対する加工、タイトルの位置など、編集作業で行ったさまざまな情報がまとめられます。つまり、「どの素材を」「どの順番で」「どのように表示するか」を管理しているものがプロジェクトといえます。
プロジェクトを保存することで、プロジェクトごとにムービーを編集できます。また、プロジェクトをバックアップすることで、異なるパソコンに作業環境を移行することも可能です。プロジェクトの保存についてはSec.15を、プロジェクトを開く操作についてはSec.16を参照してください。

●プロジェクトA＝子どもの運動会の動画を編集

●プロジェクトB＝友人との旅行の動画を編集

2 プロジェクトを作成する

❶[ファイル]メニュー→[新規]→[プロジェクト]の順にクリックします。

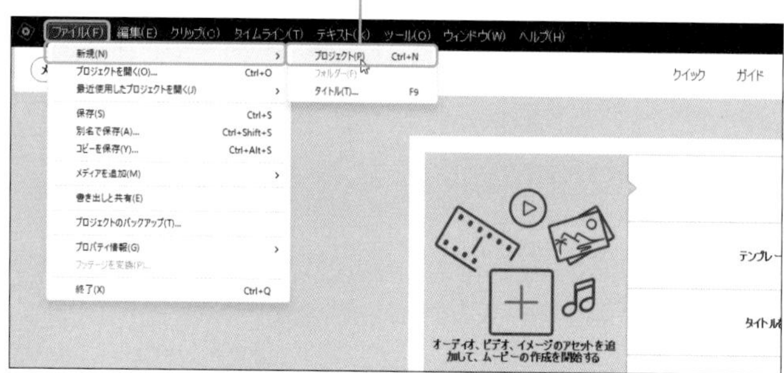

❷［新規プロジェクト］画面で、「名前」欄にわかりやすいプロジェクト名を入力し、

❸「保存先」欄の［参照］をクリックします。

❹プロジェクトを保存したいフォルダーをクリックし、

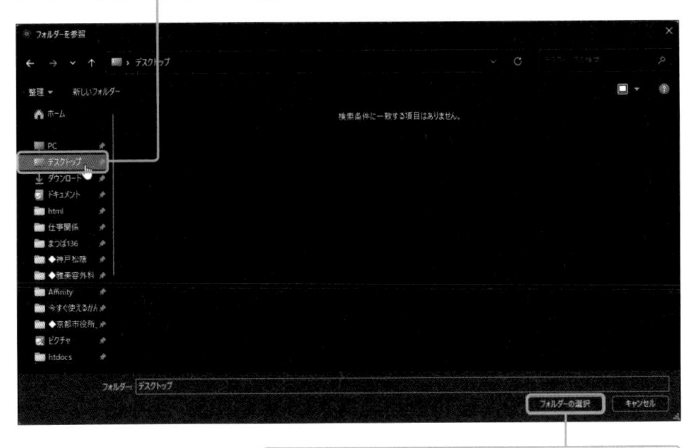

❺［フォルダーの選択］をクリックします。

❻「プロジェクトプリセット」欄から編集したい動画プリセットをクリックし、

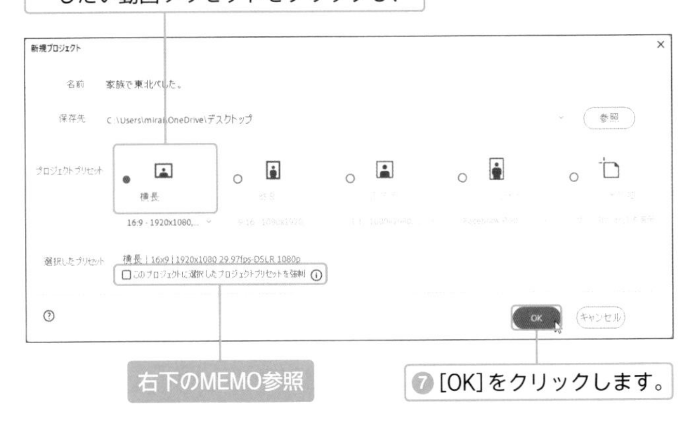

右下のMEMO参照

❼［OK］をクリックします。

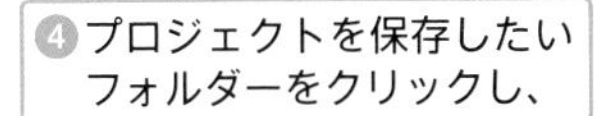

HINT

保存場所の初期設定

プロジェクトの保存先は、初期設定では［ドキュメント］→［Adobe］→［ Premiere Elements］→［24.0］フォルダーが指定されています。保存先のフォルダーは、OSやPremiere Elementsの バ ー ジ ョ ン によって異なる場合があります。

MEMO

プロジェクトプリセットについて

手順❻の画面のプロジェクトプリセットは、動画の縦横比と解像度の設定を記録したもので、大きく分けて「横長」「縦長」「正方形」「ソーシャル」「その他」があります。それぞれのプリセットを選択後、プルダウンメニューから目的に応じた解像度とフレーム数を選択してください。

MEMO

「プロジェクトプリセットを強制」とは

手順❻の画面で［このプロジェクトに選択したプロジェクトプリセットを強制］にチェックを入れると、設定したプロジェクトプリセットとタイムラインに配置したクリップの解像度などが異なっていた場合でも、プロジェクトプリセットの解像度を保持します。

Section 07

素材を読み込みたい機器を接続する

Premiere Elementsで動画の編集を行うには、まず、Premiere Elementsで素材を読み込む必要があります。ここでは、各素材を撮影した機材や保存したメディアごとに接続する方法を解説します。

素材を読み込むためには?

①素材を読み込むために、まず、カメラ類や各種メディアとパソコンを接続します。

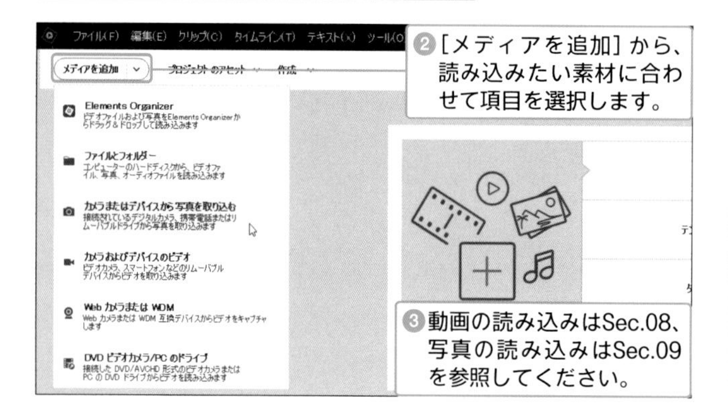

②[メディアを追加]から、読み込みたい素材に合わせて項目を選択します。

③動画の読み込みはSec.08、写真の読み込みはSec.09を参照してください。

MEMO メディアとは

メディアとはSDカードやUSBメモリ、SSD、ハードディスクなど、データを保管しておくための機器の総称です。メディアをケーブルやカードリーダーを介してパソコンに接続して、動画素材を読み込みます。

カメラ機器とパソコンを接続する

ビデオカメラ

①ビデオカメラとお使いのパソコンをUSBケーブルで接続します。

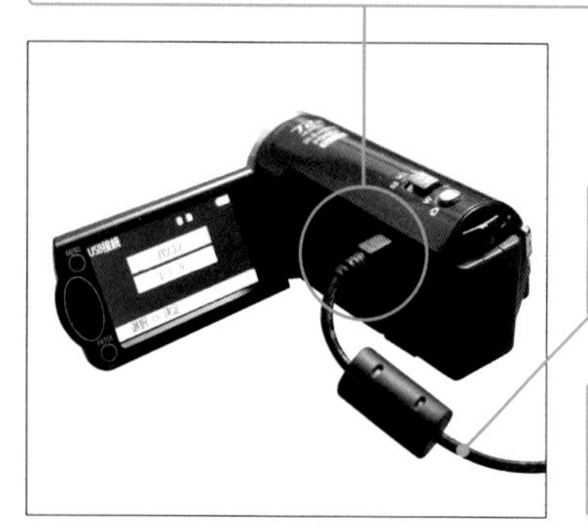

②ケーブルの種類は、ビデオカメラによって異なります。

③詳しくは、お使いのビデオカメラの取扱説明書を参照してください。

HINT ビデオカメラのモード設定

ビデオカメラの機種によっては、読み込む際にモードを設定する必要があります。読み込み用モードのボタンやダイアルで切り替えます。

スマートフォン

①スマートフォンとパソコンをUSBケーブルで接続します。

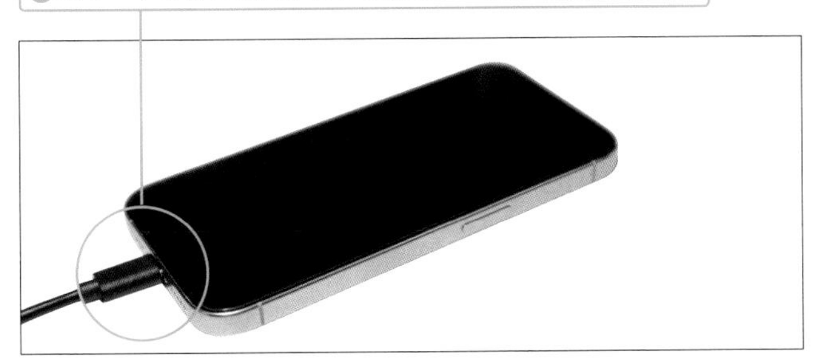

②詳しくは、スマートフォンの取扱説明書を参照してください。

デジタルカメラ

①デジタルカメラにメモリーカードが挿入されていることを確認し、

②USBケーブルでパソコンに接続します。

③詳しくは、デジタルカメラの取扱説明書を参照してください。

メモリーカード

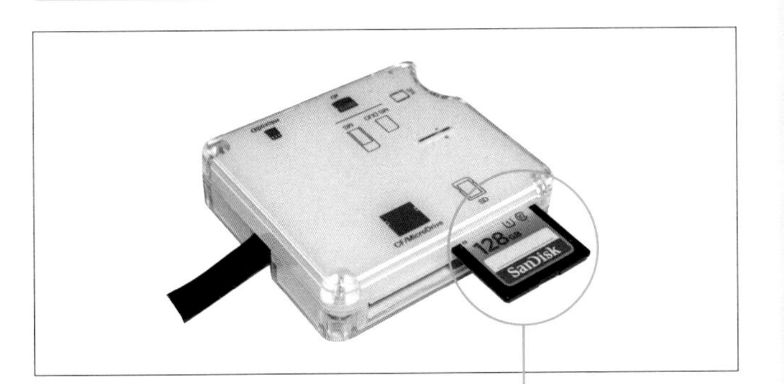

①カードリーダーに、読み込ませたいメモリーカードをセットします。

MEMO iPhoneと接続できない場合

iPhoneの場合は、iPhone側で画像フォルダーにアクセスする許可を与える必要があります。iPhoneのロックを解除後、画面に表示された[許可]をタップします。

MEMO 使用できないUSBケーブル

モバイルバッテリーなどに付属するUSBケーブルは、充電以外の用途で使用できないものがあります。そのようなUSBケーブルでは、素材を読み込むことはできません。

MEMO パソコンにカードリーダーがない場合

カードリーダーが内蔵されていないパソコンの場合は、別途対応したカードリーダーを用意して、USBケーブルで接続します。

Section 08

ビデオカメラなどから動画を読み込む

ビデオカメラやスマートフォンで撮影した動画を、Premiere Elementsに直接読み込ませる手順について解説します。接続する機器が異なっても、すべて同じ手順で読み込むことができます。

1 動画を読み込む

❶読み込みたい機器をパソコンに接続して［メディアを追加］をクリックし、

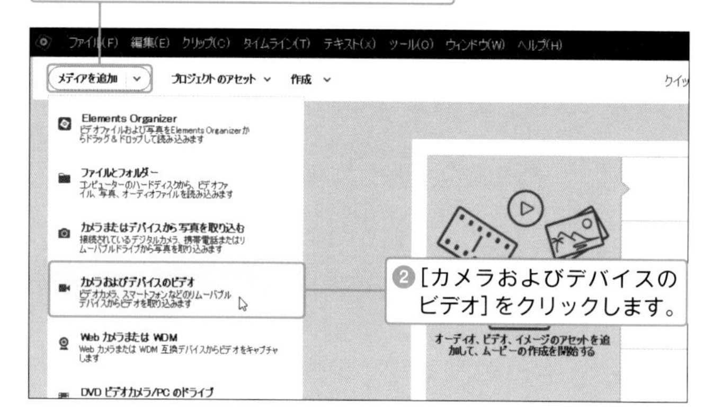

❷［カメラおよびデバイスのビデオ］をクリックします。

❸ビデオインポーターが開いたら「ソース」のリストをクリックし、

❹接続したビデオカメラを選択します。

HINT参照

右下のMEMO参照

MEMO スマートフォンの動画を読み込みたい

スマートフォンとパソコンをUSBケーブルで接続することで、Premiere Elementsから直接スマートフォン内の動画や画像ファイルにアクセスして読み込むことが可能です。その際、手順❹でスマートフォンを選択できます。

HINT ファイル名を変更したい

読み込み時にファイル名を変更するには、手順❸の画面で［プリセット］のプルダウンメニューをクリックし、命名パターンを指定します。任意の文字列（wedding、tripなど）を使用する場合は「カスタム名ー番号」を選択し、名前欄に文字列を入力します。

MEMO 取り込み後にタイムラインに設置したい

手順❸の画面で「タイムラインに追加」にチェックを入れると、取り込んだ素材をそのままタイムラインに配置します。

❺接続機器に保存されている動画が一覧で表示されます。

❼[保存先]を確認して、

❻すべての動画にチェックが入っているので、不要な動画をクリックしてチェックを外し、

❽問題がなければ[取り込み]をクリックします。

❾[プロジェクトのアセット]パネルに取り込まれた動画ファイルのサムネイルが表示されます。

HINT

すべての動画の選択を解除するには？

一部の動画だけ読み込みたい場合は、[すべてのチェックを解除]をクリックしてチェックを解除してから、改めて読み込みたい動画にチェックを入れるとかんたんです。

HINT

保存先を変更するには？

通常、保存先はCドライブのユーザーフォルダー内の[ビデオ]フォルダー(Macでは[ムービー]フォルダー)が指定されています。別の場所に変更したい場合は、ビデオインポーターの[保存先]の右側にあるフォルダーアイコンをクリックして、[フォルダーを参照]画面で保存先を指定して取り込みます。

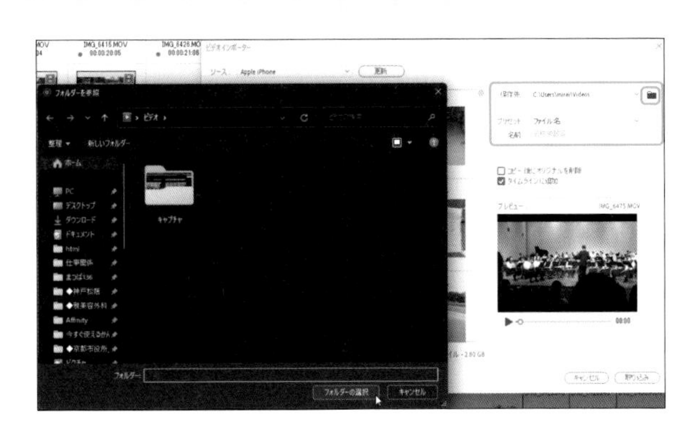

Section
09

デジタメなどから写真を読み込む

デジタルカメラやスマートフォンで撮影された写真を、Premiere Elementsに直接読み込む手順について解説します。読み込み元の機器が異なっても、すべて同じ手順で読み込むことができます。

写真を読み込む

❶読み込みたい機器をパソコンに接続して[メディアを追加]をクリックし、

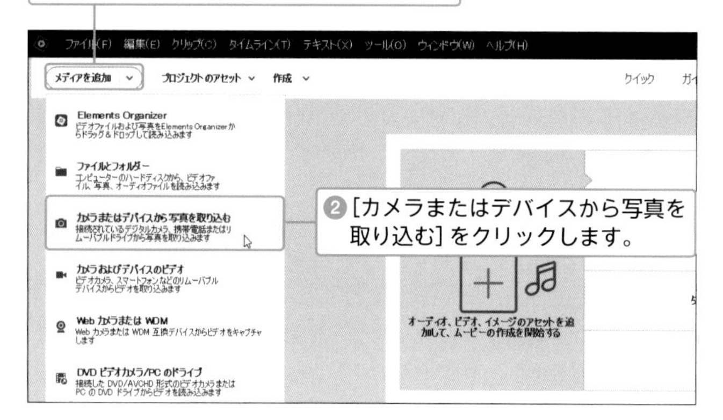

❷[カメラまたはデバイスから写真を取り込む]をクリックします。

❸フォントダウンローダーが開くので、[詳細設定]をクリックします。

MEMO

パソコンと機器の接続

写真を読み込みたい機器とパソコンの接続方法については、Sec.07を参照してください。

❹「写真の取り込み元」のリストをクリックし、接続した機器を選択します。

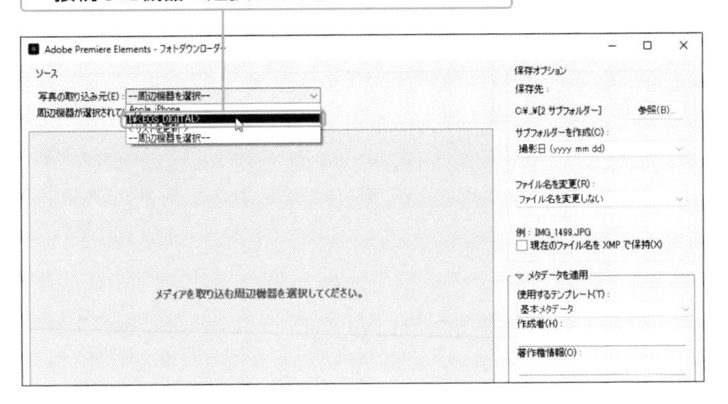

❺取り込み可能な写真が一覧表示されたら、[保存先] を確認し、

右下のMEMO参照

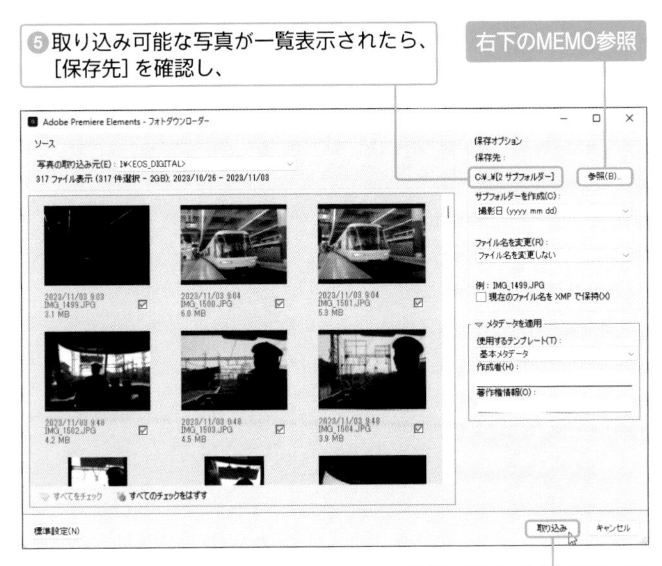

❻問題なければ[取り込み]をクリックします。

❼[プロジェクトのアセット] パネルに、取り込まれた写真ファイルのサムネイルが表示されます。

接続した機器がリストに表示されない

機器をパソコンに接続した後、Premiere Elementsから認識されるまでに少し時間がかかる場合があります。

読み込み時の注意

写真の読み込み直後はすべてにチェックが入っているので、対象外の写真のチェックボックスをクリックしてチェックを外しましょう。

保存先オプションを使う

手順❺の画面で、「保存先」の[参照]をクリックすると、読み込んだ画像の保存先を指定できます。
[サブフォルダーを作成] 欄でサブフォルダーのフォルダ名を指定します。
[ファイル名を変更] 欄で読み込んだ画像のファイル名を変更します。

Section 10

パソコン内のファイルを読み込む

パソコン内に保存されたファイルを読み込む方法について解説します。あらかじめパソコン内に保存された動画や写真のファイルや、パソコンで作成したイラストなどのファイルも、この方法で取り込みができます。

フォルダーを開いてファイルを読み込む

❶［メディアを追加］をクリックし、

❷［ファイルとフォルダー］をクリックします。

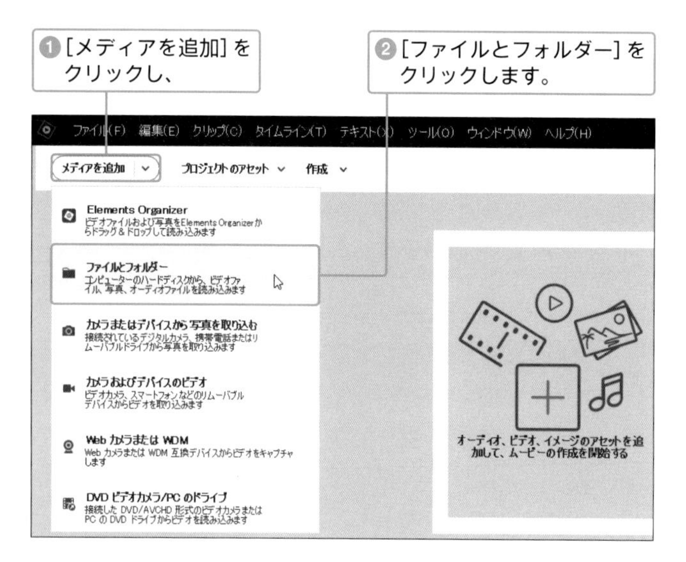

❸［メディアを追加］画面が表示されます。

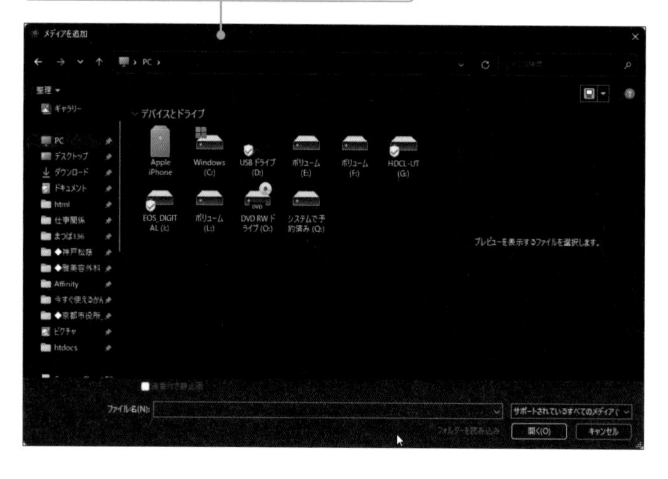

MEMO フォルダーの中身をすべて読み込むには？

フォルダー内のファイルをすべて読み込む場合は、手順❸の画面で目的のフォルダーを選択して、［フォルダーを読み込み］をクリックします。

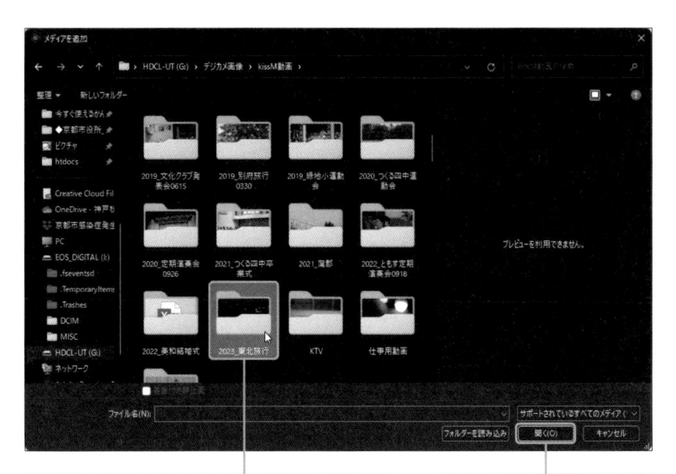

❹メディアを追加パネルで対象となるフォルダーをクリックして選択し、

❺[開く]をクリックします。

❻対象となるファイルをクリックして選択し、

❼[開く]をクリックします。

❽[プロジェクトのアセット]パネルに、読み込まれた動画ファイルのサムネイルが表示されます。

MEMO

複数のファイルを一度に読み込むには？

手順❻でCtrl（command）＋クリックで複数のファイルを同時に選択すると、複数のファイルを一度に読み込むことができます。

HINT

ドラッグ＆ドロップでも読み込める

WindowsやMacのウィンドウから、ファイルを直接[プロジェクトのアセット]パネルにドラッグ&ドロップすることでも読み込むことができます。

Section 11

読み込んだクリップを表示する

各メディアから読み込んだ動画は、[プロジェクトのアセット] パネルにまとめられて、プロジェクトごとに管理されます。動画はリスト表示にしたり、非表示にしたりできます。

1 プロジェクトのアセットを表示する

❶Sec.07～10を参考に各種素材を読み込み、

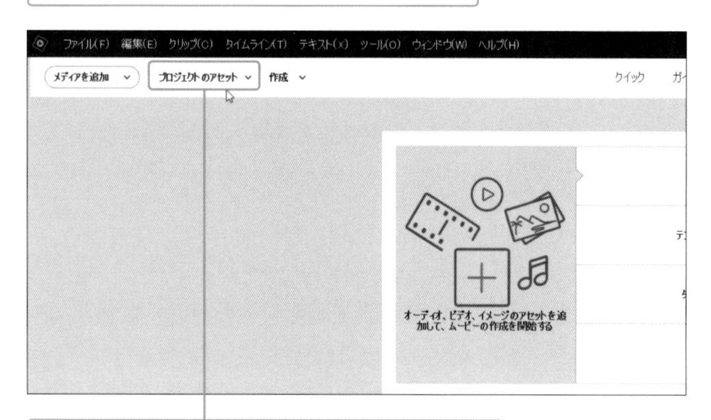

❷[プロジェクトのアセット]をクリックします。

❸[プロジェクトのアセット] パネルに、現在のプロジェクトに取り込まれた各種素材(クリップ)が一覧で表示されます。

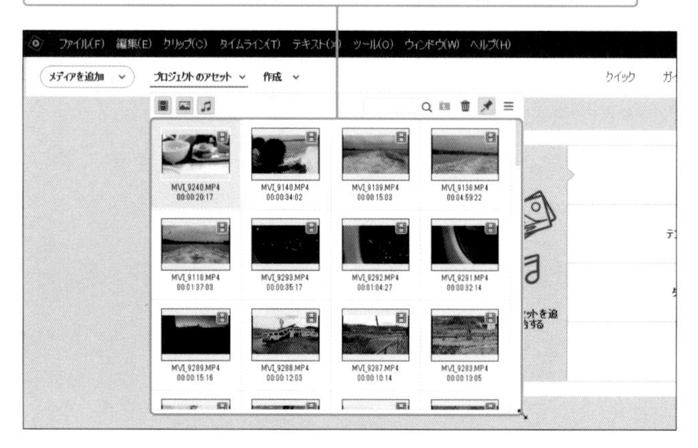

MEMO

表示エリアを拡大したい

アセットパネルの下端または右下をドラッグすることで、クリップの表示エリアを拡大できます。

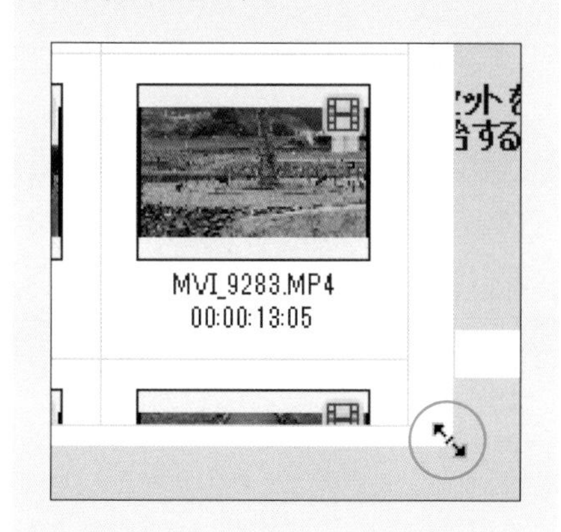

④[パネルオプション]をクリックし、

⑤[表示]→[リスト表示]の順にクリックすると、クリップがリスト表示に変更されます。

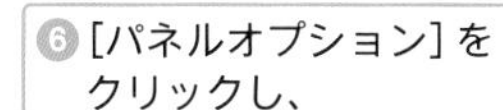

⑥[パネルオプション]をクリックし、

⑦[並べ替え]→[デュレーション(昇順)]の順にクリックします。

リスト表示になりました。

⑧ビデオクリップの並び順が、再生時間の長さが短い順に変わります。初期設定では[ファイル名(昇順)]に並んでいます。

MEMO クリップ名を変更するには?

パネル内のクリップ名をクリックして選択すると、クリップ名を変更できます。クリップの内容が一目でわかる名前にしておくと、作業が楽になります。なお、クリップ名を変更しても、元のファイル名は変更されません。

MEMO 素材の種類ごとに表示を切り替える

パネル左上のボタンをクリックすると、動画や写真など、素材の種類ごとに表示/非表示を切り替えできます。特定の素材を探す際に便利です。

Section 12

読み込んだクリップを再生して確認する

プロジェクトに読み込んだクリップはサムネイルが表示されますが、似たようなシーンでは内容の違いが判断できません。クリップをプレビューして、内容を確認してから作業に入りましょう。

クリップモニターで再生する

❶再生したいクリップのサムネイルをダブルクリックします。

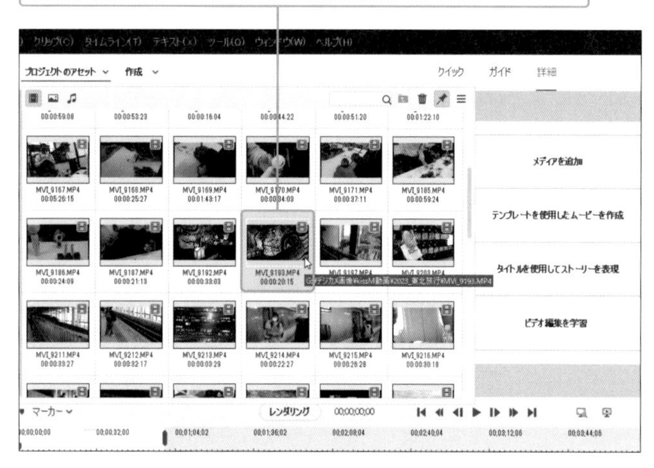

❷クリップモニターが表示されました。

MEMO　クリップモニターはどう使う？

ビデオクリップや音声クリップの場合は、クリップモニターの［再生］をクリックすると、再生が開始します。

MEMO　クリップモニターを大きくするには？

クリップモニターのコーナー部分をドラッグすることで、クリップモニターの大きさを自由に変えることができます。

クリップモニターの各部名称と機能

❶ズームコントロール	時間軸を拡大／縮小します。
❷時間インジケーター	現在の再生位置を示します。
❸現在の時間	時間インジケーターの位置をタイムコードで示します。
❹クリップのデュレーション(長さ)	トリミングしたクリップの長さをタイムコードで示します。
❺[巻き戻し]ボタン	クリックするごとに4段階まで巻き戻し速度が速くなります。
❻[前のフレーム]ボタン	1フレーム(コマ)ずつ前に戻ります。
❼[再生／一時停止]ボタン	クリックするごとに再生と一時停止を繰り返します。
❽[次のフレーム]ボタン	1フレーム(コマ)ずつ先に進みます。
❾[早送り]ボタン	クリックするごとに4段階まで早送り速度が速くなります。
⓾インポイント	クリップのトリミング開始位置を設定します。
⓫アウトポイント	クリップのトリミング終了位置を設定します。

タイムコードの数字の意味は？

タイムコードは00(時間):00(分):00(秒):00(フレーム)を表します。フレームとは動画や音声の1コマを表す単位で、通常、30フレームで1秒です。撮影素材によっては、1秒間で60フレームや120フレームの動画を撮影できるものもあります。

Section 13

クリップの「どこを使うか」を指定する

取り込んだ動画素材の明らかに不要な部分は、あらかじめトリミングしておくことで、その後の編集がよりスムーズに行えます。ここでは、クリップモニター上でクリップをトリミングする方法について解説します。

1 インポイントとアウトポイントを指定する

①P.036を参考にクリップモニターを開きます。

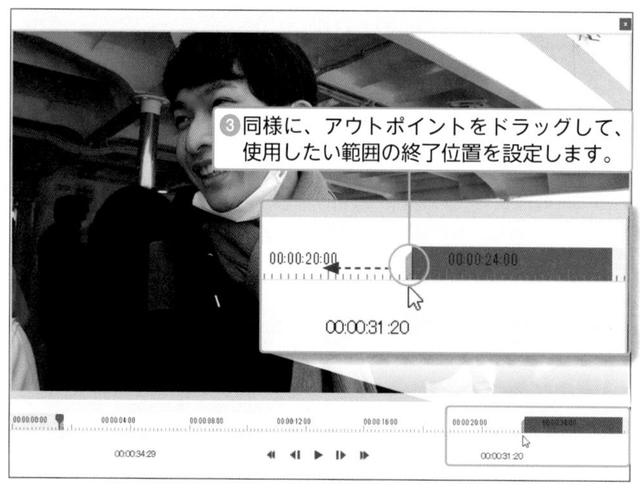

HINT

インポイントとアウトポイントを指定する時のコツは？

動画素材の中で使いたい部分が決まったら、その部分ピッタリに指定するのではなく、少し余裕を持って長めに指定するようにしましょう。細かい調整は、タイムラインに配置してから前後のクリップやBGMなどに合わせて行うとよいでしょう。

2 時間軸を拡大して調整しやすくする

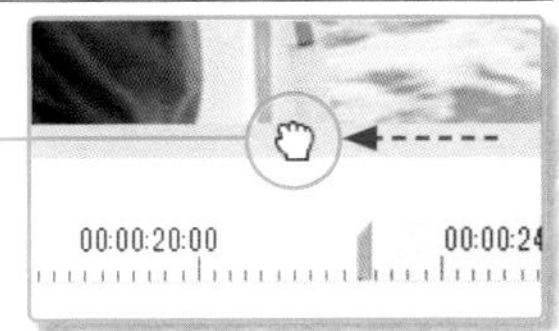

❶ズームコントロールの端を内側にドラッグすると、時間軸が拡大します。

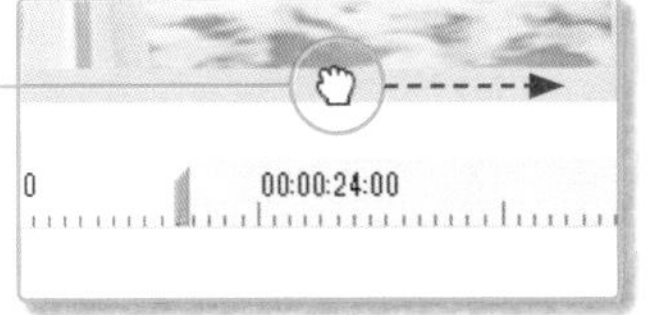

❷ズームコントロールの端を外側にドラッグすると、時間軸が縮小します。

なんのために時間軸を拡大するの？

時間軸を拡大することで、細かな調整が可能になります。

クリップモニターを閉じるには？

クリップモニター右上の［閉じる］をクリックすると、クリップモニターを閉じることができます。

時間インジケーターをもっと滑らかに動かすには？

クリップモニターの［現在の時間］を左右にドラッグすることで、クリップをより滑らかにプレビューできます。

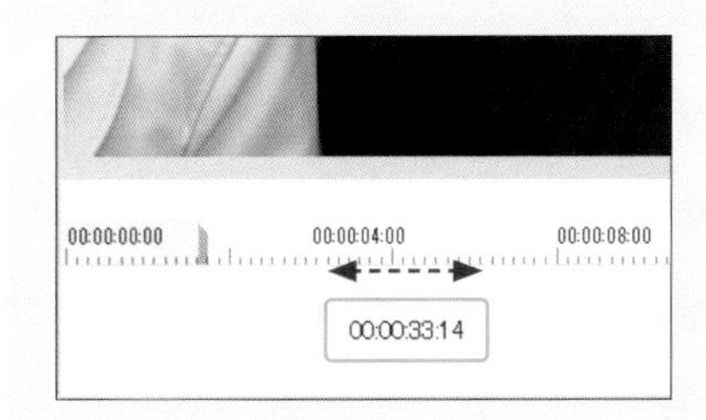

Section

14

クリップを整理／削除する

クリップを種類や内容別に分類したり、不要なクリップを削除することで、動画の編集を効率よく進めることができます。ここでは、[プロジェクトのアセット] パネルでクリップを管理する方法について解説します。

フォルダーでクリップを整理する

❶[プロジェクトのアセット] パネルで[パネルオプション] をクリックし、

❷[新規フォルダー] をクリックします。

❸[プロジェクトのアセット] パネルにフォルダーが作成されます。格納したいクリップを選択し、

❹フォルダーにドラッグします。

❺フォルダーをダブルクリックします。

MEMO

フォルダー名を変更するには？

フォルダー名を変更するには、フォルダー名にカーソルを合わせてクリックします。

MEMO

複数のクリップを選択するには？

複数のクリップを選択する場合は、Ctrl（command）を押しながらクリックします。また、連続したクリップの先頭をクリックした後、Shift を押しながら最後をクリックすると、その間のクリップを一度に選択できます。

⑥フォルダー内を確認できます。親階層に移動するには、[削除] の左側のボタンをクリックします。

HINT

クリップをフォルダーから出すには?

クリップをフォルダーの外に移動するには、対象となるクリップを右クリックし、ショートカットメニューの[カット]をクリックします。手順③の操作で上の階層に移動したら、右クリックしてショートカットメニューから[ペースト]をクリックします。

2 クリップを削除する

①不要なクリップをクリックして、

②Delete(fn + delete)を押します。

MEMO

削除時にメッセージが表示されたら?

クリップを削除する際に確認のメッセージが表示された場合は、[はい]をクリックします。

MEMO

削除されたクリップはもう使えない?

ここで削除されたクリップは、プロジェクトから削除されるだけです。ファイル自体は削除されないので、再度読み込むことで使用できます。

HINT

クリップが増えてきたらリスト表示が便利

パネルオプションメニューから[表示]→[リスト表示]の順にクリックすると、クリップがリスト表示になります(P.035参照)。フォルダー内を一覧することができるので、使用するクリップが多くなってきたら使ってみましょう。

名前	作成日	使用	メディアタイプ	フレームレート	メディアデュレーション
MVI_9211.MP4	3/26/2023		ムービー	29.97 fps	00:00:33:27
MVI_9212.MP4	3/26/2023		ムービー	29.97 fps	00:00:32:17
MVI_9213.MP4	3/26/2023		ムービー	29.97 fps	00:00:03:29
MVI_9214.MP4	3/26/2023		ムービー	29.97 fps	00:00:22:27
MVI_9215.MP4	3/26/2023		ムービー	29.97 fps	00:00:26:28
MVI_9216.MP4	3/26/2023		ムービー	29.97 fps	00:00:30:18
MVI_9221.MP4	3/26/2023		ムービー	29.97 fps	00:00:04:25
MVI_9230.MP4	3/26/2023		ムービー	29.97 fps	00:01:28:08
3日目			フォルダー		

Section
15

プロジェクトを保存／バックアップする

編集作業を中断したい場合や、現在の作業状況を保存しておきたい場合は、プロジェクトを保存します。また、素材クリップも含めてプロジェクトをバックアップする方法についても解説します。

1 プロジェクトを保存する

❶ [ファイル] メニュー→ [保存] の順にクリックすると、作成したプロジェクトファイルを上書き保存します。

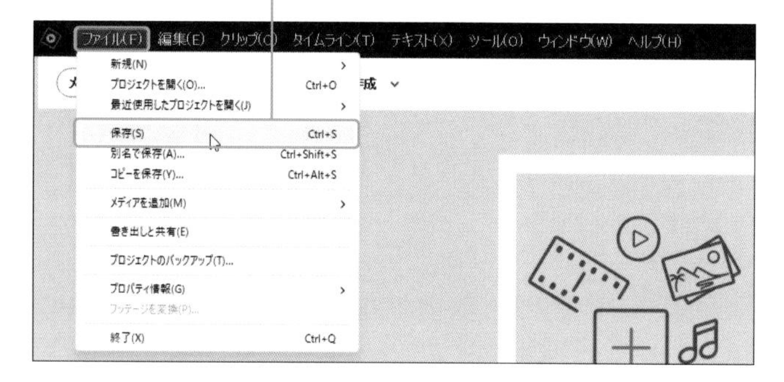

❷ [ファイル] メニュー→ [別名で保存] の順にクリックすると、[プロジェクトを保存] 画面が表示されます。

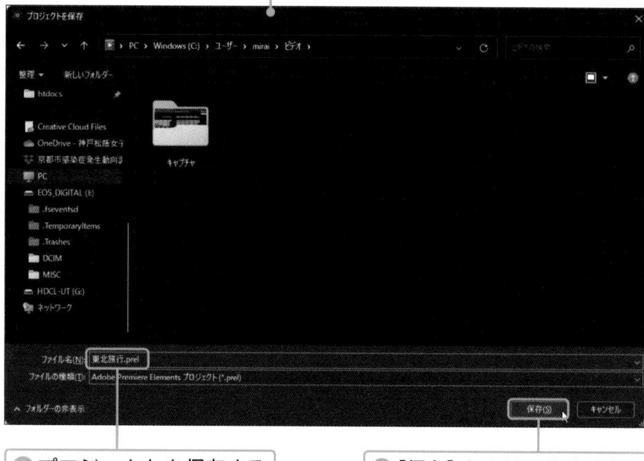

❸ プロジェクトを保存する場所を指定し、ファイル名を入力して、

❹ [保存] をクリックすると、プロジェクトを別名で保存できます。

MEMO

はじめての保存

はじめてファイルを保存する場合は、[保存] を選択しても [別名で保存] と同様にファイル名と保存場所を指定する必要があります。

プロジェクトをバックアップする

❶ [ファイル] メニュー→ [プロジェクトのバックアップ] の順でクリックします。

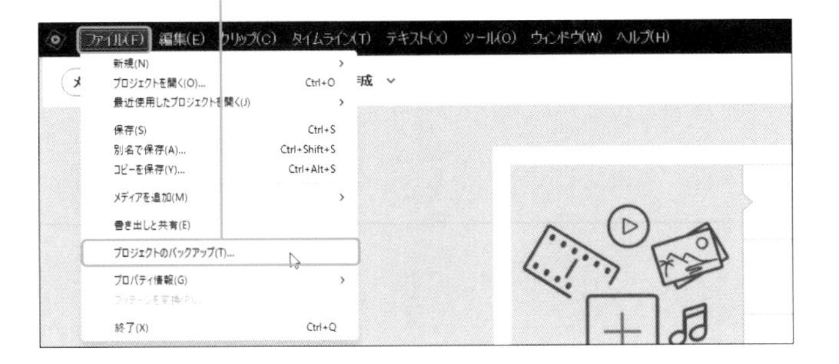

❷ [プロジェクトのコピー] 画面で [プロジェクトをコピー] または [プロジェクトをすべてコピー] をクリックします (MEMO参照)。

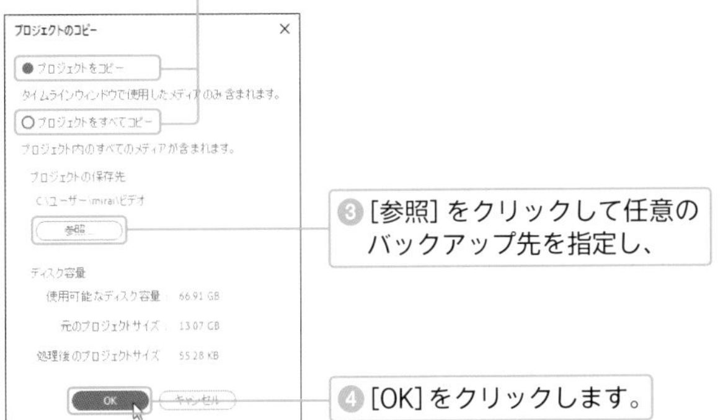

❸ [参照] をクリックして任意のバックアップ先を指定し、

❹ [OK] をクリックします。

MEMO

バックアップの利点

手順❸で [参照] をクリックして、パソコンの外部に接続したSSDやハードディスクなどにバックアップを保存すると、パソコン本体を買い替えた場合でも作業を続けることができます。

MEMO

バックアップについて

手順❷で選択するプロジェクトのコピー方法には、以下のような違いがあります。

・[プロジェクトをコピー]

タイムラインに配置されたクリップを含むプロジェクトファイルを保存します。タイムラインに配置されていないファイルは含みません。

・[プロジェクトをすべてコピー]

プロジェクトのアセットに読み込んだすべてのデータを含むプロジェクトファイルを保存します。読み込んだビデオなどの素材をすべて含むため、ファイルサイズが大きくなります。

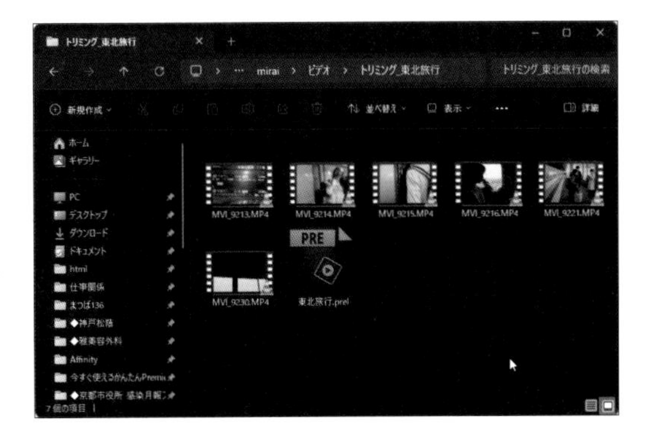

Section 16

プロジェクトを開く

編集内容を保存したプロジェクトファイルを開くことで、保存時の状態から作業を再開できます。
また、直近に使用したプロジェクトはメニューから直接開くことが可能です。

ホーム画面から最近使用したファイルを開く場合

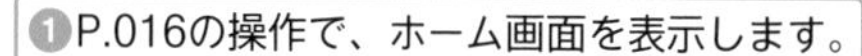

❶P.016の操作で、ホーム画面を表示します。

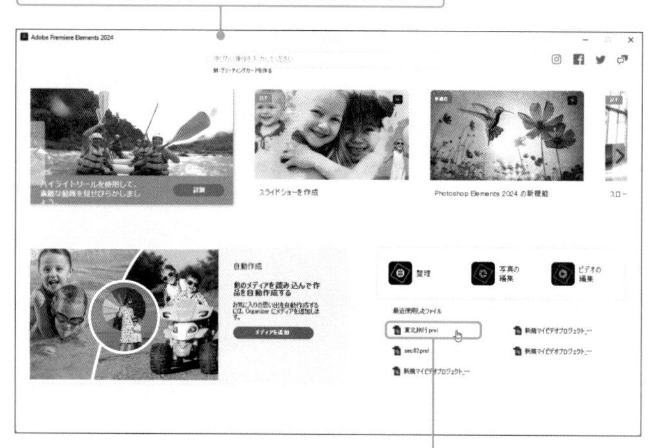

❷最近使用したプロジェクトのファイル名をクリックします。

❸Premiere Elements 2024が起動して、手順❷で指定したプロジェクトが開きます。

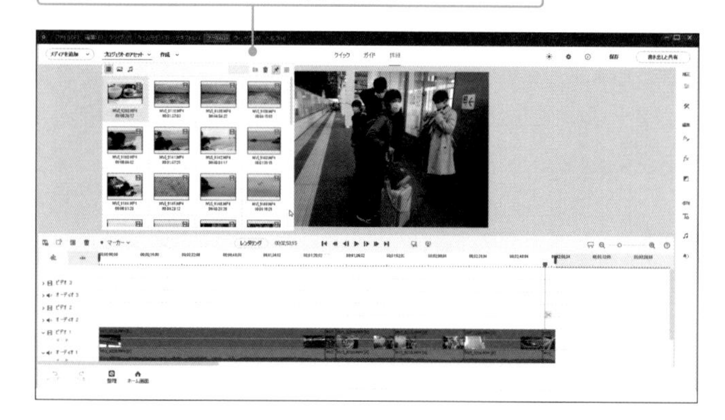

MEMO

ホーム画面について

すでにホーム画面が起動している場合は、タスクバーからホーム画面を選択してください。

MEMO

最近使用した ファイルの数について

最近使用したファイルに表示されるファイル名は最大6つまでです。それ以前に使用したファイルを開く場合は、P.045を参照してください。

Premiere Elementsの画面から開く場合

❶[ファイル]メニュー→[プロジェクトを開く]の順にクリックします。

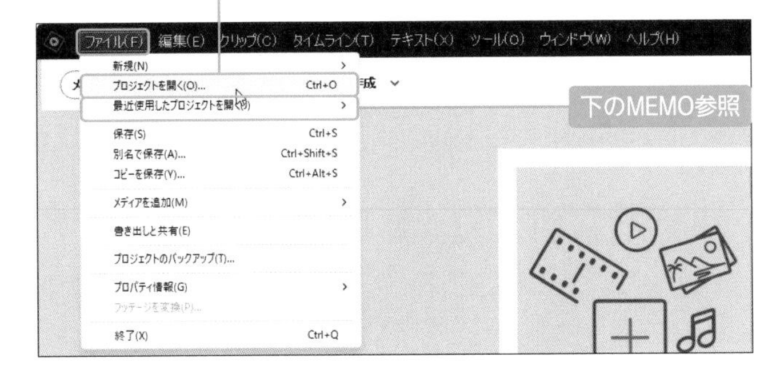

❷[プロジェクトを開く]画面で目的のファイルをクリックし、

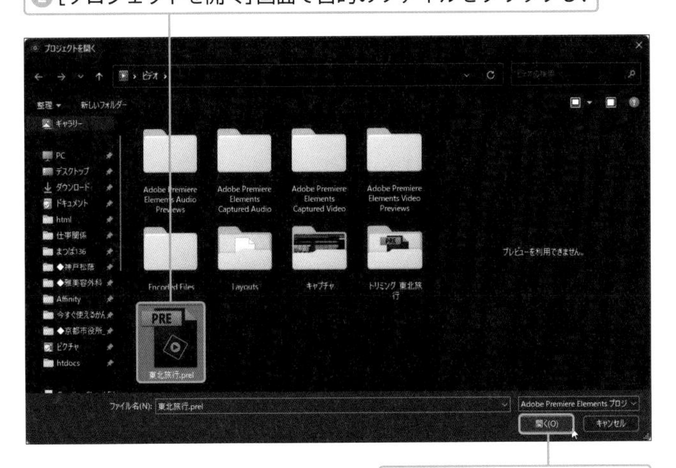

❸[開く]をクリックします。

MEMO

ダブルクリックでファイルを開く

手順❷で目的のファイルをダブルクリックすることでも、プロジェクトを開くことができます。また、Premiere Elementsを起動していない状態でプロジェクトファイルをダブルクリックすると、自動的にPremiere Elementsが起動して、プロジェクトが開きます。

HINT

メニューから最近使用したプロジェクトを開く

直近で使用したプロジェクトは5つまで記憶しており、メニューから直接開くことができます。[ファイル]メニュー→[最近使用したプロジェクトを開く]の順にクリックし、表示された一覧から目的のファイルを指定します。

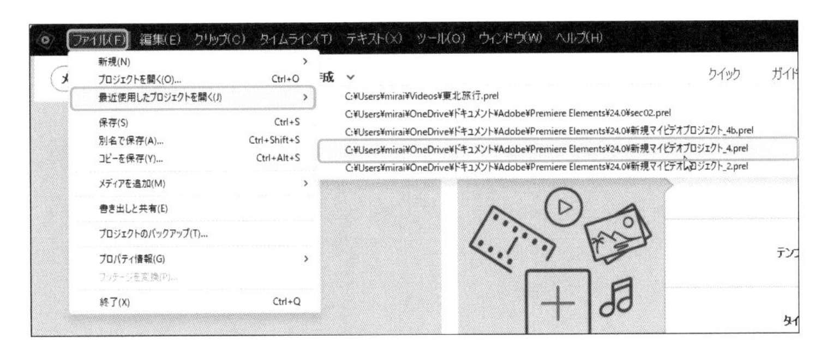

自動バックアップについて

Premiere Elementsは初期状態で、5分おきに自動でバックアップを実行するように設定されています。この設定は以下の操作で変更できます。

❶ [編集] ([Adobe Premiere Elements 2024 Editor]) → [環境設定] → [自動保存] の順にクリックします。

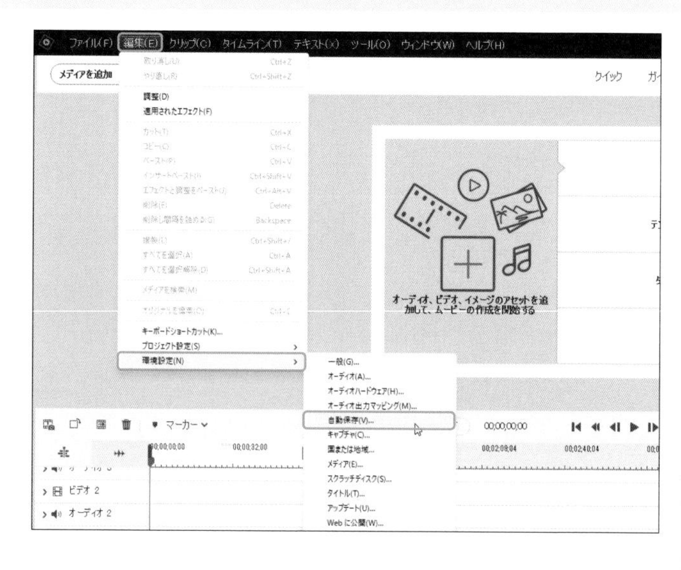

❷ [環境] 画面でプロジェクトの自動保存の設定をします。

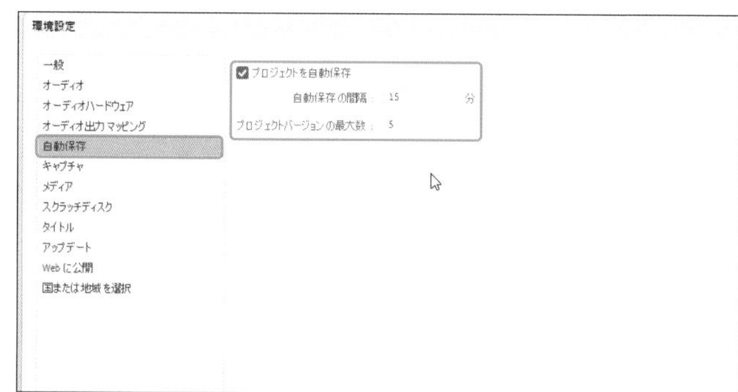

- **プロジェクトを自動保存**
  チェックを外すと、自動保存の機能をオフにします。
- **自動保存の間隔**
  自動保存を実行するタイミングを指定します。
- **プロジェクトバージョン**の最大数
  直近でいくつまでのファイルを残すかを指定します。

通常、自動保存されたプロジェクトは[PC (Macintosh HD] → [ユーザー名])] → [ドキュメント (書類)] → [Adobe] → [Premiere Elements] → [24.0] → [Adobe Premiere Elements自動保存] フォルダーに保存されます。P.044～045を参考にファイルを開いてください。

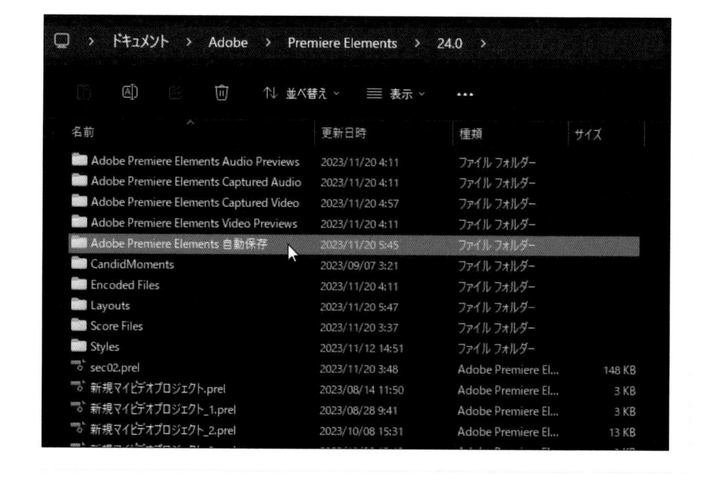

Chapter

3

クリップの基本編集と切り替え効果

映像を編集するためには、第2章で取り込んだ様々な素材ファイル（クリップ）の必要な部分だけを抜き出して、タイムライン上に並べていく必要があります。この章では、タイムラインの基本に加え、編集作業の要ともいえるクリップの基本操作について学びます。

Section 17

クリップをタイムラインに追加する

Premiere Elementsでは、プロジェクトに読み込んだ各種クリップをタイムラインに配置することで、編集作業を進めます。ここでは、クリップをタイムラインに配置・削除する方法について解説します。

1 クリップをタイムラインに追加する

❶［プロジェクトのアセット］パネルでタイムラインに配置したいクリップを右クリックし、

❷［タイムラインに挿入］をクリックします。

❸クリップがタイムラインの［ビデオ1］トラック（オーディオクリップの場合は［オーディオ1］トラックのみ）に追加されました。

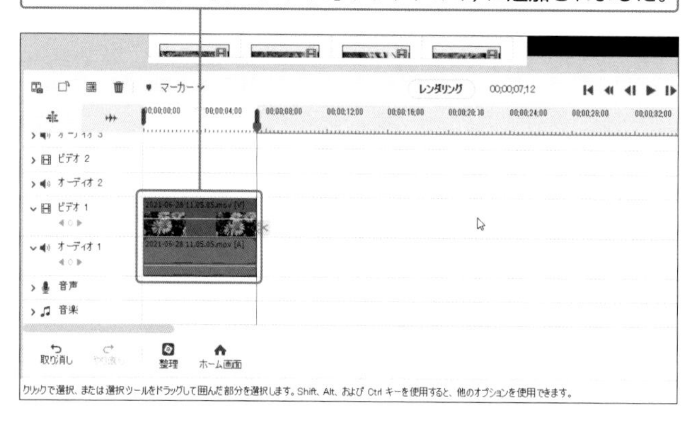

HINT **ドラッグでも追加できる**

［プロジェクトのアセット］パネル上のクリップをタイムライン上にドラッグすることでも、クリップを配置できます。

MEMO **クリップの不一致に関する警告とは**

「1920×1080」のプロジェクト設定でそれ以外のサイズの動画を配置しようとするなど、作成したプロジェクトと配置するクリップの設定が異なる場合に警告が表示されます。HDサイズのプロジェクトに４Kの映像を「現在の設定を維持」すると、動画の一部しか表示されないため、クリップの大きさを縮小する必要があります。

MEMO **クリップが挿入される位置**

クリップは時間インジケーターの位置を先頭として挿入されます。

HINT **クリップに重ねて配置すると？**

すでにタイムラインに配置されているクリップ上に重ねてドラッグすると、もとから配置されていたクリップが分割されて、その間に挿入されます。

追加したクリップを削除する

❶タイムライン上の削除したいクリップをクリックして選択し、Deleteを押します。

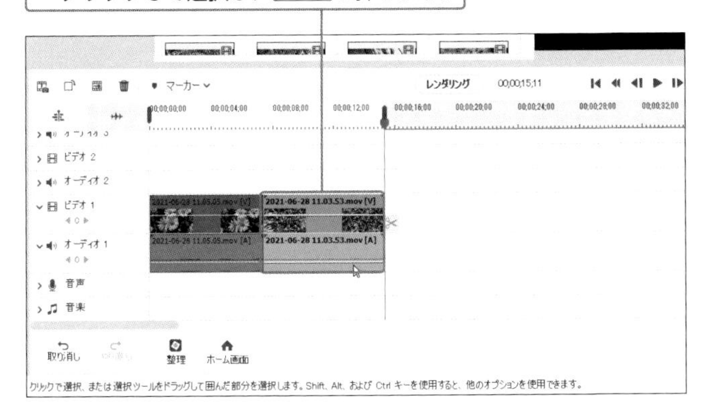

❷クリップが削除されました。

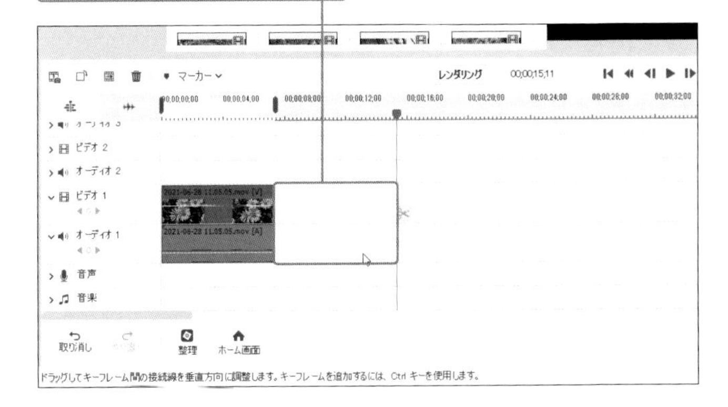

MEMO

削除されるのはタイムライン上だけ

削除されたクリップはタイムライン上からはなくなりますが、[プロジェクトのアセット]パネルには残っています。必要であれば、再度タイムラインに配置することもできます。

MEMO

[プロジェクトのアセット]パネルが閉じない

クリップを追加した後、[プロジェクトのアセット]をクリックするとパネルが閉じます。

MEMO

[ビデオ1]や[ビデオ2]の違いは？

タイムラインには、動画用とオーディオ用に3つずつ、また、音声(ナレーション)用と音楽(BGM)用に1つずつのトラックが用意されています。動画の上に別の動画を重ねたり、一時的にほかの動画に切り替える場合にトラックを分けて使用します。トラックは必要に応じて追加できます。トラックを追加する方法はP.053のHINTを参照してください。

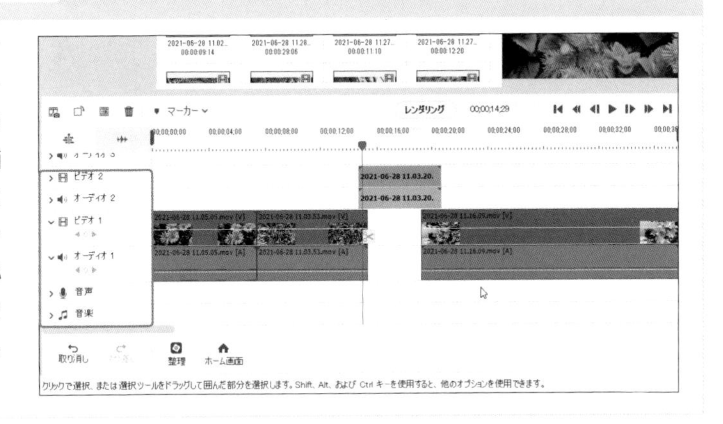

Section
18

追加したクリップを再生する

タイムラインに追加したクリップを再生するには、プレビューウィンドウを使用します。プレビューウィンドウでは、大きなサイズでタイムライン上の動画を確認できます。

1 ドラッグして再生する

❶タイムライン上の時間インジケーターを左右にドラッグすると、クリップを手動で再生できます。

❷右側にドラッグで早送り、

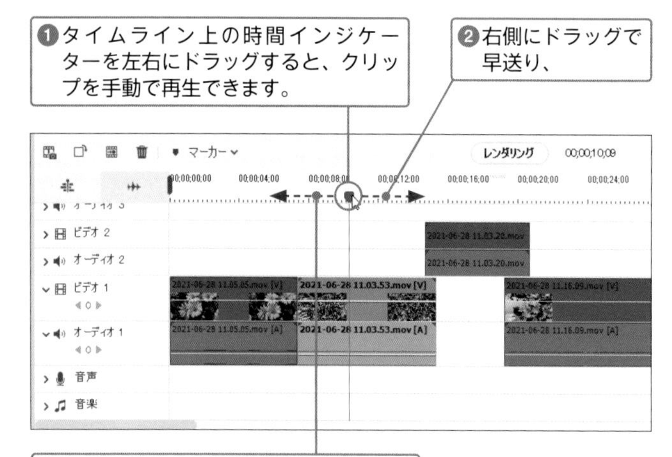

❸左側にドラッグで巻き戻しとなります。

❹タイムライン上部のタイムコード上を左右にドラッグすると、

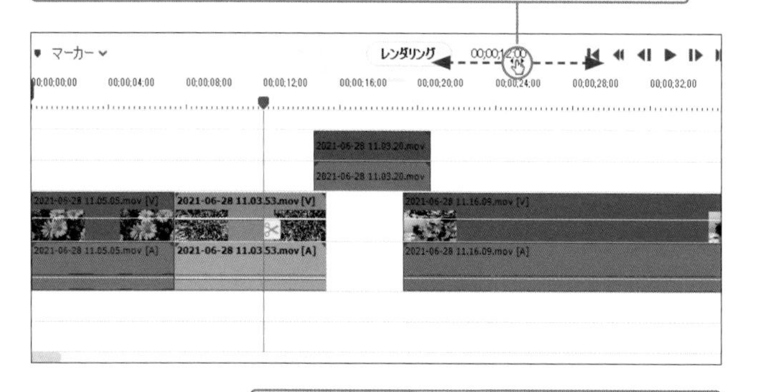

❺1フレームずつの滑らかな再生になります。

MEMO フレームとは

かんたんにいうと、動画はパラパラ漫画のように複数の絵を連続して再生することで、動いているように見せています。その1枚ずつの絵を「フレーム」といいます。1秒あたりのフレーム数が多いほど細かい動きを表現でき、より滑らかになります。フレーム数は撮影機材によって異なりますが、スマートフォンではカメラの設定で変更できます。

HINT 滑らかに再生するには？

時間インジケーターをドラッグして再生すると、1フレームずつの再生ではなく、いくつかのフレームが飛ばされて表示される場合があります。その場合は、手順❹のようにタイムコード上をドラッグするか、タイムラインの時間軸を拡大しましょう(P.054参照)。

クリップを先頭から再生する

❶ [前の編集ポイントへ移動] をクリックすると、

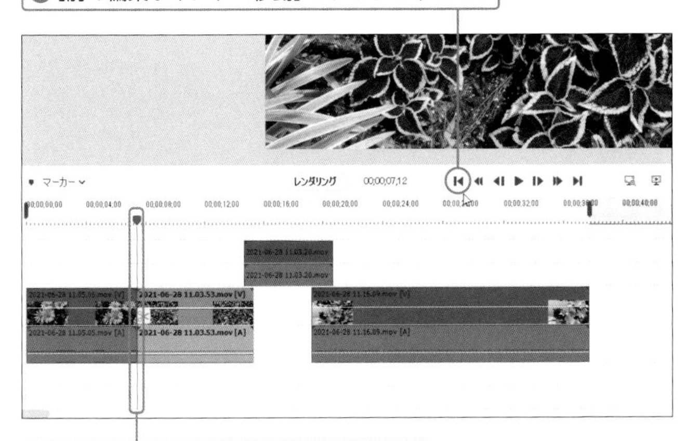

❷時間インジケーターがクリップの先頭（前の編集ポイント）に移動します。

❸ [再生／一時停止] をクリックすると、クリップの先頭から再生されます。

HINT参照

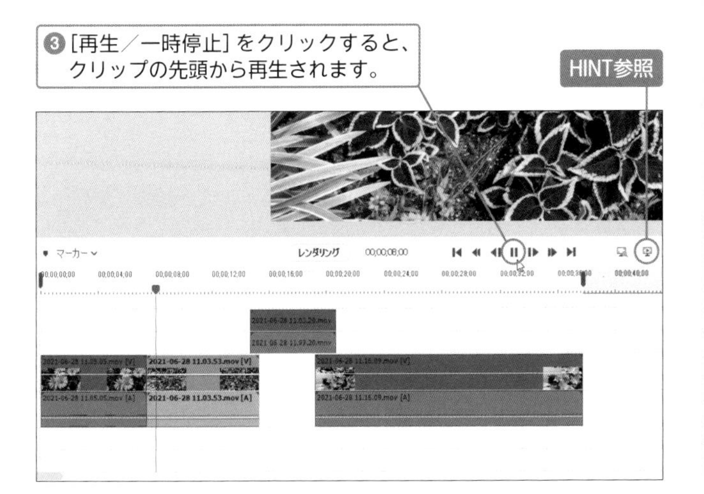

KEY WORD 編集ポイント

編集ポイントとは、タイムライン上のクリップの開始部分と終了部分のことです。複数のクリップが配置されている場合は、編集ポイントごとに移動すると効率よく作業できます。

HINT フルスクリーン再生をするには？

画面いっぱいのサイズで再生するには、[フルスクリーンで再生] をクリックします。

MEMO 再生コントロールの見方

再生コントロールの各種ボタンの名称は、右の通りです。

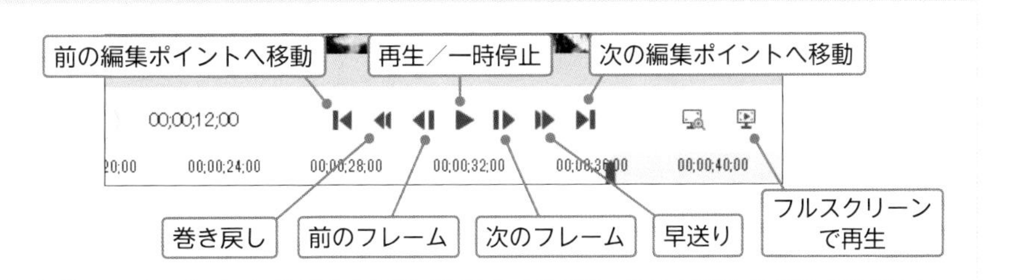

Section
19
クリップを別のトラックに追加する

エキスパートビューでの操作方法の大きな特徴は、複数のトラックを使った編集ができることです。これにより、トラックごとに動画を切り替えるなど、より高度な編集作業が可能になります。

トラックとは

トラックとは、動画や音声のクリップを配置するレーンのことです。各クリップを別トラックに分けて編集することで、画面を切り替えるタイミングを調整したり、合成したりできます。

2 クリップを別のトラックに追加する

❶あらかじめ、映像を切り替えたい位置に時間インジケーターをドラッグします。

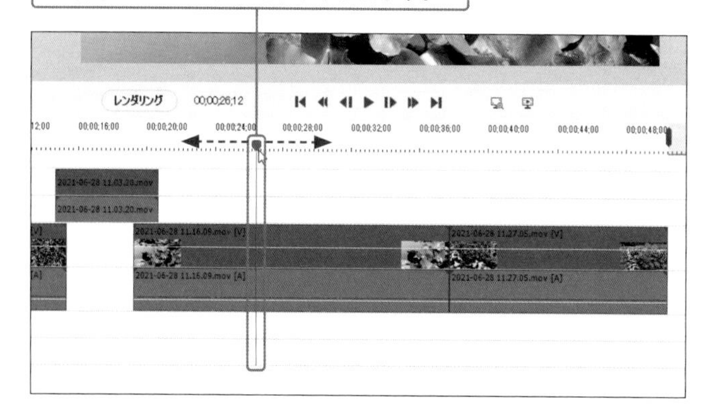

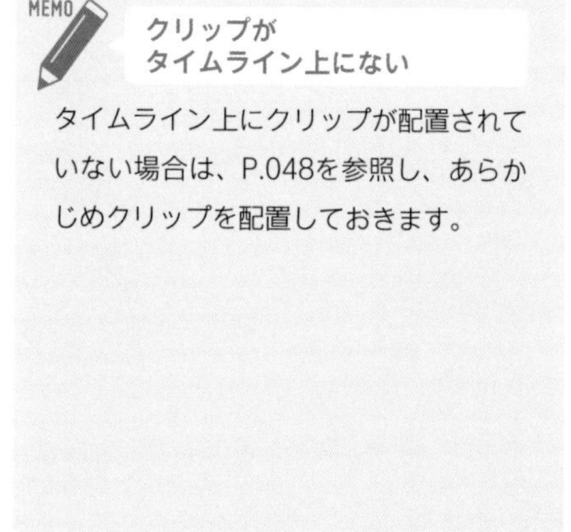

MEMO

クリップがタイムライン上にない

タイムライン上にクリップが配置されていない場合は、P.048を参照し、あらかじめクリップを配置しておきます。

❷［プロジェクトのアセット］をクリックします。

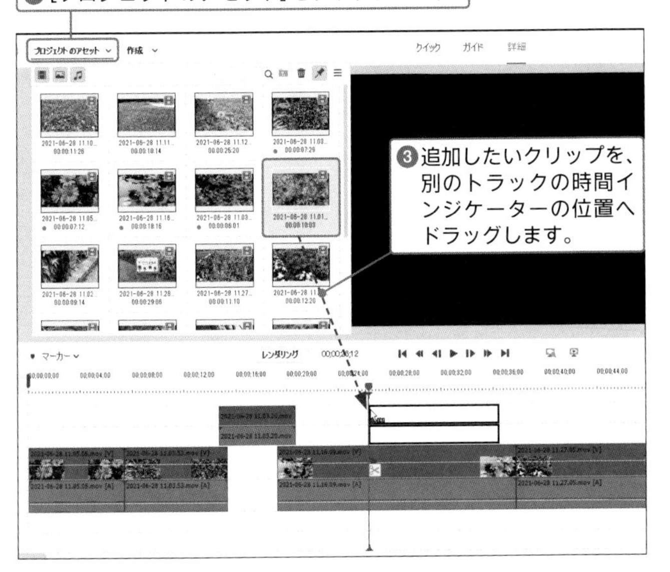

❸追加したいクリップを、別のトラックの時間インジケーターの位置へドラッグします。

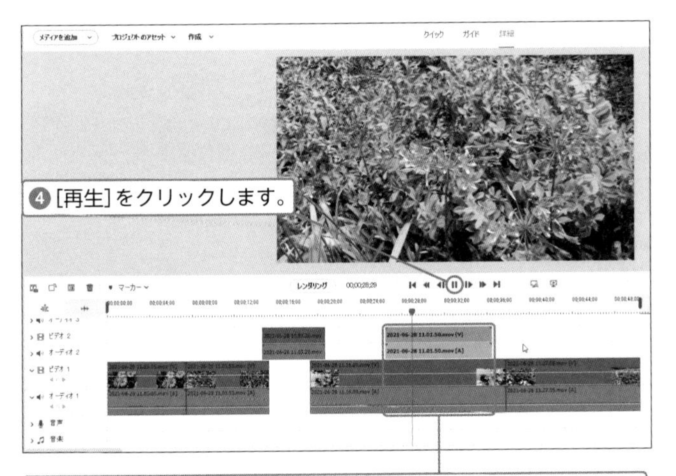

❹［再生］をクリックします。

❺下層トラックに配置されたクリップが隠れ、動画が切り替わります。

どんな場面で複数トラックを使うの？

複数トラックを使うことで、上層トラックの位置調整が楽にできます。また、タイトルや、背景が透明なイラストなどを配置して、下層レイヤーに合成する際にも使用します。

トラックを追加するには？

トラックの数が足りなくなった場合は、新しいトラックを追加できます。トラックを追加するには、［タイムライン］メニュー→［トラックの追加］の順でクリックします。［トラックの追加］画面で、追加したいトラックの数と階層を指定し、［OK］をクリックします。

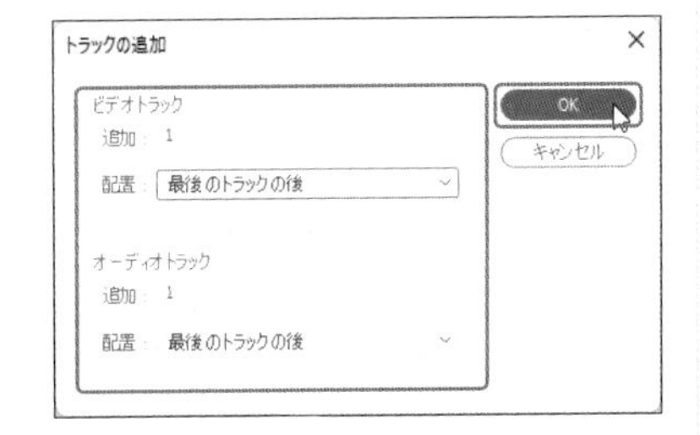

Section 20

タイムライン表示を変更して編集しやすくする

タイムラインに配置されたクリップを編集する際、フレーム単位の微妙な調整が必要な場合があります。ここでは、タイムラインを拡大／縮小表示する方法と、トラックの表示サイズを変更する方法を解説します。

1 タイムラインを拡大／縮小表示する

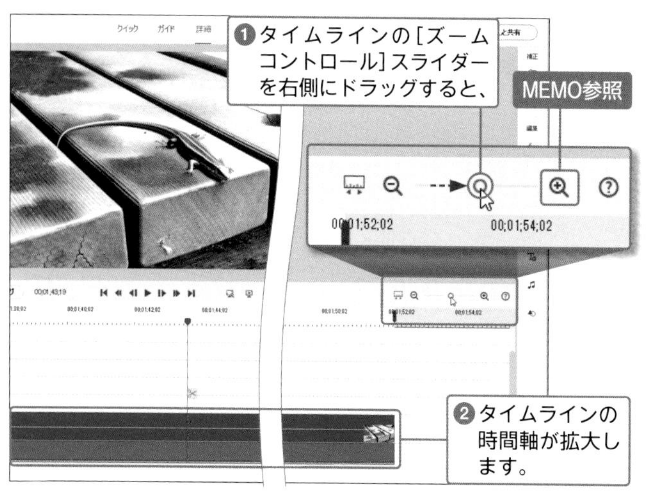

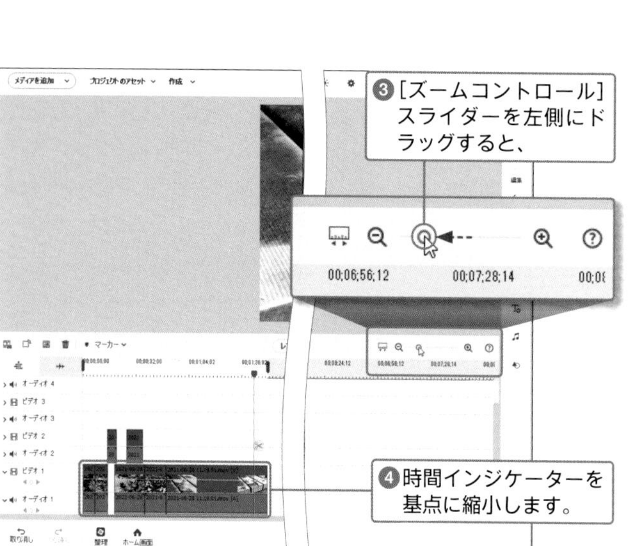

MEMO ワンクリックで拡大／縮小する

［ズームコントロール］の虫眼鏡アイコンをクリックすると、ワンクリックでタイムラインが段階的に拡大または縮小します。

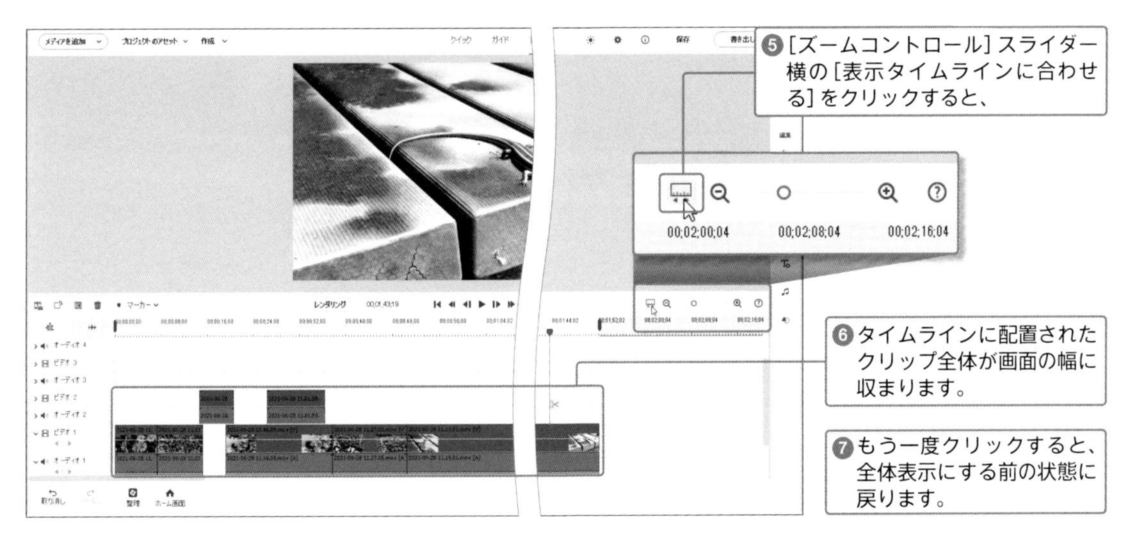

❺［ズームコントロール］スライダー横の［表示タイムラインに合わせる］をクリックすると、

❻タイムラインに配置されたクリップ全体が画面の幅に収まります。

❼もう一度クリックすると、全体表示にする前の状態に戻ります。

2 トラックの表示サイズを変更する

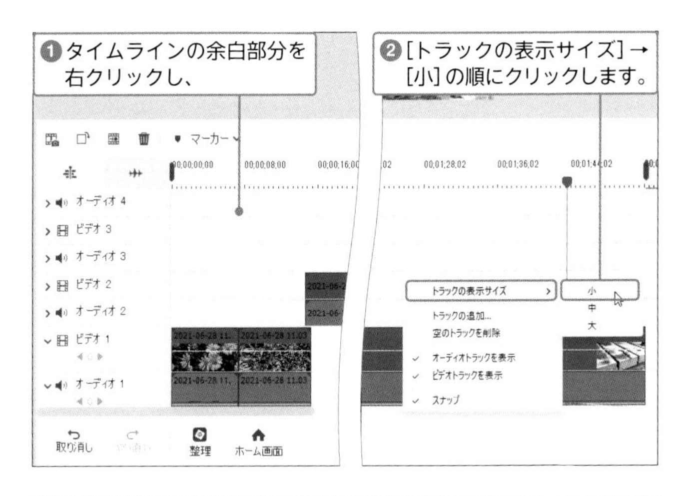

❶タイムラインの余白部分を右クリックし、

❷［トラックの表示サイズ］→［小］の順にクリックします。

MEMO

トラックの高さを変更するには？

トラックヘッダーの境界を上下にドラッグすると、トラックの高さを変更できます。トラックの高さを広げると、クリップの不透明度やボリュームなどが調整しやすくなります（P.069、P.181参照）。

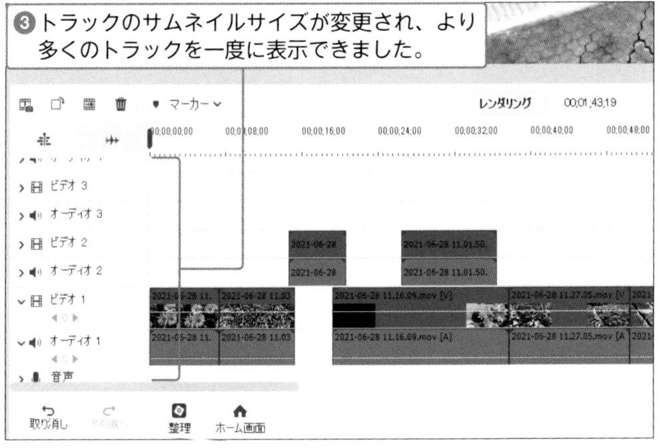

❸トラックのサムネイルサイズが変更され、より多くのトラックを一度に表示できました。

Section 21

クリップを移動する

タイムラインに配置されたクリップは、ドラッグすることで移動できます。ここでは、タイムライン上のクリップをより正確に移動させたい場合に使えるテクニックについても解説します。

1 クリップを移動する

❶クリップを移動させたい位置に時間インジケーターをドラッグして移動します。

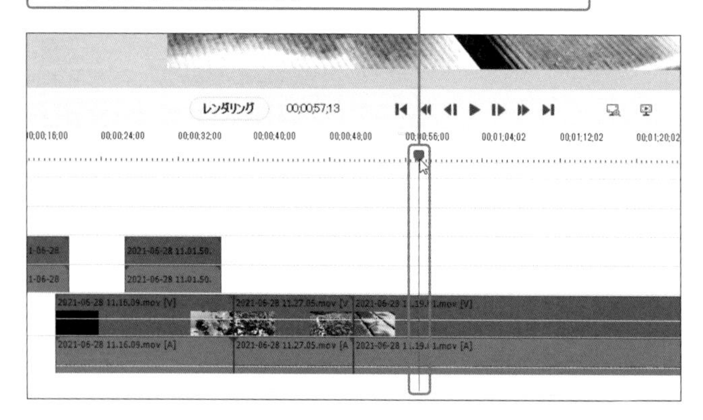

❷移動させたいクリップをドラッグして時間インジケーターに近づけると、

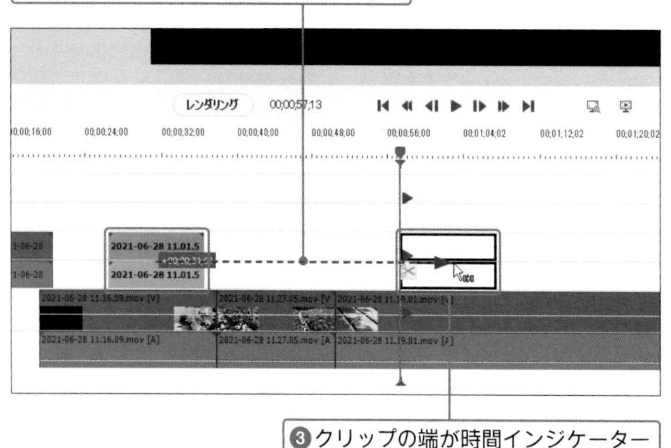

❸クリップの端が時間インジケーターに吸い寄せられます。

MEMO

タイムライン表示を変更する

クリップのサイズが小さすぎたり、逆に大きすぎて操作しづらい場合は、Sec.20を参考にタイムライン表示を変更して調整しましょう。

❹クリップが時間インジケーターの位置に移動しました。

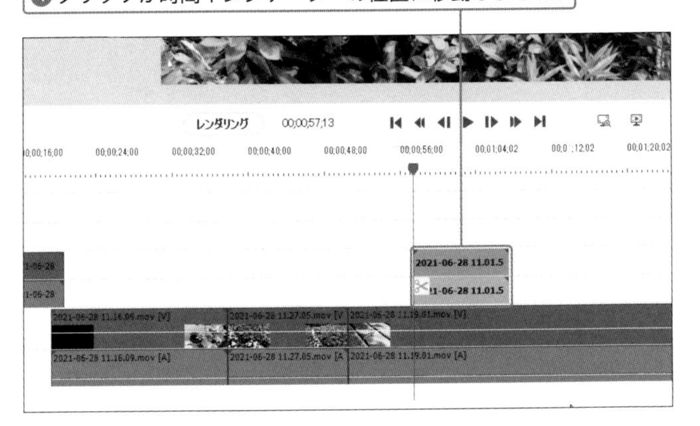

クリップは別のトラックにも移動できます。

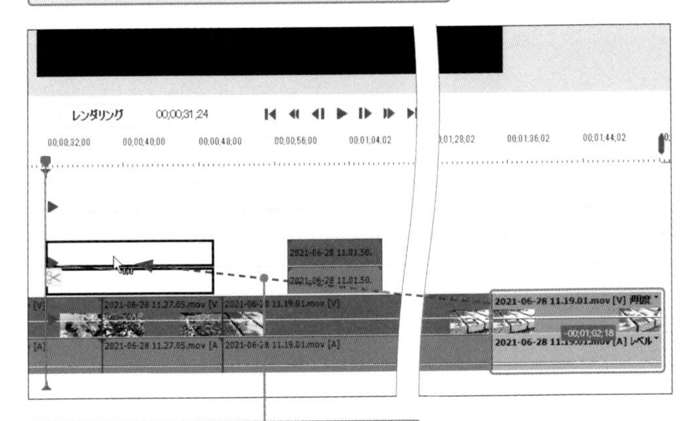

❺タイムライン上のクリップを、目的のトラックにドラックして移動します。

HINT クリップを移動させる際の注意

クリップを既存のクリップに重ねると、元のクリップが分割されて、移動したクリップがその間に割り込む形になります。あとから位置を微調整するのが難しくなるので、その場合は、別のトラックに移動して微調整する方がよいでしょう。

HINT クリップを上書きするには？

移動の対象のクリップで、移動先のクリップを上書きしたい場合は、Ctrl（command）を押しながらドラッグします。

MEMO 時間インジケーターを微調整するには？

時間インジケーターの位置をフレーム単位で微調整するには、タイムコードを利用しましょう。タイムコードを左右にドラッグするか、クリックして数字を入力すると、指定した位置に時間インジケーターを移動できます。

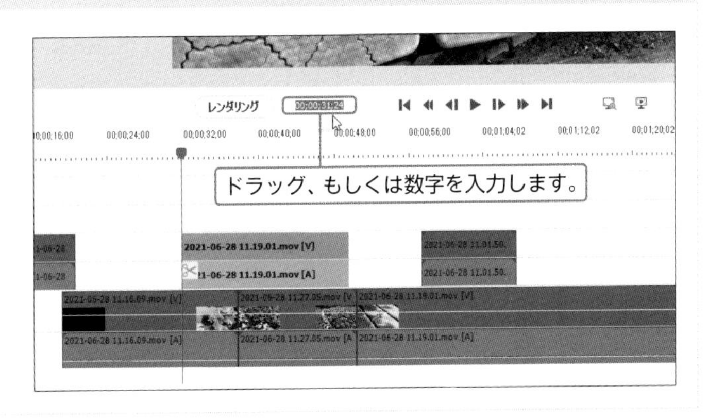

Section 22

クリップの長さを調整する／分割する

クリップの使用範囲を事前に設定する方法はP.038で解説しました。ここではタイムラインに配置したクリップの長さを、あとから調整する方法を解説します。また、時間インジケーターを使ってクリップを分割する方法を解説します。

1 クリップの長さを調整する

❶対象となるクリップの開始位置にカーソルを合わせます。

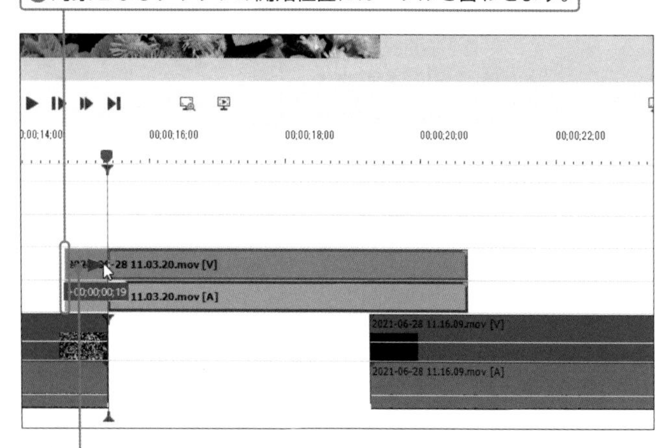

❷カーソルの形が［トリムイン］アイコン に変化したら、右側にドラッグします。

❸ドラッグした分だけクリップの長さが変化し、クリップの開始位置が変更されました。

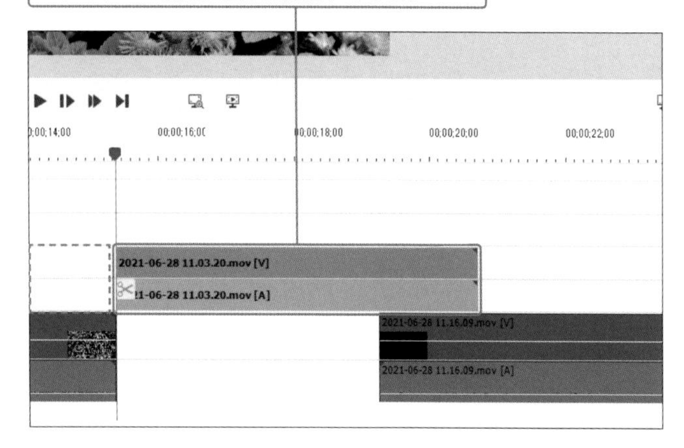

MEMO **クリップの終了位置を調整するには？**

対象となるクリップの終了位置にカーソルを合わせ、カーソルの形が［トリムアウト］アイコン に変化したら左側にドラッグすると、クリップの終了位置を調整できます。

HINT **クリップモニターでも調整できる**

タイムライン上のクリップをダブルクリックすると、クリップモニターが表示されるので、P.038の方法で長さを調整できます。

2 クリップを分割する

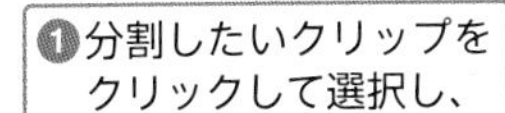

❶分割したいクリップをクリックして選択し、

❷時間インジケーターをドラッグして、分割したい位置に移動させます。

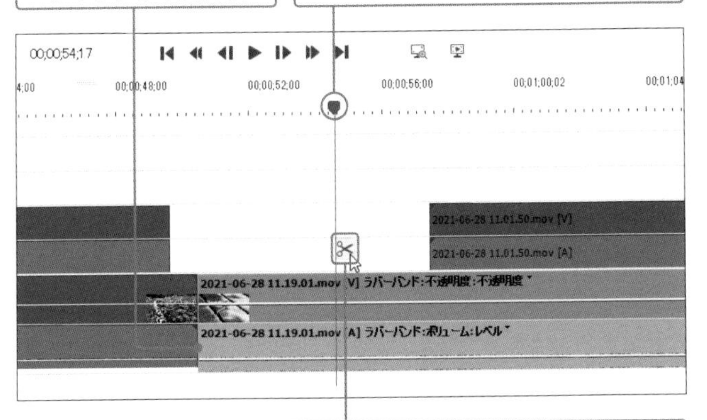

❸[クリップを分割]をクリックします。

❹クリップが分割されました。

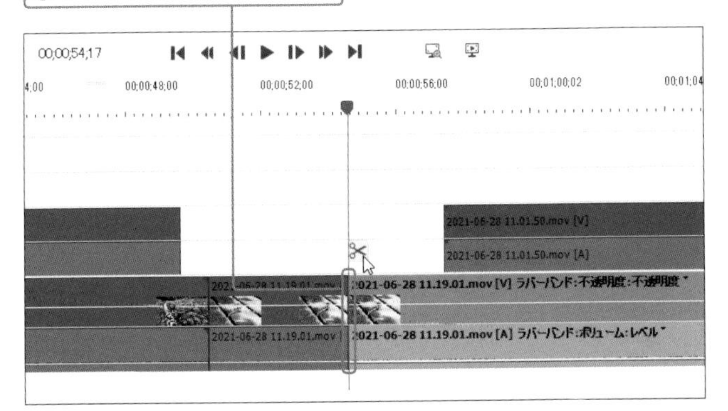

MEMO

複数のクリップを同時に分割する

時間インジケーターの位置に複数のトラックにクリップが配置されている場合、Shift キーを押しながら対象となるクリップを選択してからクリップを分割することで、同時にまとめて分割できます。

HINT

クリップの分割機能を活用できる場面

クリップの分割機能を利用すると、クリップ内の不要なパートを削除したり、クリップの中間に別のクリップを挿入したりできます。例えば、1つのクリップを3つに分割して、不要な中間のクリップだけを削除するといったこともできます。

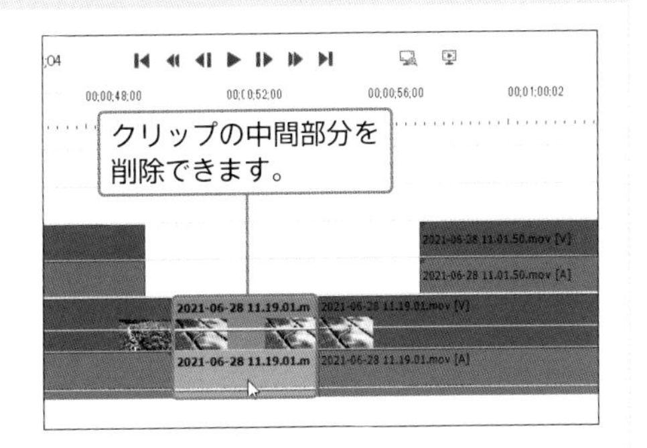

Section 23

クリップの一部のシーンを抽出する

「スマートトリミング」を使うと、クリップを解析して自動的に「使いやすい」シーンを選別できます。抽出されたシーンは、1つのクリップ、または個別のクリップとしてタイムラインに配置できます。

クリップの一部分を自動で抽出する

HINT [トランジションを適用]とは

手順❹の画面で[トランジションを適用]にチェックが入っていると、自動的にシーン間にトランジションが設定されます(Sec.28参照)。トランジションが不要な場合はチェックを外しておきます。

抽出されたシーンを書き出して、元の映像が配置されたタイムラインに書き出します。

❽抽出されたシーンが、1つのクリップとしてタイムラインに配置されました。

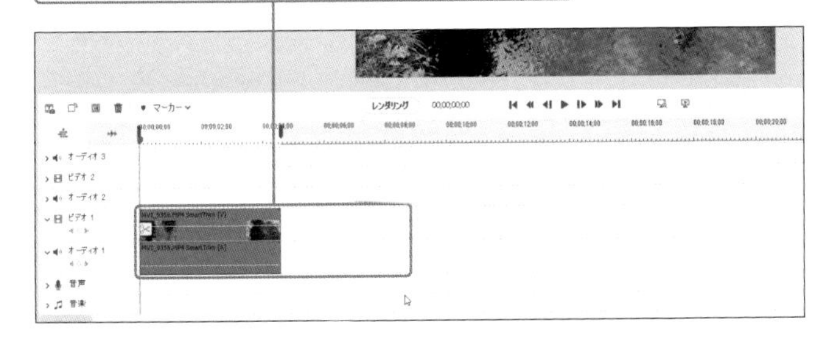

[個別に書き出し]との違いは？

[統合を書き出し]は、抽出したシーンを1つのクリップとしてまとめてタイムラインに配置します。一方、[個別に書き出し]は抽出したシーンをクリップとしてタイムラインに配置します。

スマートトリミングをやり直すには？

[統合を書き出し]で作成したクリップは、ダブルクリックすると再度調整できます。[個別に書き出し]で作成した場合は、はじめからやり直す必要があります。

スマートトリミングを使いこなそう

スマートトリミングは、プリセットを切り替えることで「どのようなシーンを自動抽出するか」を選択できます。「人物」では人の顔、「アクション」では人の動き、「ミックス」では人の顔や動き、カメラの動きを探し出して抽出します。なお、スライダーを調整するとシーンの抽出量を変更できます。抽出量を減らしたい場合は[小]側、増やしたい場合は[多]側にドラッグします。
また、自動での抽出に不満がある場合は、手動で微調整することもできます。タイムライン上の抽出されたシーンにカーソルを合わせ、青い枠の端部をドラッグしましょう。

Section
24

写真をクリップとして使う

クリップとして使用できるのは、ムービーファイルだけではありません。写真や音声、イラストなどのファイルもクリップとして扱うことができます。ここでは、写真データをクリップとして扱う方法について解説します。

写真をタイムラインに追加する

❶［プロジェクトのアセット］をクリックし、

❷配置したい写真をタイムライン上にドラッグします。

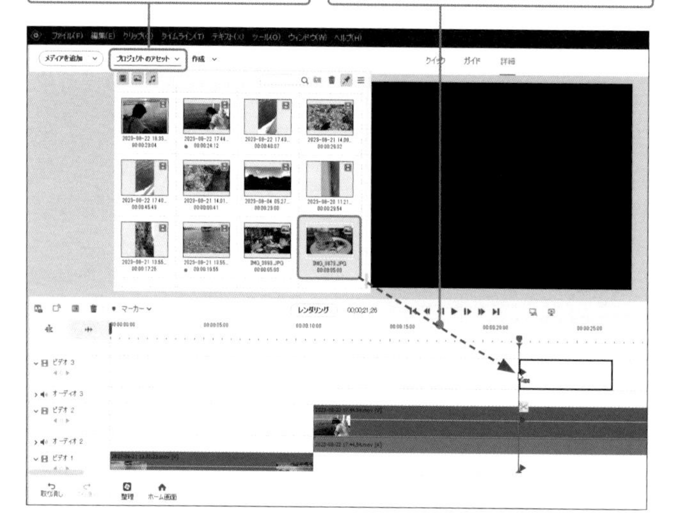

❸タイムライン上に写真クリップが配置されました。

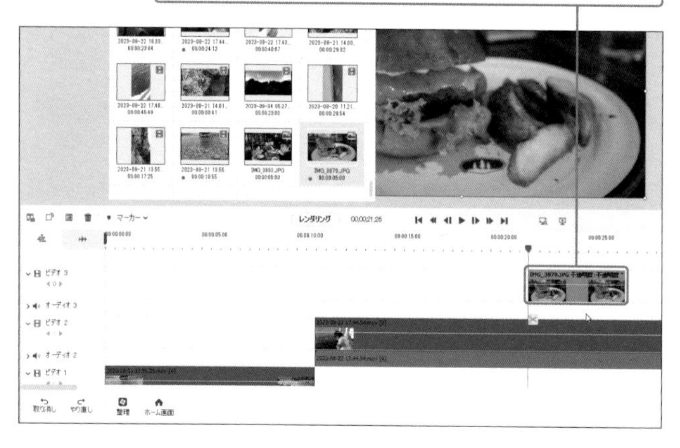

MEMO

使用できる写真の制限

使用できる写真の大きさは、最大4096×4096ピクセルです。それ以上のサイズの写真を使う場合は、あらかじめ画像加工ソフトなどでサイズを小さくしてから使用しましょう。

写真の表示時間を調整する

❶対象となるクリップの端にカーソルを合わせます。

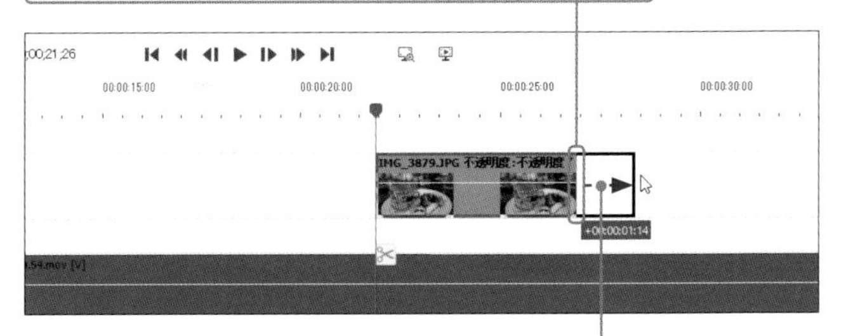

❷カーソルの形が［トリムイン］アイコンか［トリムアウト］アイコンに変化したらドラッグします。

❸ドラッグした分だけ、クリップの表示時間が変更されました。

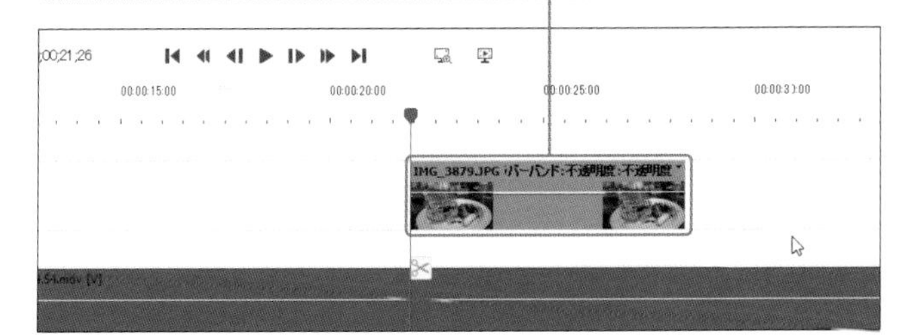

MEMO

写真の表示時間は何秒？

初期設定では、写真の表示時間（デュレーション）は「5秒」に設定されています。この時間を変更するには、［編集（Adobe Premiere Elements 2024 Editor）］メニュー→［環境設定］→［一般］の順にクリックします（❶）。［静止画のデフォルトデュレーション］の数字を変更し（❷）、［OK］をクリックします。なお、1秒は30フレームです。

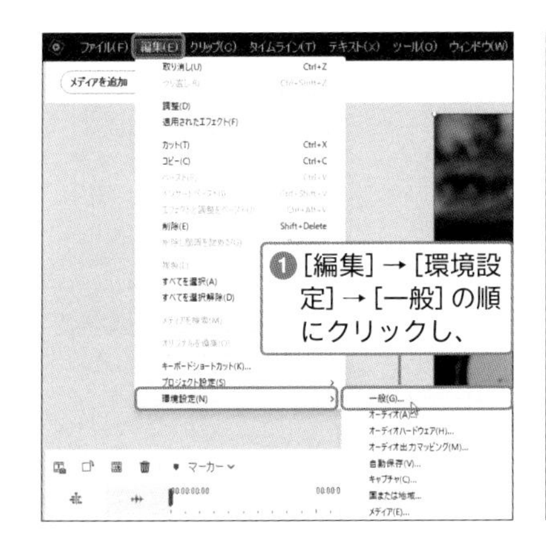

❶［編集］→［環境設定］→［一般］の順にクリックし、

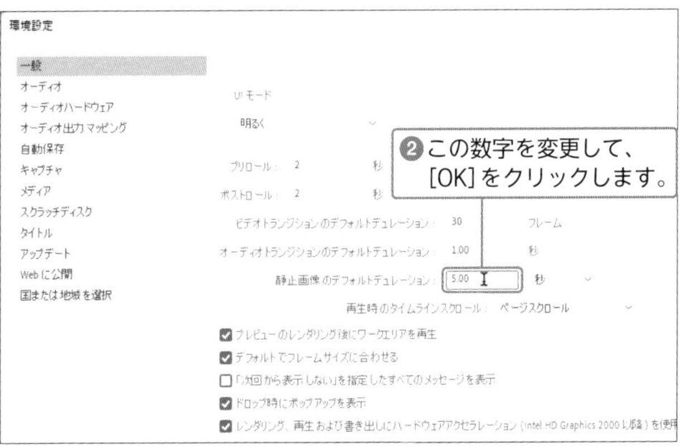

❷この数字を変更して、［OK］をクリックします。

Section
25

写真に動きを付ける

Premiere Elementsを使えば、写真に移動やズームなどの動きを付けることができます。ここでは、「パンとズーム」の機能を使って、写真や動きの少ない動画に動きを与える方法を解説します。

パンとズームを設定する

❶タイムライン上の写真クリップをクリックして選択します。

❷ツールバーから[ツール]をクリックし、

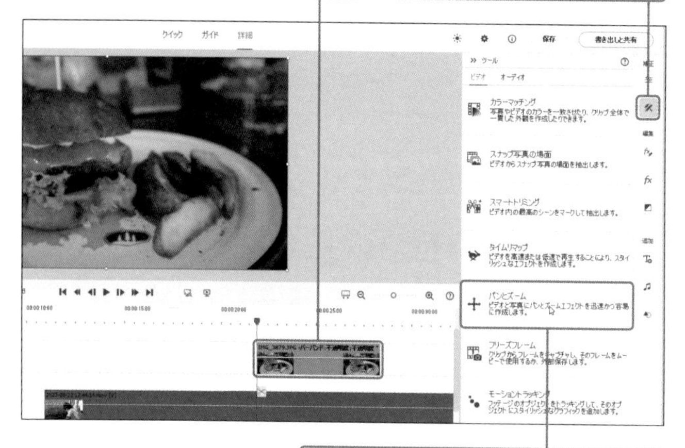

❸[パンとズーム]をクリックします。

❹「1」の枠内が写真クリップの開始時の状態を示します。

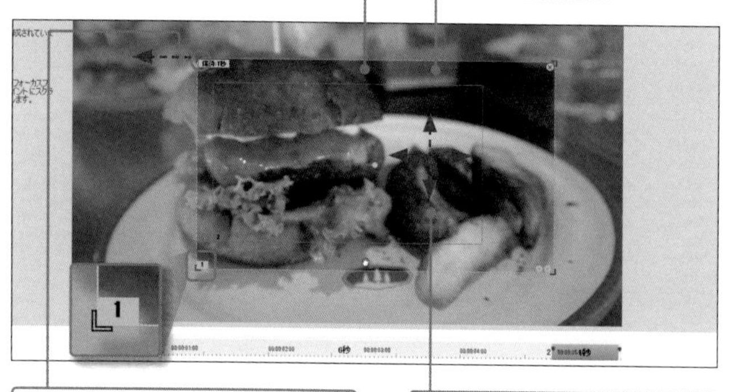

❺「1」のフォーカスフレームをクリックしてから端をドラッグし、大きさを変更します。

❻フォーカスフレーム内をドラッグして、フレームを移動させます。

HINT

被写体の表情をじっくり見せたい

画面下部の[顔フレーム]をクリックすると、映っている人物の顔を認識して、各顔が画面の中央になるように自動的にパン＆ズームするアニメーションを作成します。

❼「2」のフォーカスフレームをクリックします。

❽手順❺、❻と同様に、フレームの大きさや位置を変更します。

❾各フレームの枠内にカーソルを合わせ、[保持]をクリックします。

右下のHINT参照

❿[保持時間]画面が表示されるので、デュレーションを設定し、

⓫[OK]をクリックします。

右下のHINT参照

⓬[プレビュー]をクリックし、どのように変化するかを確認します。

⓭[完了]をクリックし、[パンとズームツール]画面を閉じます。

MEMO

「2」は何を表すの？

手順❼の画面で、「2」の枠内が写真クリップの終了時の状態を示します。

MEMO

フレームが多すぎる場合

写真内に人物が映っている場合、[顔フレーム]機能が自動的に人数分のフレームを作ります。不要な場合は、[リセット]ボタンをクリックし、必要な分だけ[新規フレームを追加]ボタンを押してください。

HINT

フレームの自動時間を設定するには？

フレームの自動時間を設定するには、2フレーム目以降のフォーカスフレームをクリックして枠の移動を示す矢印上の秒数をクリックし、[パン時間]を調整します。

HINT

フレームを追加・削除するには？

手順⓬の画面で[新規フレームを追加]をクリックすると、時間インジケーターの位置に新規フレームが追加されます。また、手順❾の画面でフレームの右上にある[×]をクリックすると、フレームが削除されます。

Section 26

クリップを拡大／回転する

クリップは自由に拡大／縮小、回転させて表示できます。ここでは、エフェクトを利用したクリップの変形方法について解説します。

1 クリップを拡大する

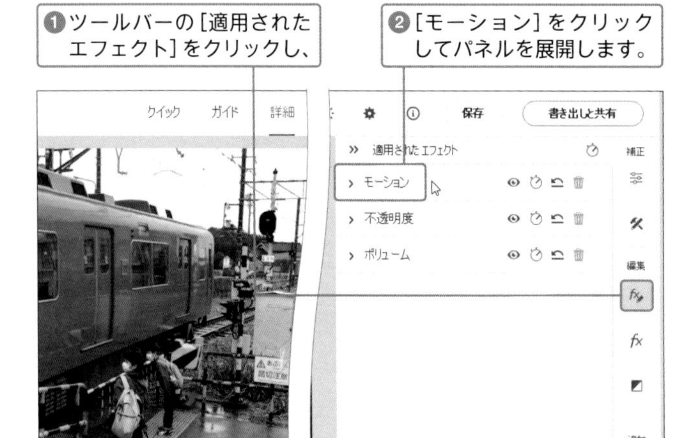

❶ツールバーの［適用されたエフェクト］をクリックし、

❷［モーション］をクリックしてパネルを展開します。

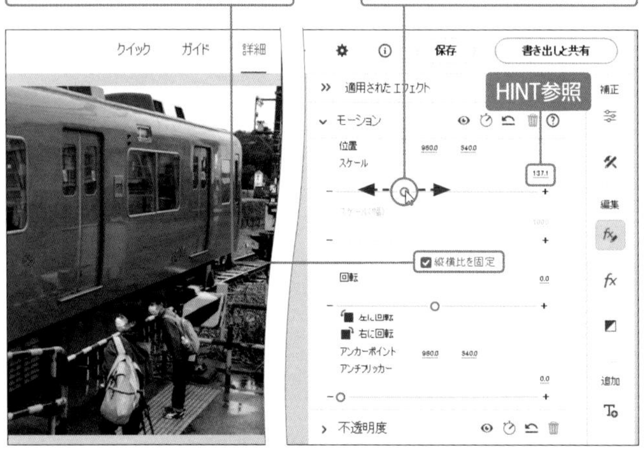

❸［縦横比を固定］にチェックが入っていることを確認します。

❹［スケール］スライダーを左右にドラッグし、スケールを変更します。

MEMO 手順❶の作業の前に

［適用されたエフェクト］をクリックする前に、対象のクリップをクリックして選択しておきます。

MEMO スライダーをドラッグする方向

手順❹でスライダーを右側へドラッグすると拡大、左側へドラッグすると縮小します。

HINT 大きさを微調整するには？

手順❹でスライダーの右上にある数値をドラッグすると、微調整ができます。このとき、Shiftを押しながらドラッグすると、数値の変動が大きくなります。

クリップを回転する

❶ツールバーの［適用されたエフェクト］をクリックし、

❷［モーション］をクリックして展開します。

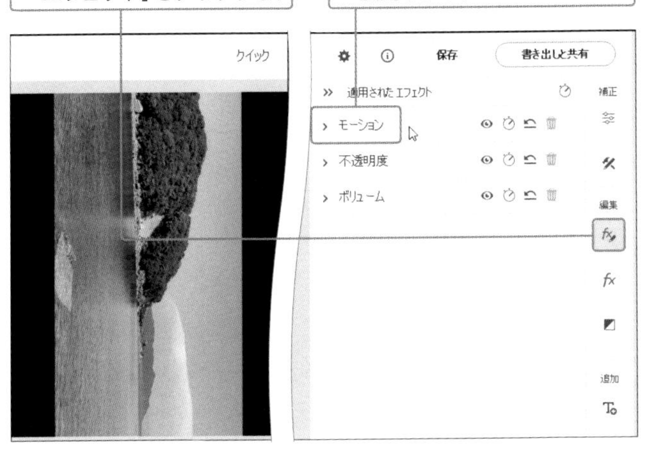

❸［回転］スライダーを左右にドラッグし、クリップを回転します。

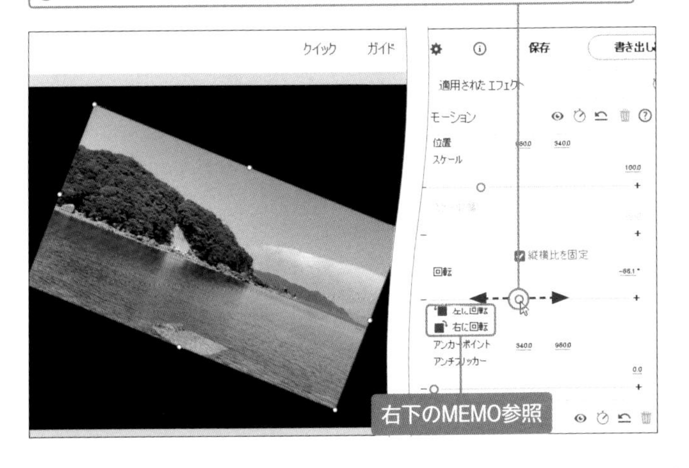

MEMO

手順❶の作業の前に

あらかじめ、対象のクリップをクリックして選択しておきます。

アンカーポイント

クリップの位置を示す基準点をアンカーポイントといいます。通常はクリップの中央がアンカーポイントであり、クリップを回転する際の回転軸になります。

90度きっちり回転させたい

手順❸で［左に回転］をクリックすると90度回転し、［右に回転］をクリックすると−90度回転します。

クリップの位置を変更するには？

クリップの位置は、［モーション］内にある［位置］の数値を左右にドラッグすることで変更できます。

変形をやり直すには？

ここで行った変形操作は、［モーション］内にある［リセット］をクリックすることで、まとめて元の状態に戻すことができます。

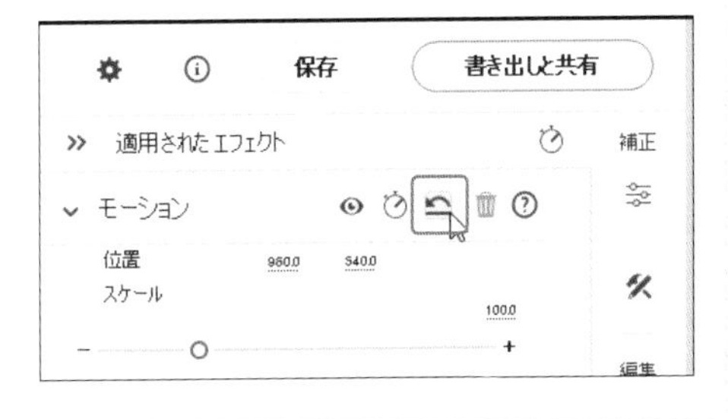

Section 27

クリップをフェードイン／フェードアウトする

少しずつ不透明度を上げて動画や写真を表示する手法をフェードイン、反対に少しずつ不透明度を下げて見えなくする手法をフェードアウトといいます。落ち着いた印象や動画の余韻を引っ張りたい場合に使用するテクニックです。

フェードイン／フェードアウトを設定する

❶ツールバーの[適用されたエフェクト]をクリックし、

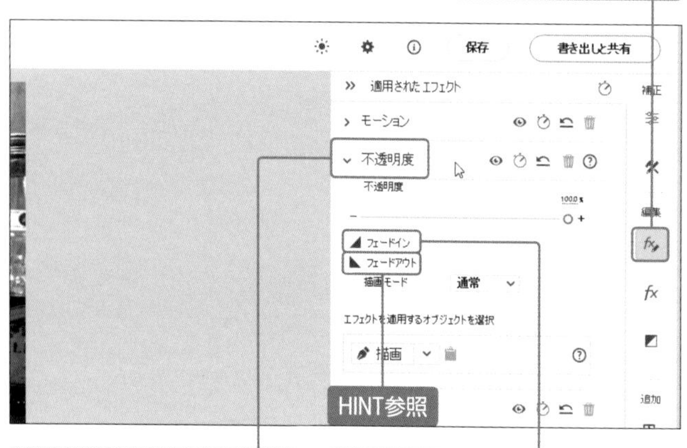

❷[不透明度]をクリックしてパネルを展開します。

❸[フェードイン]をクリックして、フェードインを設定します。

❹再生して確認します。

MEMO 手順❶の作業の前に

[適用されたエフェクト]をクリックする前に、対象のクリップをクリックして選択しておきます。

HINT フェードアウトを設定するには？

フェードインと同様に、手順❸で[フェードアウト]をクリックすれば、フェードアウトが適用されます。

2 フェードイン／フェードアウトの長さを指定する

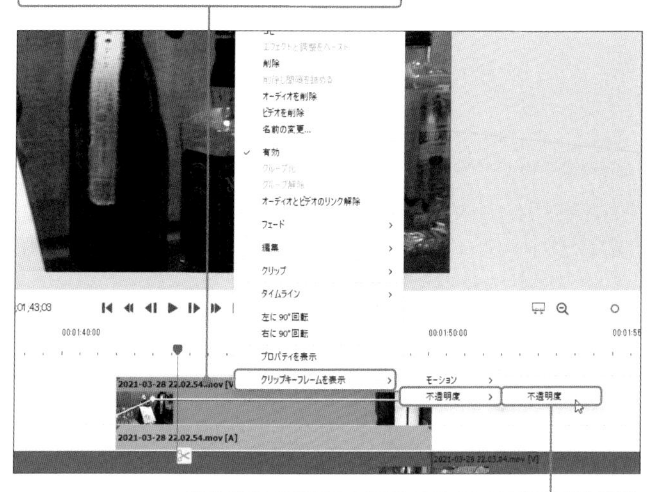

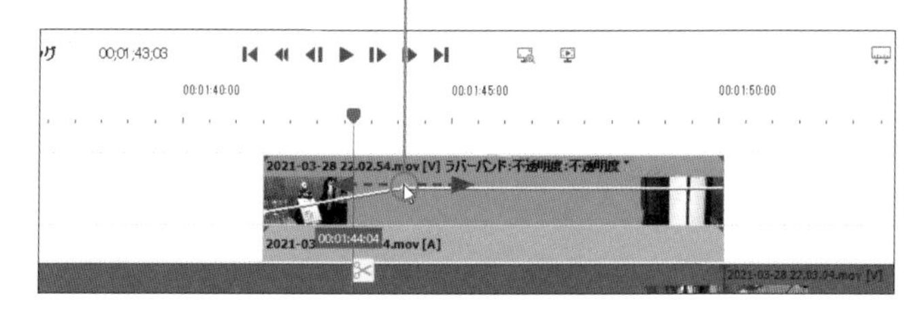

[クリップキーフレームを表示] が表示されない

手順❷で [クリップキーフレームを表示] が表示されない場合は、トラック名の先頭にある三角マークをクリックして、クリップに黄色い線を表示させて、その後に操作を行いましょう。

フェードアウトの長さを指定するには？

手順❸で後ろから2つ目のキーフレームをドラッグすると、フェードアウトの長さが調整できます。

キーフレームを細かく調整するには？

キーフレームを細かく調整するには、キーフレームコントロールを使用します。詳しくは、[ガイド] の [ビデオ調整] → [グラフィックのアニメート] をクリックし、ガイド付き編集を試してみましょう。また、Sec.39でも解説しています。

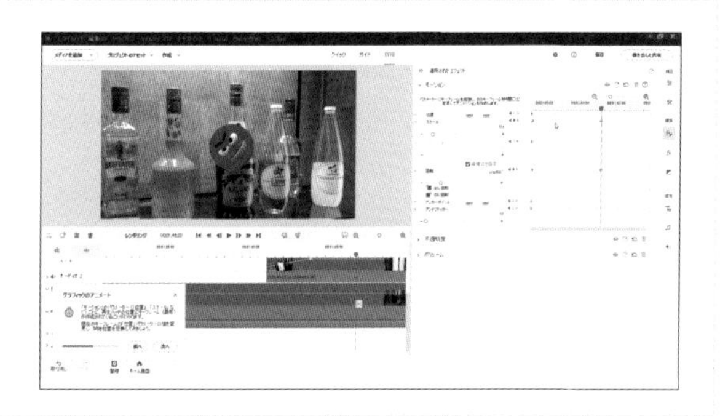

Section 28

クリップに切り替え効果を追加する ~トランジション

複数のクリップをタイムラインに並べて再生すると、通常は一瞬で画面が切り替わります。トランジションを使うと、さまざまな切り替え効果を適用できます。

1 トランジションを追加する

❶ツールバーから［トランジション］をクリックし、トランジションの一覧を表示します。

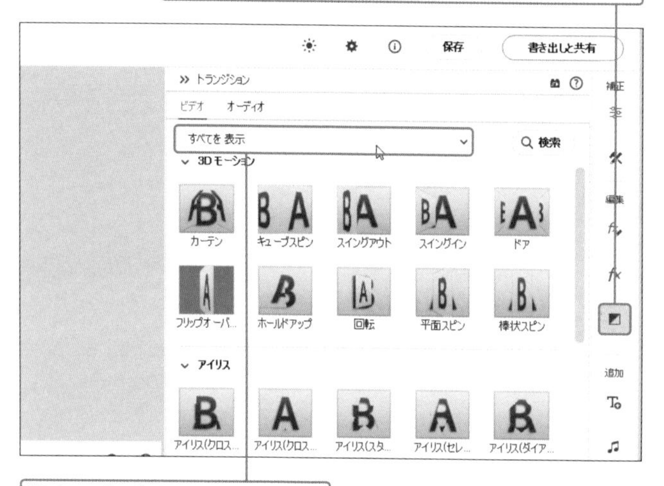

❷カテゴリ名をクリックします。

❸目的のカテゴリを選択します。

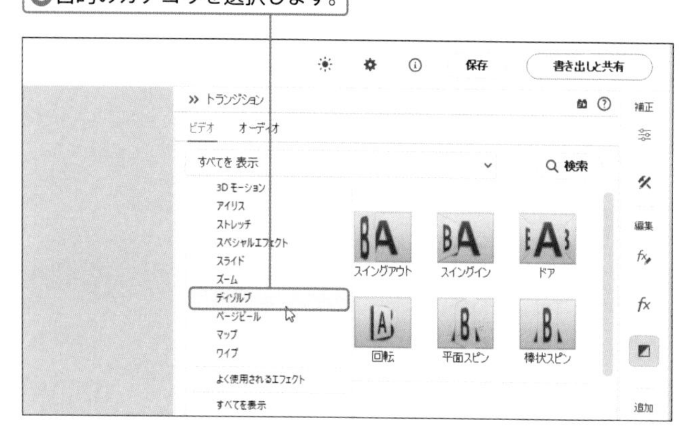

STEP UP トランジションの使いどころ

映像編集に慣れていないと、つい意味もなくトランジションを使ってしまいがちですが、映像編集の基本は「トランジションなし」です。トランジションを多用するとくどくなってしまうので、前のクリップの余韻を引っ張りたい時や、大きな場面転換の時など、「ここぞ！」というタイミングで使うように心がけましょう。

❹目的のトランジションをタイムライン上のクリップ間にドラッグします。

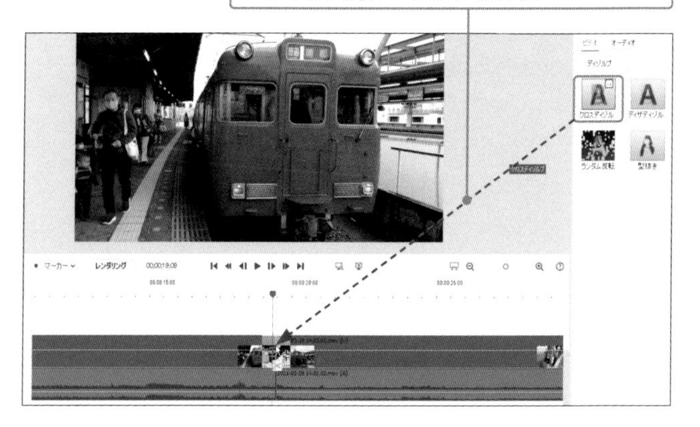

❺[トランジションの調整]画面が表示されます。

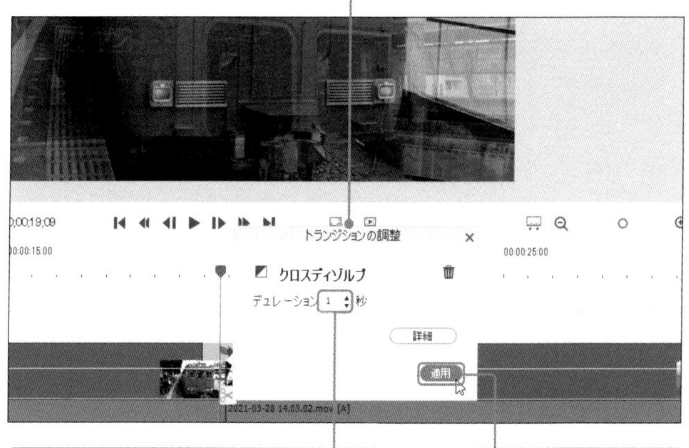

❻トランジションのデュレーション(持続時間)を入力し、

❼[適用]をクリックします。

MEMO

クリップは同一トラック上に配置する

トランジションを使用するには、つなぐ2つのクリップが同一トラック上に配置されている必要があります。

HINT

あとから設定を変更するには?

トランジションの設定を変更するには、タイムライン上のトランジションをダブルクリックして[トランジションの調整]画面を表示します(Sec.30参照)。

STEP UP

ムービーの導入部や最後にトランジションを使って演出する

使用するトランジションによって効果は異なりますが、トランジションの使い道は、クリップ間に切り替え効果を持たせるだけではありません。ムービーの最初や最後にトランジションを設定すると、ムービーの導入部を暗転から開始したり、ムービーの最後にホワイトアウトを数秒かけて余韻を持たせるなどの演出ができます。

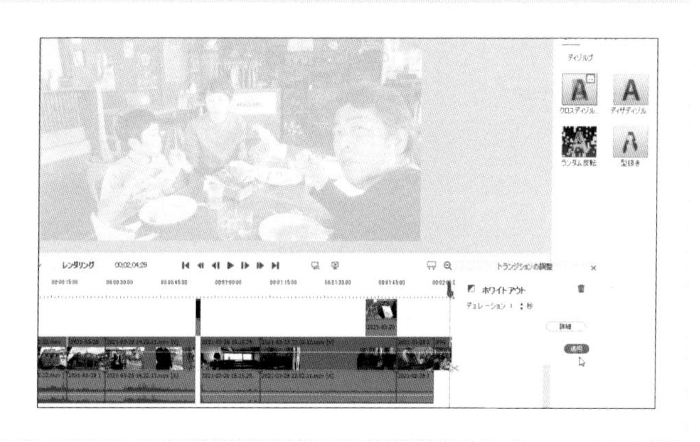

Section
29
トランジションを削除する／置き換える

ここでは、トランジションを設置後、不要になったトランジションを削除したり、別のトランジションに置き換えたりする操作方法について解説します。

トランジションを削除する

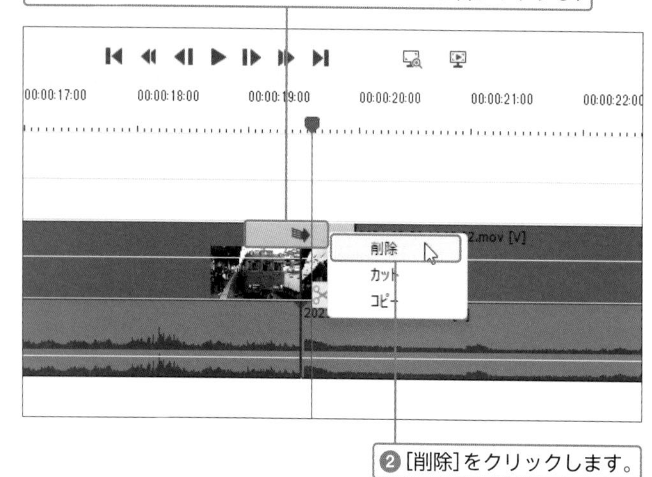

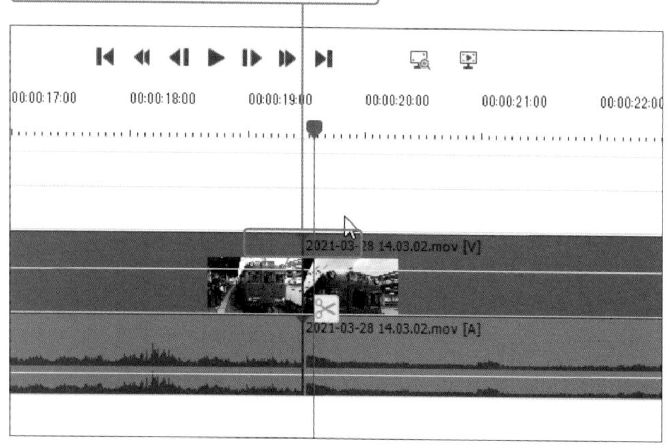

HINT

そのほかの削除方法

タイムライン上のトランジションをクリックし、Delete（fn+delete）を押しても削除できます。

2 トランジションを置き換える

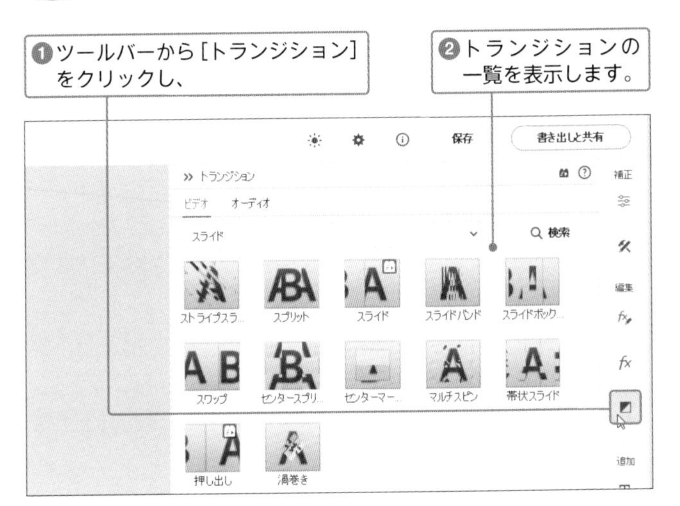

❶ツールバーから[トランジション]をクリックし、

❷トランジションの一覧を表示します。

❸タイムラインに配置した既存のトランジションの上に、新しいトランジションをドラッグします。

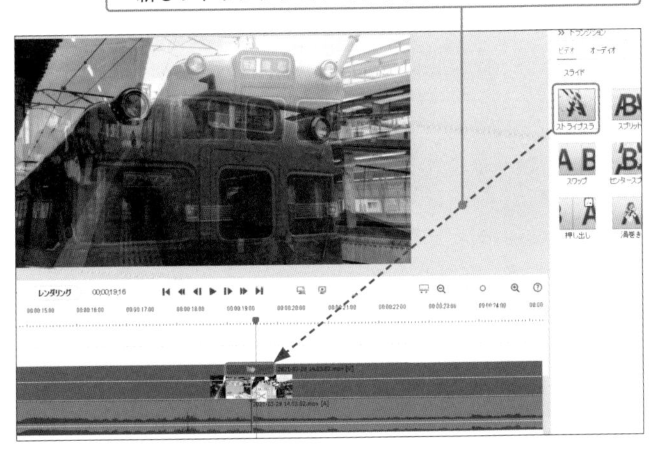

❹トランジションが置き換わり、[トランジションの調整]パネルが開きます。

❺適宜設定し、[適用]をクリックします。

MEMO

設定は引き継がれる

タイムラインに配置したトランジションを別のトランジションに置き換えると、古いトランジションのデュレーションや配置した位置などの情報がそのまま引き継がれます。必要に応じて設定を修正しましょう。

Section 30

トランジションの効果を調整する

各種トランジションは、動きや表現をさらに細かく調整できます。トランジションによって設定できる内容が異なりますが、「ストライプスライド」トランジションを例にして解説します。

1 トランジションの詳細を設定する

❶タイムライン上に適用されたトランジションをダブルクリックし、

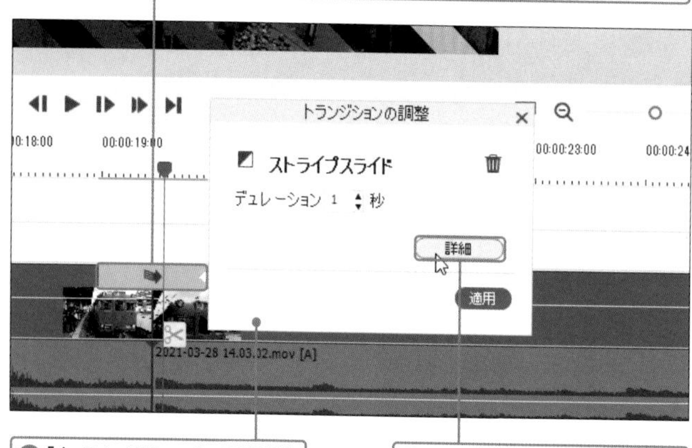

❷[トランジションの調整]画面を開きます。

❸[詳細]をクリックします。

❹[再生]をクリックすると、サムネイル画像でトランジションの適用イメージが表示されます。

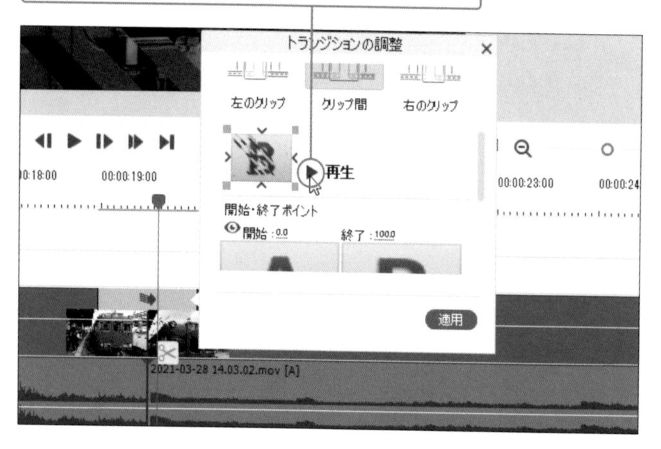

MEMO
トランジションが操作しづらい場合

P.054を参考に、タイムラインを拡大表示してからトランジションをダブルクリックすると、作業がしやすくなります。

❺サムネイル画像の周囲の ＞ ＜ ∨ ∧ 、または角の ■ をクリックすると、トランジションの動きの方向を変更できます。

❻ここでは、右側の ＜ をクリックします。

❼[境界の幅] の数字を左右にドラッグして設定します。

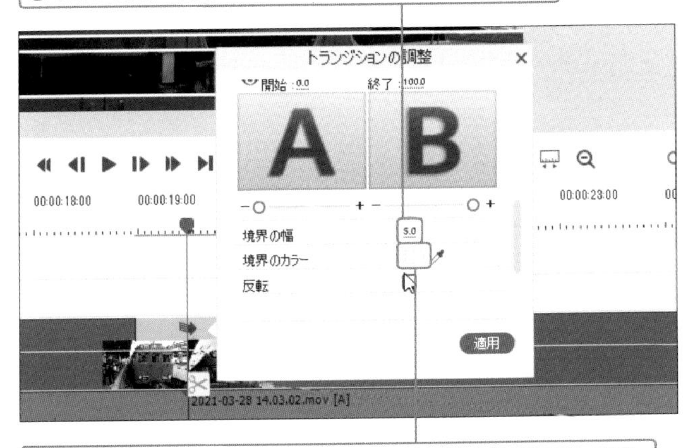

❽[境界のカラー] の四角をクリックし、境界線の色を設定します。

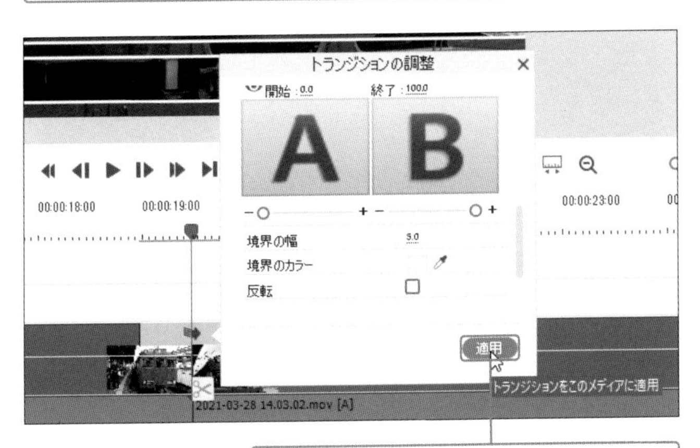

❾[適用] をクリックし、トランジションの直前から再生して動作を確認します。

MEMO

設定項目はトランジションによって異なる

使用するトランジションによって、設定項目は異なります。ここで使用している[ストライプスライド] トランジションは、クリップを縞模様のように挿入して切り替えます。

MEMO

本手順での設定内容

ここでは、境界の幅を「5.0」、境界線の色を「白」に設定しています。

Section
31

編集操作を取り消す／やり直す

作業中、操作を間違えた場合は、直前の動作を取り消すことができます。また、作業履歴を表示して、任意の作業手順までさかのぼることもできます。よく使う操作なので、ショートカットキーを覚えておくと便利です。

1 直前の操作を取り消す

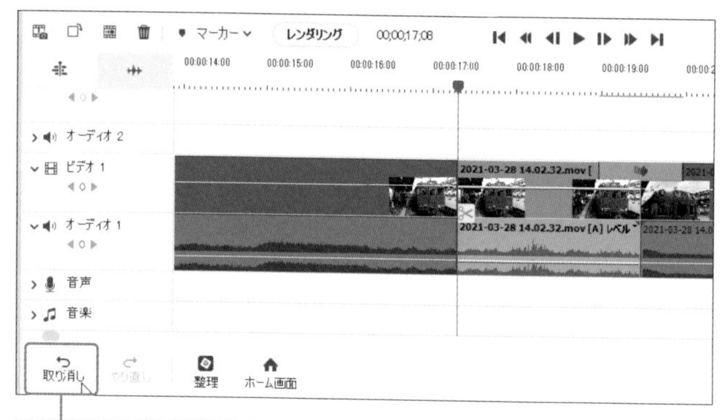

❶アクションバーの［取り消し］をクリックします。

❷直前の操作を取り消し、操作前の状態に戻ります。

HINT

便利なショートカットキー①

操作を取り消すショートカットキーは Ctrl（command）+ Z です。よく使う操作なので、覚えておくと効率よく作業できます。

2 取り消した操作をやり直す

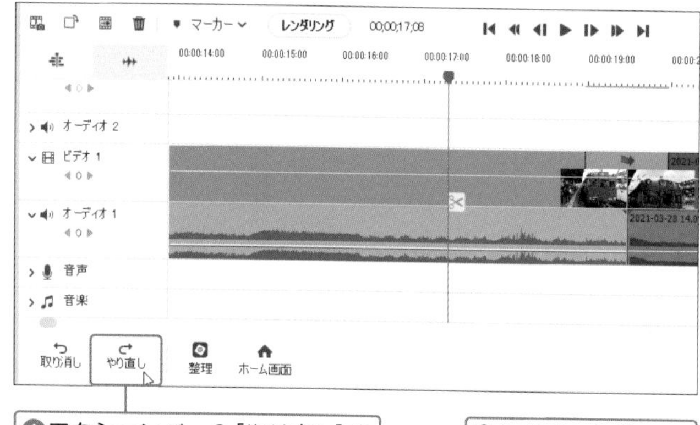

❶アクションバーの［やり直し］をクリックします。

❷取り消し操作前の状態に戻ります。

HINT

便利なショートカットキー②

取り消した操作をやり直すショートカットキーは Ctrl（command）+ Shift + Z です。この操作も覚えておくと便利です。

［ヒストリー］画面で操作を取り消す

❶［ウィンドウ］をクリックし、

❷［ヒストリー］をクリックします。

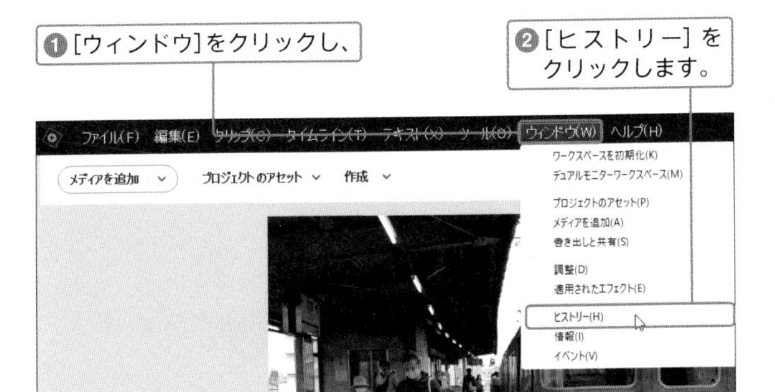

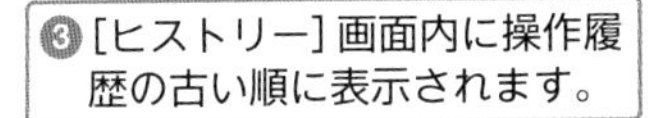

❸［ヒストリー］画面内に操作履歴の古い順に表示されます。

❹戻りたい操作が記された履歴をクリックします。

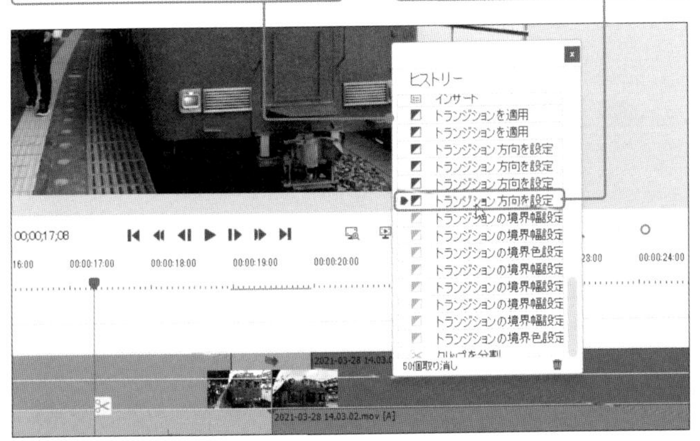

❺履歴をさかのぼり、履歴時点の状態に戻りました。

❻ ✕ をクリックし、パネルを閉じます。

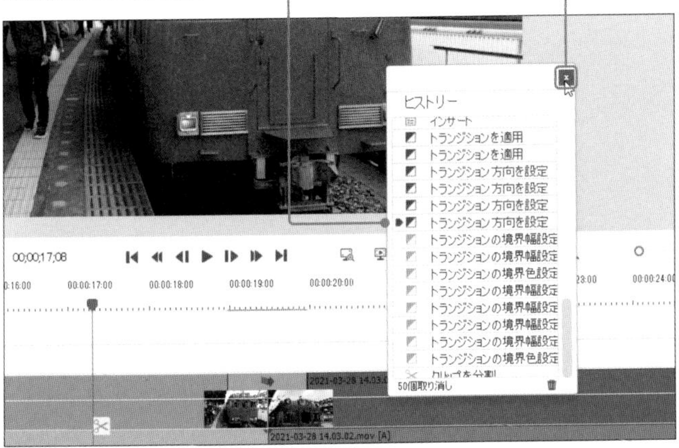

MEMO

手順はどこまで戻れるの？

手順❸の［ヒストリー］画面内の操作履歴は、最大50手順まで記録されます。それ以降は、古い履歴から順に消されていきます。

MEMO

ヒストリーの注意点

ヒストリーを利用して作業内容を戻すと、最新の操作内容までの履歴がグレー表示になります。履歴をさかのぼったあとで別の操作を行うと、それらの操作は消去されてしまうので注意しましょう。

ユーザーインターフェイスを切り替える

Premiere Elements 2024では、ユーザーインタフェイス(UI)を変更できます。通常は白がベースとなっている画面ですが、UIを変更することで画面が黒がベースのデザインに変わります。黒を基調としたUIは目に優しく、編集中の映像の色がはっきりと見えるようになります。
以下の手順で、好みに応じて切り替えましょう。

❶画面の[アプリの外観カスタマイズ]ボタンをクリックし、[環境設定]をクリックします。

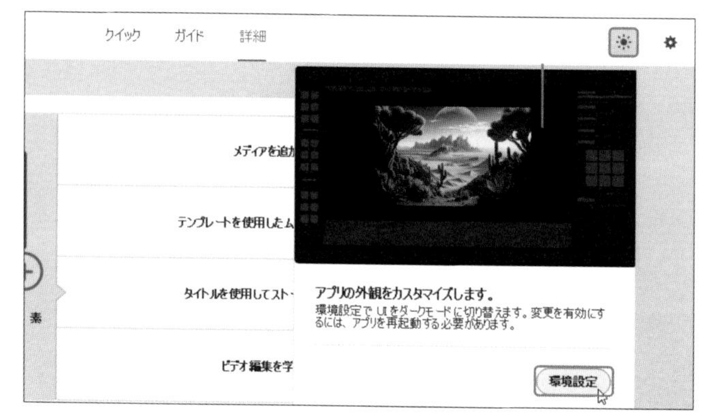

❷環境設定パネルが開くので、「一般」の「UIモード」から[暗い]を選択します。

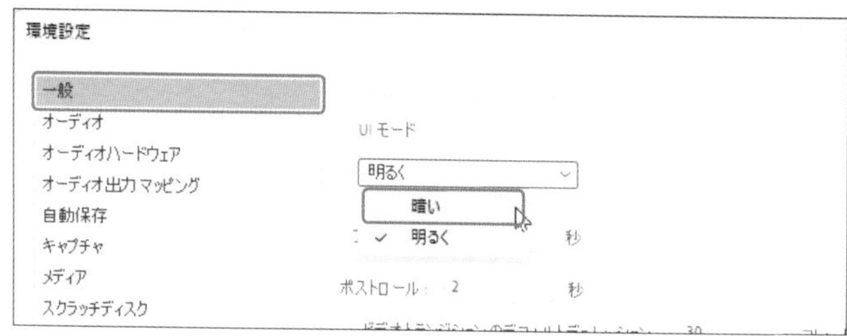

❸メッセージが表示されたら[OK]をクリックします。環境設定パネルに戻り、[OK]をクリックした後、Premiere Elementsを一旦終了します。

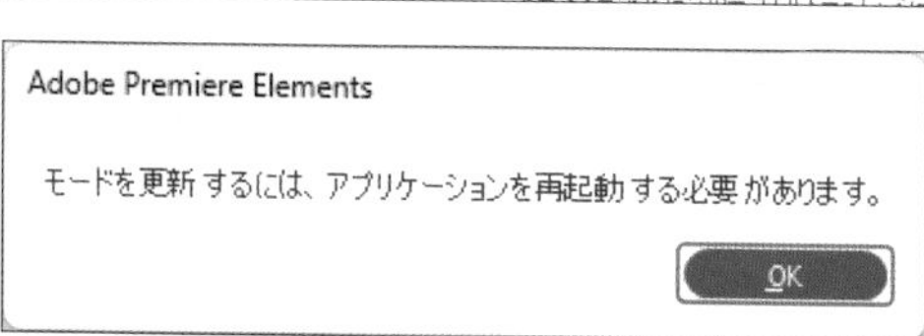

❹再度Premiere Elementsを起動すると、UIモードが切り替わったことが確認できます。

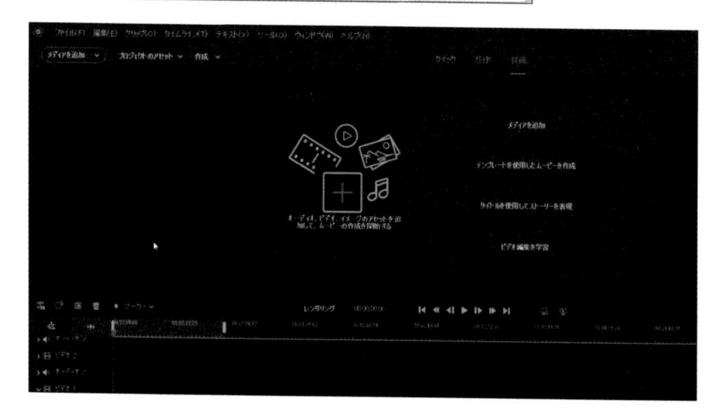

Chapter

4

クリップの基本補正とエフェクト

各種カメラで撮影された映像は、必ずしも万全の状態であるとは限らず、必要に応じて明るさや色味の補正を行う必要があります。この章では、映像素材の補正方法について学びます。
また、Premiere Elementsに用意された様々な効果を付与するエフェクトの機能を利用して、映像を加工する方法について解説します。

Section 32

クリップの明るさやコントラストを補正する

クリップが暗くて見えづらい場合には、[調整] パネルの [照明] 機能を使います。通常はサムネイルを使用した簡易的な調整方法ですが、スライダーを使用した詳細設定も可能です。

1 明るさやコントラストを補正する

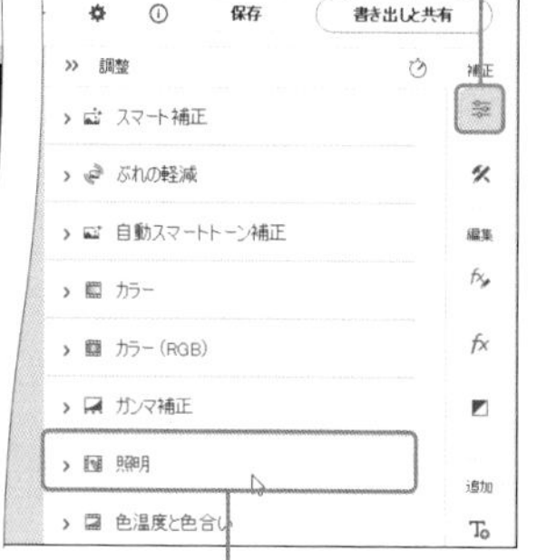

MEMO **調整を行う前に**

あらかじめ、対象となるクリップをクリックして選択しておきます。

MEMO **設定をリセットするには？**

左下の[リセット]をクリックすると、設定した内容がリセットされます。

❹[コントラスト]タブをクリックします。

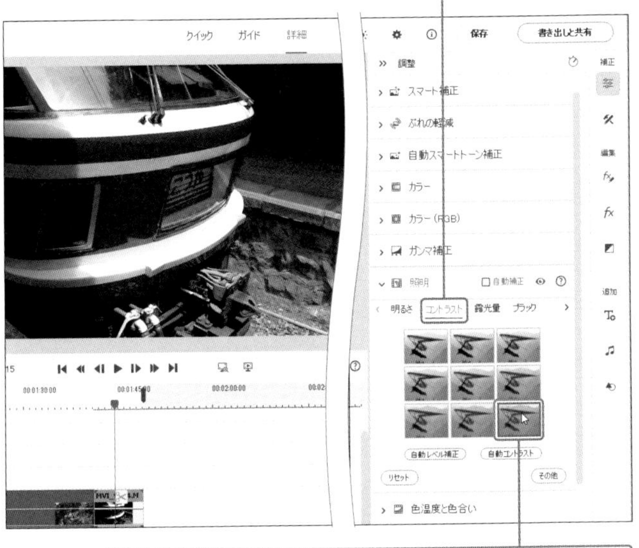

❺プレビューウィンドウを確認しながら、ちょうどよいコントラストのアイコンをクリックします。

❻ > や < をクリックしていくと、

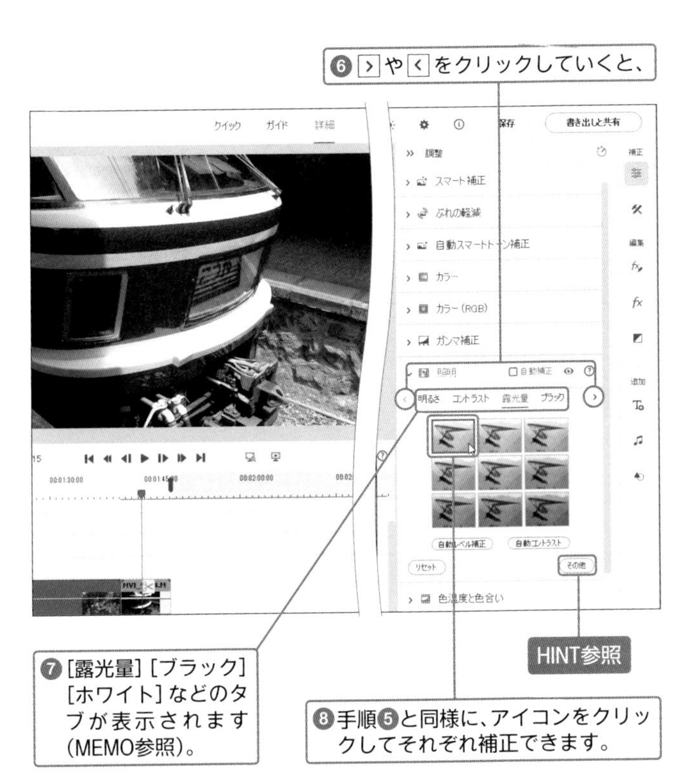

HINT参照

❼[露光量][ブラック][ホワイト]などのタブが表示されます(MEMO参照)。

❽手順❺と同様に、アイコンをクリックしてそれぞれ補正できます。

MEMO

タブごとの違い

手順❹や手順❼のタブには、以下の種類があります。

明るさ……明度を調整します。
コントラスト……明暗差を調整します。
露光量……「明るさ」より自然な感じで光の量を調整します。
ブラック……画面上の暗い部分を強調する効果を与えます。
ホワイト……画面上の明るい部分を強調する効果を与えます。

HINT

詳細に設定するには？

より詳細な調整を行いたい場合は、[その他]をクリックします。スライダーが表示されるので、目的の明るさやコントラストになるようにドラッグして補正します。

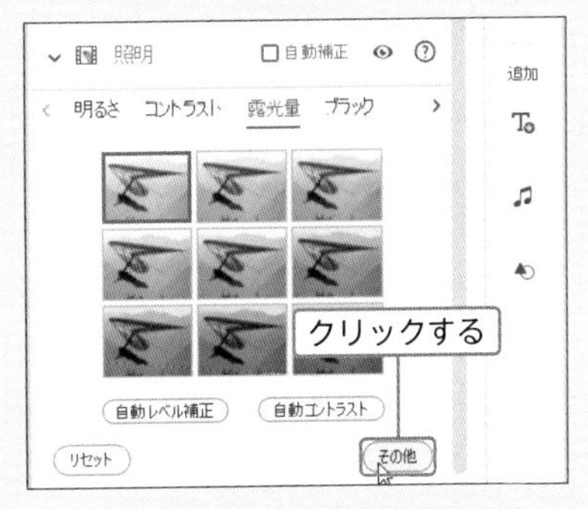

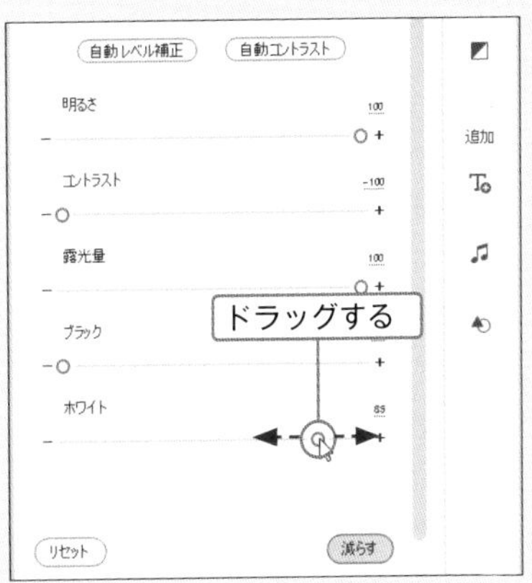

Section 33

クリップのカラーバランスを補正する

動画や写真は、撮影時の光の具合によって色味が大きく変化します。ここでは、クリップの色調を整える［カラー（RGB）］の使い方と、彩度を調整できる［カラー］の使い方について説明します。

カラーバランスを補正する

❶対象となるクリップをクリックして選択します。

❷［調整］をクリックし、

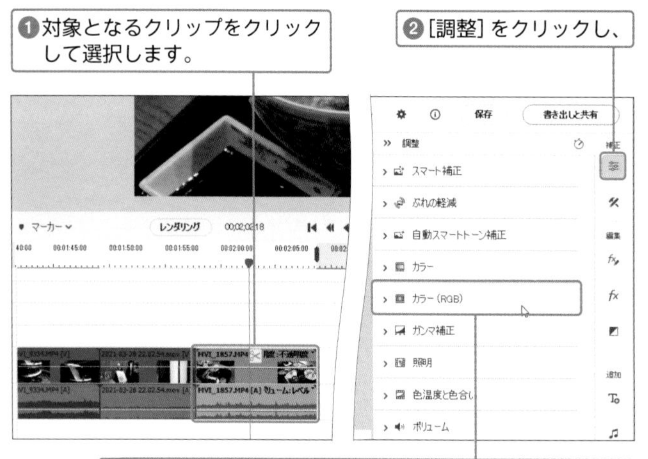

❸［カラー（RGB）］をクリックします（右上のMEMO参照）。

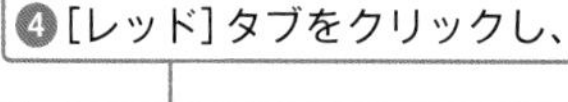

❹［レッド］タブをクリックし、

❺プレビューウィンドウを確認しながら、サムネイルをクリックして色味を整えます。

右下のMEMO参照

MEMO

カラー（RGB）の調整

手順❸で［カラー（RGB）］をクリックすると、赤（レッド）、緑（グリーン）、青（ブルー）の光の3原色ごとにカラーバランス（色味）を調整できます。

MEMO

設定をリセットするには？

手順❹の画面で［リセット］をクリックすると、カラーバランスの設定内容がリセットされます。

❻[グリーン]タブ、[ブルー]タブをクリックして切り替え、

右上のHINT参照

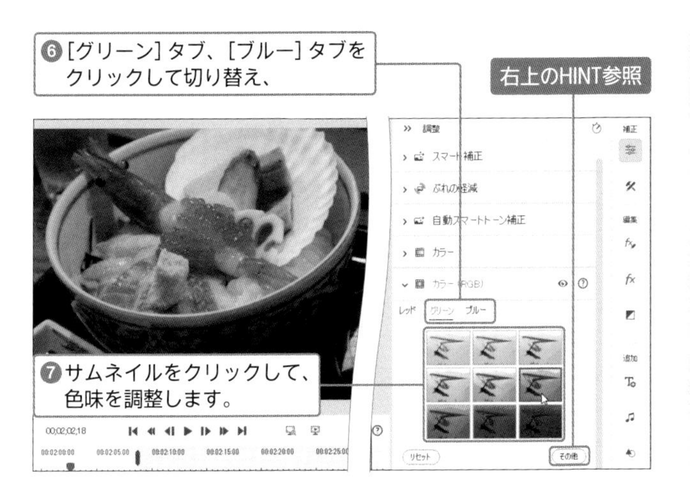

❼サムネイルをクリックして、色味を調整します。

より詳細に設定するには？

より詳細な調整をしたい場合は、手順❼の画面で[その他]をクリックします。スライダーが表示されるので、目的のカラーバランスになるように補正します。

彩度を補正する

❶[調整]パネルの[カラー]をクリックし、

❷[彩度]タブをクリックして切り替えます。

彩度は演出にも使える

彩度を下げていくと鮮やかさがなくなり、セピアやモノクロになります。演出としても使える機能なので、動画の雰囲気に合わせて活用しましょう。

❸プレビューウィンドウを確認しながら、サムネイルをクリックして彩度を調整します。

Section
34
カラーマッチングで色調を補正する

動画の色味は、撮影された環境によって大きく異なります。そんなときは、Premiere Elements 2024に新しく搭載されたカラーマッチング機能を使って、プロジェクト内のカラーイメージを整えることができます。

1 プリセットを用いてマッチングする

❶対象となるクリップを選択します。 ❷[ツール]をクリックし、

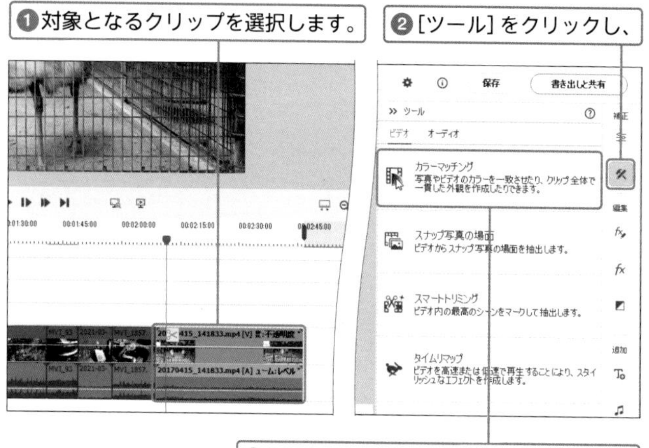

❸[カラーマッチング]をクリックします。

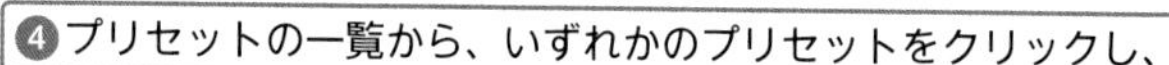

❺[続行]をクリックします。

MEMO

カラーマッチングを解除するには？

カラーマッチングは適用したクリップのエフェクトとして扱われます。カラーマッチングを解除するには、対象のクリップを選択して、手順❷の画面で[適用されたエフェクト]をクリックし、カラーマッチングの[エフェクトを削除]ボタンをクリックします。

❻エフェクトの適用範囲を選択し、

❼必要に応じ似て各パラメーターを調整します。

❽設定後、[適用]をクリックします。

カラーマッチング適用前の状態と比較する

カラーマッチングの適用後、STEPUPの画面で「プレビュー」スイッチをオフにすると、カラーマッチング適用前の状態に戻ります。元の素材からどの程度変化したのかを確認する際に使用します。

タイムラインの動画からマッチングするには？

カラーマッチングを実行後、[タイムラインから選択]をクリックします(❶)。プレビューのスライダーを調整し(❷)、どの時点でのカラーを参照するのかを指定すると、該当フレームのカラーに合わせた色調に変化します(❸)。[続行]をクリックして(❹)、詳細な調整をします。

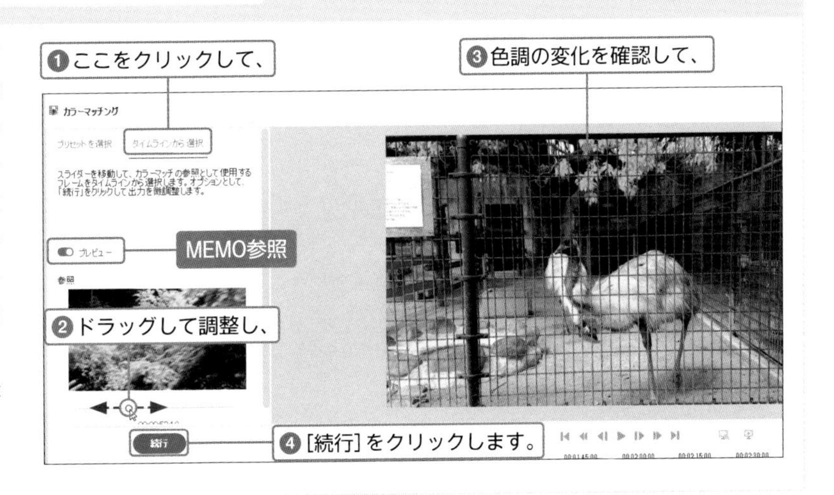

Section 35

クリップの手ぶれを補正する

手ぶれ補正機能がないスマートフォンで撮影した動画や、激しいカメラワークの動画には手ぶれが発生します。Premiere Elementsではそのようなブレをソフトウェア的に取り除く機能が用意されています。

手ブレ補正を設定する

❶対象となるクリップをクリックして、選択しておきます。

❷[調整]をクリックし、

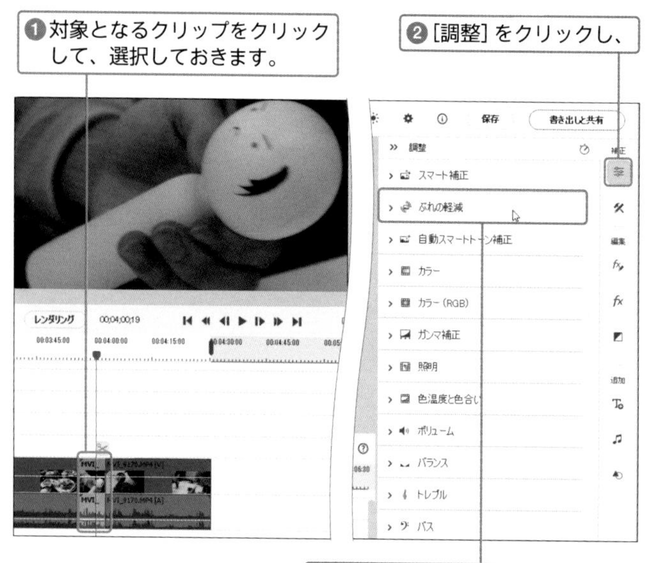

❸[ぶれの軽減]をクリックします。

❹[クイック]をクリックし、ぶれの軽減を実行します。

右下のMEMO参照

ぶれの軽減処理について

ぶれの軽減を実行すると、処理が完了するまで時間がかかる場合があります。処理中はプレビューウィンドウに「ぶれの軽減を処理中」というメッセージが表示されます。

ぶれの軽減の[詳細]とは

[詳細]をクリックすると、[クイック]よりも細かい分析が行われますが、その分だけ処理に時間がかかります。Adobe社では最初に、処理が早く完了するクイックモードを試すことを推奨しています。クイックモードで思い通りの結果が得られない場合は、詳細モードを試してみましょう。長いクリップの場合は、部分的に分割してから実行するとよいでしょう。

ぶれの軽減を詳細に設定する

前ページ手順❹の操作を行ったあと、「詳細」の左にある [>] をクリックして展開すると、手ぶれ補正の効果を調整できます。それぞれの詳細設定項目は以下の通りです。

項目	機能
Ⓐ モーション	映像のカメラの動きを滑らかにするか、動きをなしにするかの設定をします。
Ⓑ 滑らかさ	「モーション」の［滑らかなモーション］の関連項目です。どの程度の滑らかさにするかを指定します。
Ⓒ ビデオフレーム	ぶれを軽減したフレームをどのように表示するかを設定します。
Ⓓ ぶれの軽減をブースト	ぶれの軽減のためのより最適な分析を行います。分析には時間がかかります。
Ⓔ ローリングシャッターリップル	動きが激しい映像のゆがみを補正します。
Ⓕ クロップと滑らかさ	画面の切り抜き範囲と滑らかさのバランスを調整します。
Ⓖ 合成エッジぼかし	「ビデオフレーム」で［スタビライズ、エッジを合成］を選んでいるときに、合成箇所のぼかし量を設定します。

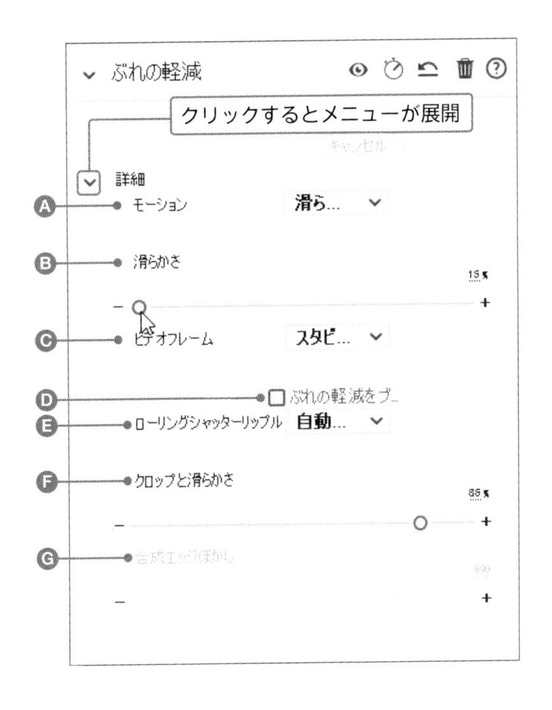

MEMO **効果をリセットするには？**

手振れ補正の効果をリセットするには、［適用されたエフェクト］をクリックしてパネルを開き（❶）、［ぶれの軽減］内の［エフェクトを削除］をクリックします（❷）。

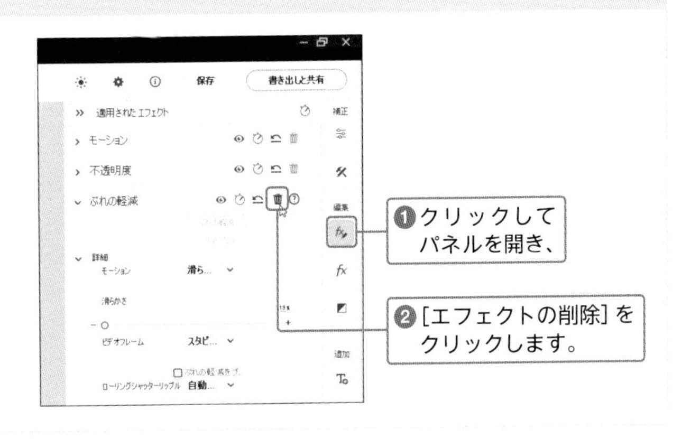

Section 36

クリップにエフェクトを適用する

Premiere Elementsでは、古い映画やアニメ風の表現など、動画や写真に対してさまざまなエフェクトを適用できます。ここでは、エフェクトの基本的な使用方法について解説します。

エフェクトを追加する

❶ツールバーから[エフェクト]をクリックし、エフェクトの一覧を表示します。

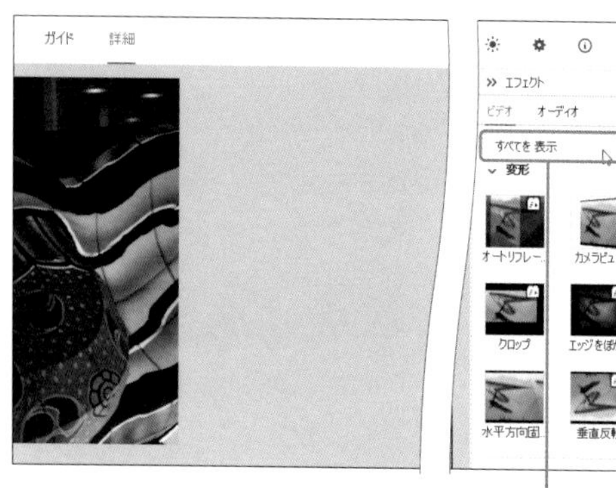

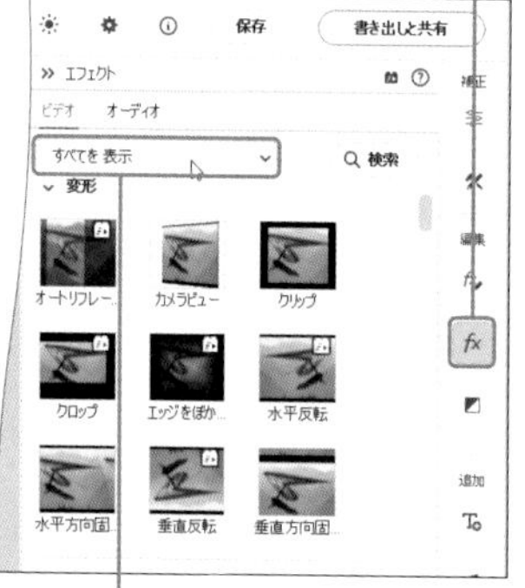

❷エフェクトのカテゴリをクリックします。

❸目的のエフェクトがまとめられたカテゴリを選択します。

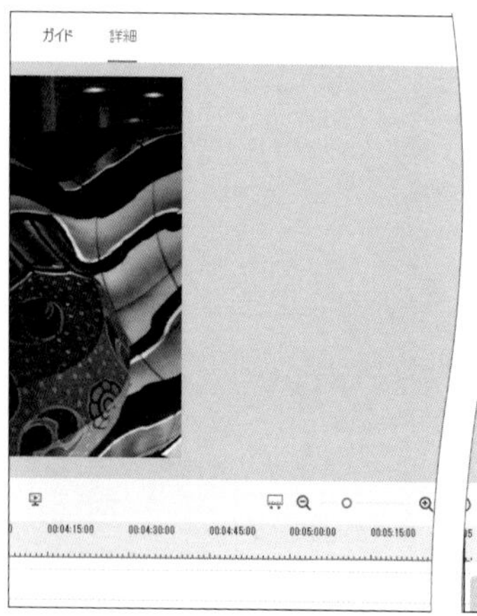

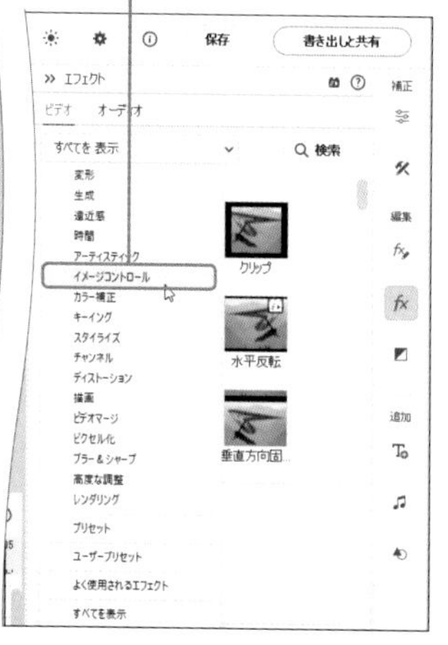

HINT

↑/↓で
すばやく切り替え可能

エフェクトのカテゴリを選ぶ際、一度カテゴリを指定したあと、↑/↓を押すことでカテゴリを順に切り替えできます。

MEMO

Premiere Elements 2024のエフェクト

Premiere Elements 2024には「変形」「遠近」「時間」「イメージコントロール」など18のカテゴリに分類された、70種類以上のエフェクトが用意されています。

❹目的のエフェクトをタイムライン上のクリップにドラッグします。

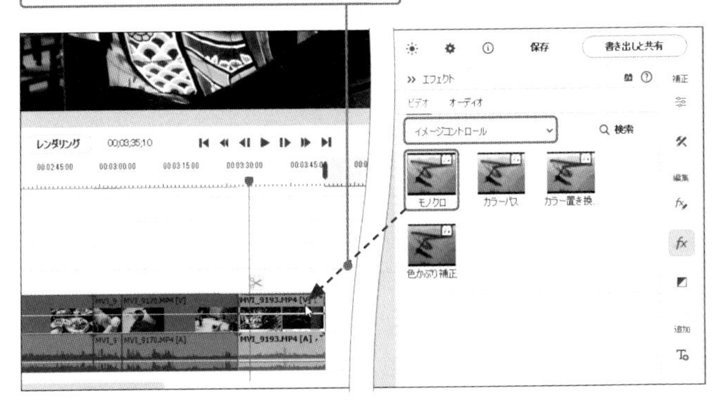

❺プレビューウィンドウで再生すると、クリップにエフェクトがかかっていることが確認できます。

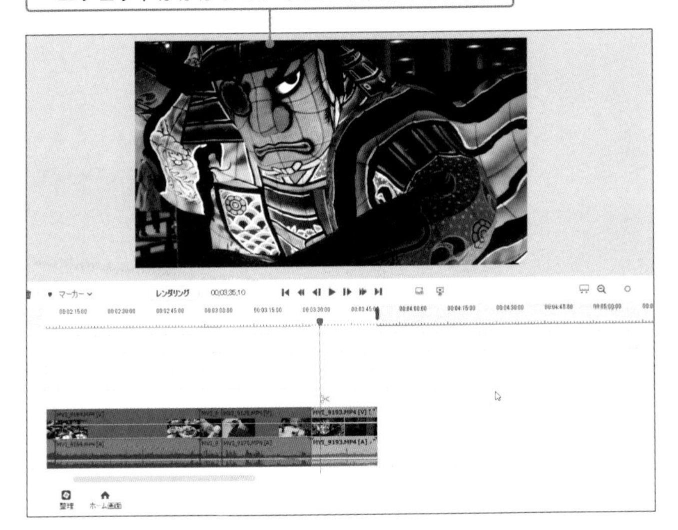

MEMO

ここでの設定

手順❹では、例として[イメージコントロール]カテゴリの「モノクロ」エフェクトを適用します。

MEMO

プレビューウィンドウで効果が確認できないときは？

処理能力が低いパソコンを使用していると、プレビューウィンドウの表示がコマ落ちして、うまく確認できない場合があります。その場合は、タイムライン上部にある[レンダリング]をクリックし、レンダリングしてから確認しましょう。

Section 37

エフェクトの効果を調整／保存する

エフェクトの表現は、設定次第で大きく変化する場合があります。また、各パラメーターなどの設定値をユーザープリセットとして保存しておけば、ほかのプロジェクトやクリップでもそれらの設定をかんたんに適用できます。

1 適用されたエフェクトを調整する

❶[適用されたエフェクト]をクリックします。

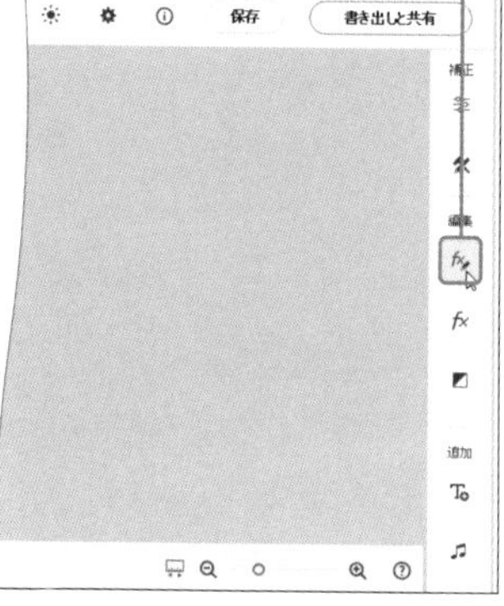

❷設定内容を変更したいエフェクトをクリックし、

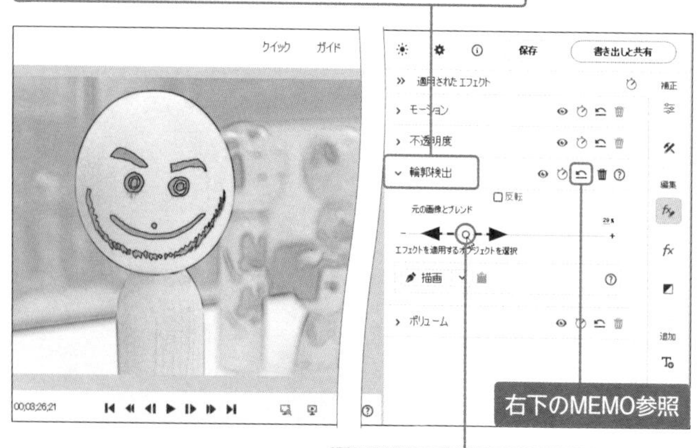

❸エフェクトの設定を調整します。

MEMO **作業の前に**

手順❶の前に、エフェクトが設定されたクリップをクリックして選択しておきます。

MEMO **本ページの作業例**

ここでは、例として[スタイライズ]カテゴリの[輪郭検出]を調整しています。

MEMO **表示される設定は異なる**

手順❸で表示される設定内容は、エフェクトによって異なります。

MEMO **設定内容を元に戻したい**

手順❸の画面で[リセット]ボタンをクリックすると、調整したエフェクトの内容をエフェクト設定直後の状態に戻します。

エフェクトの設定を保存する

❶設定情報を保存したいエフェクトを右クリックし、

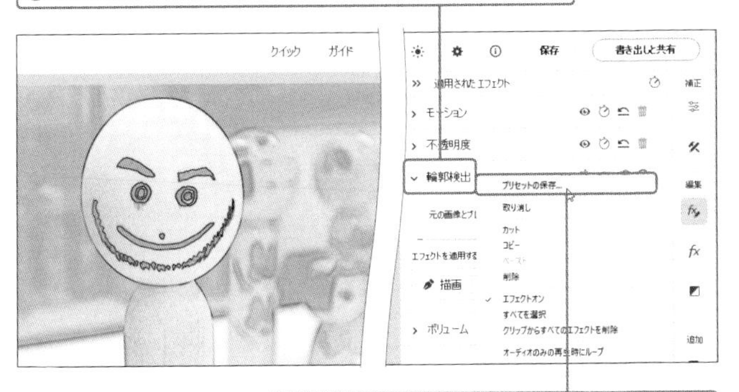

❷[プリセットの保存]をクリックします。

❸[プリセットの保存]画面でプリセットの名前、種類、説明などを設定し(HINT参照)、

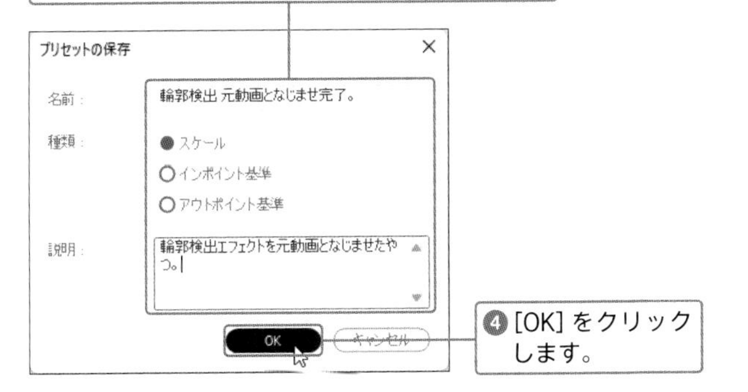

❹[OK]をクリックします。

❺[エフェクト]をクリックし、

❻カテゴリから[ユーザープリセット]を選択します。

❼保存したプリセットが確認できます。

HINT

[種類]とは

手順❸の[種類]では、以下の設定を選択できます。

スケール

クリップの長さに合わせて、登録したプリセットを適用します。

インポイント基準*

クリップの先頭に合わせて、登録したプリセットを適用します。

アウトポイント基準*

クリップの末尾に合わせて、登録したプリセットを適用します。

*エフェクトにキーフレームを設定している場合に有効です(P.092参照)。

Section 38

エフェクトにアニメーション効果をかける

エフェクトの設定値を時間経過に応じて変化させることで、エフェクトにアニメーション効果を付けることができます。効果を徐々に変化させるなどの表現が可能ですが、一部エフェクトは対応していないものもあります。

1 キーフレームアニメーションを適用する

❶［適用されたエフェクト］をクリックし、

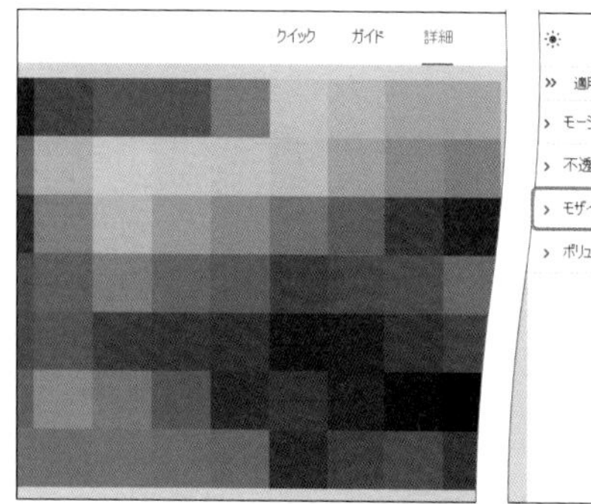

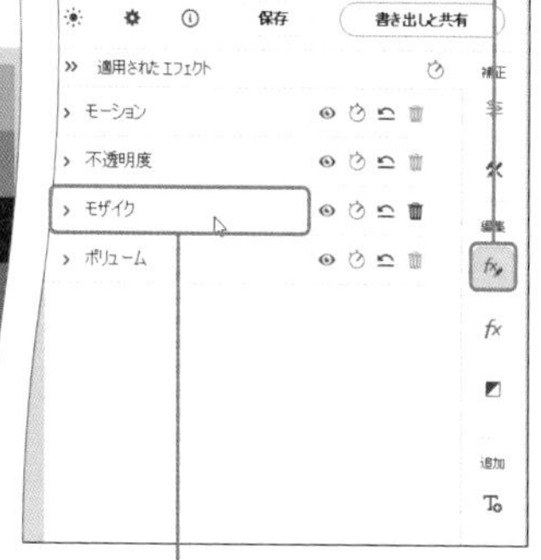

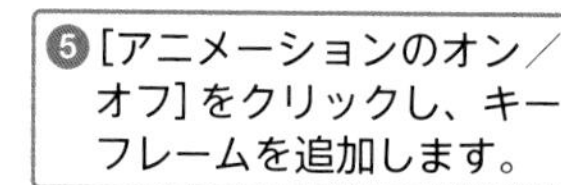

❷対象となるエフェクトをクリックします。

❸時間インジケーターをドラッグし、アニメーションを開始したいタイミングに移動します。

❺［アニメーションのオン／オフ］をクリックし、キーフレームを追加します。

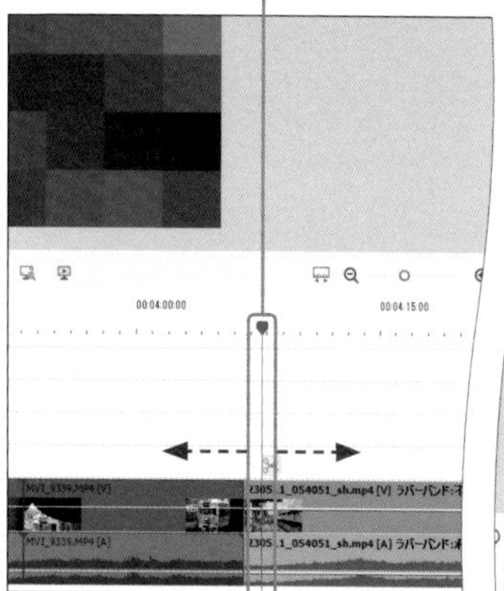

❹エフェクトの調整を行い、

MEMO **作業の前に**

手順❶の前に、エフェクトを追加したクリップをクリックして選択しておきます。

KEY WORD **キーフレーム**

キーフレームは静止画や画像に対して、時間の経過に合わせてエフェクトの働きを追加する機能です。これにより、アニメーションのような動きを実現します。

❻時間インジケーターをドラッグし、アニメーションを終了するタイミングに移動します。

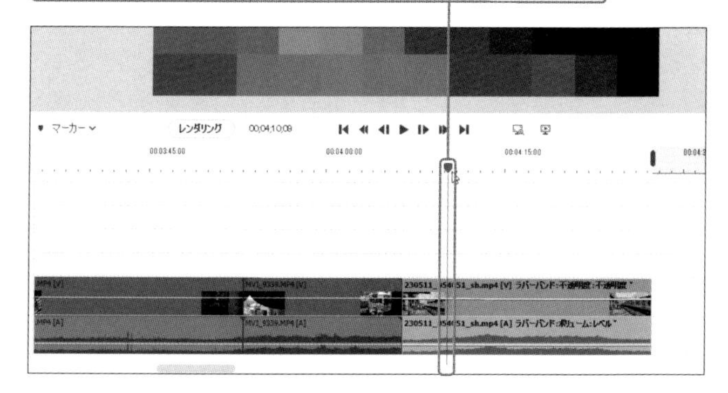

❼エフェクトの設定を変更し、アニメーション終了時の状態を設定します。

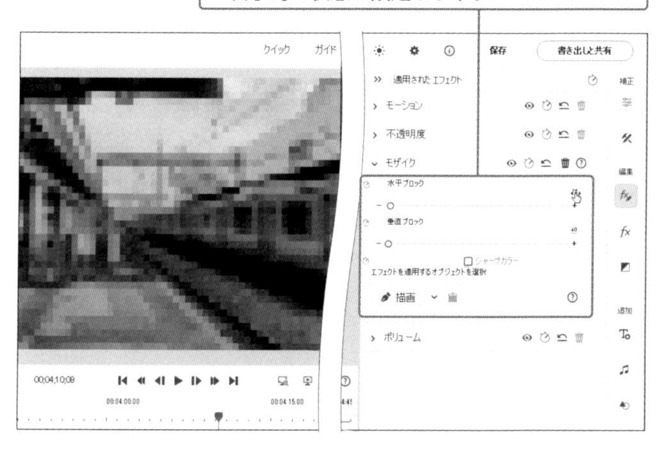

❽[再生]をクリックします。

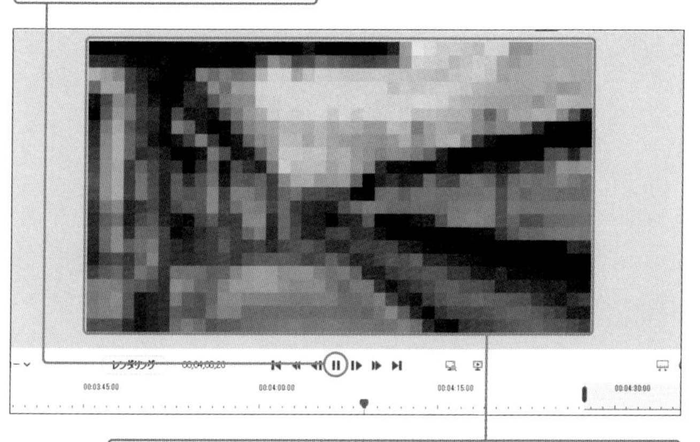

❾プレビューウィンドウでエフェクトにアニメーション効果が付いていることを確認します。

MEMO

エフェクトの設定を変更後、何か操作が必要？

手順❼でエフェクトの設定が変更されると、自動的にキーフレームが作成されるので、キーフレームを追加する操作は不要です。

4 クリップの基本補正とエフェクト

Section

39

エフェクトのアニメーション効果を調整する

エフェクトにアニメーション効果を付けたあと、設定値を調整したい場合は、対象となるエフェクトの設定値を上書きします。キーフレームの位置がずれていると、思い通りのアニメーションにならないので注意しましょう。

キーフレームコントロールを表示する

❶［適用されたエフェクト］をクリックし、

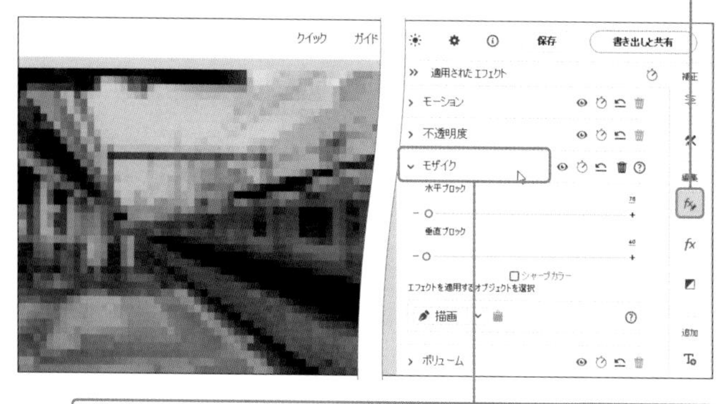

❷アニメーション効果が付いたエフェクトをクリックします。

❸［キーフレームコントロールを表示／非表示］をクリックし、

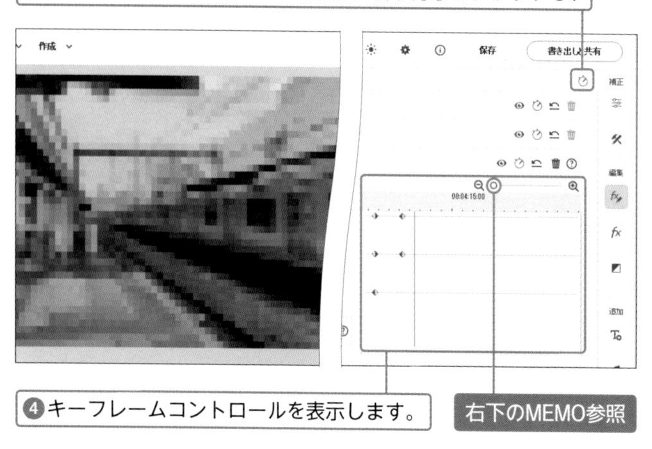

❹キーフレームコントロールを表示します。

右下のMEMO参照

> **MEMO 作業の前に**
>
> 手順❶の前に、エフェクトアニメーションが付いたクリップをクリックして、選択しておきます。

> **MEMO 時間軸を拡大／縮小するには？**
>
> 手順❹で［ズームイン／ズームアウト］スライダーをドラッグすると、キーフレームコントロールの時間軸を拡大／縮小できます。

アニメーション効果を調整する

❶設定を変更したい項目の［前のキーフレームに移動］をクリックするか、

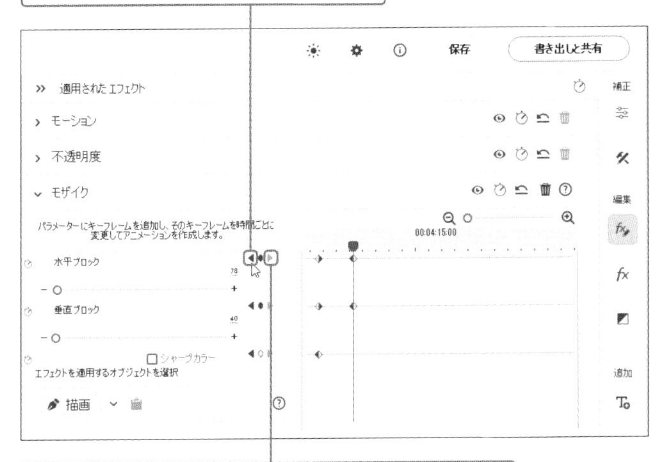

❷または［次のキーフレームに移動］をクリックし、キーフレームを選択します。

❸エフェクトに設定された値を調整します。

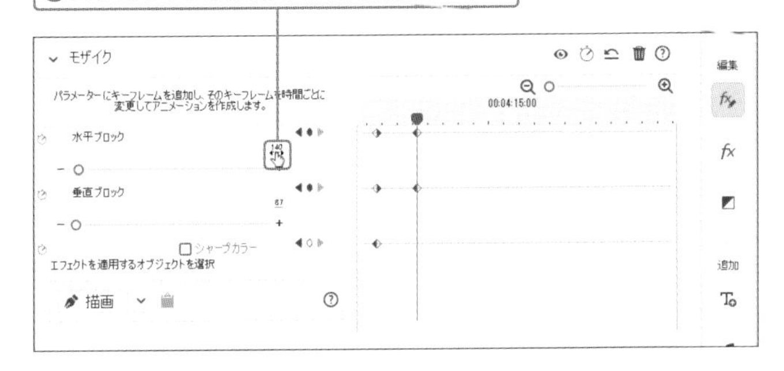

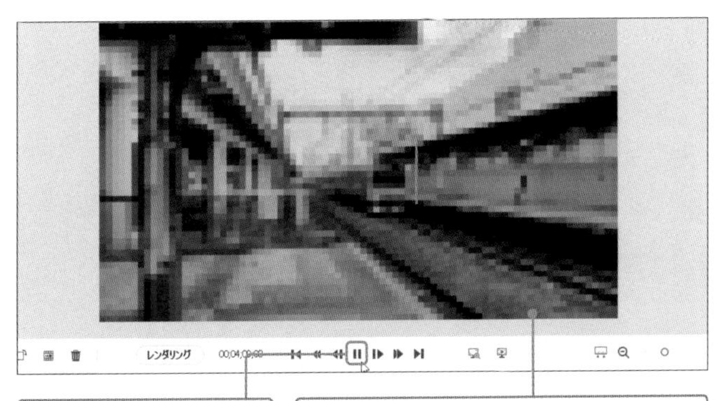

❹［再生］をクリックし、

❺プレビューウィンドウでエフェクトのアニメーション効果を確認します。

HINT さらにキーフレームを追加するには？

キーフレームを追加したい位置に時間インジケーターを移動し、エフェクトの設定値を変更すると、自動的にキーフレームが追加されます。

MEMO キーフレームを削除したい

キーフレームを削除するには、削除対象のキーフレームをクリックして選択し、Deleteキーを押します。

Section
40
アーティスティック機能でイメージを刷新する

Premiere Elements 2024から搭載された「アーティスティックエフェクト」を活用すると、日常の何でもない動画が、さまざまな彩りを持った印象的なムービーに早変わりします。ちょっとしたアクセントを加えてみるとよいでしょう。

アーティスティックエフェクトを適用する

❶対象となるクリップをクリックして、選択します。

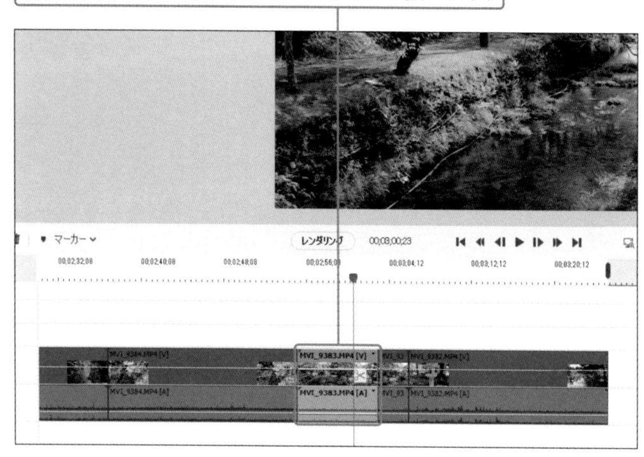

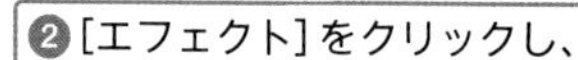

❸カテゴリから[アーティスティック]を選択します。

HINT
アーティスティックエフェクトについて

通常、1つのクリップに対して複数のアーティスティックエフェクトを適用することはできません。どうしても複数のアーティスティックエフェクトを適用したい場合は、調整レイヤーを利用しましょう。調整レイヤーの使い方についてはSec.42を参照してください。

❹適用したいエフェクトを対象クリップにドラッグします。

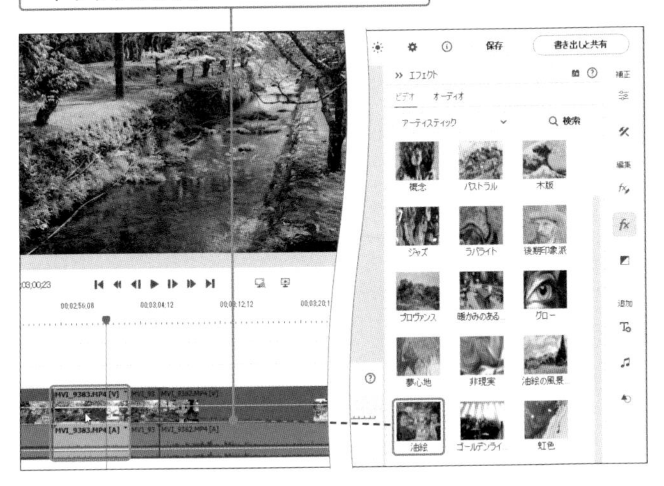

❺エフェクトが適用されて、

❻[適用されたエフェクト]が開きます。

❼[適用されたエフェクト]のエフェクトの「強さ」パラメーターを調整します。

MEMO ここでの設定

手順❹では、例として[アーティスティック]カテゴリの[油絵]を適用しています。

MEMO 油絵エフェクトについて

油絵エフェクトを使用すると色調が少し暗くなり、コントラストが下がります。また、画面の細部が油絵の具をのばしたような表現になり、動画として再生すると印象的な素材となります。

STEP UP アーティスティックエフェクトを使いこなす

アーティスティックエフェクトにはエフェクト適用度を示す「強さ」のパラメーターしかありませんが、調整レイヤーを活用すると、調整レイヤーの描画モードを変更したり、ほかのエフェクトと組み合わせたりすることで、エフェクト単体では得られない表現を実現できます。描画モードについては、Sec.52を参照してください。

Section
41
エフェクトを一部分だけに適用する

クリップの一部分にだけエフェクトを適用させたい場合、「エフェクトマスキング」を　使用します。画面の半分だけ色を変えたり、見せたくない部分にモザイクをかけるような場面での応用が考えられます。

エフェクトマスキングを適用する

❶対象となるクリップを右クリックし、

❷[クリップ]→[エフェクトマスキング]→[適用] の順にクリックします。

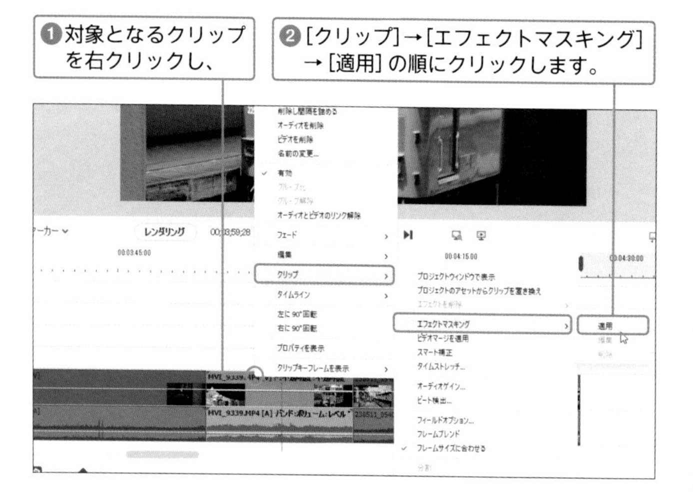

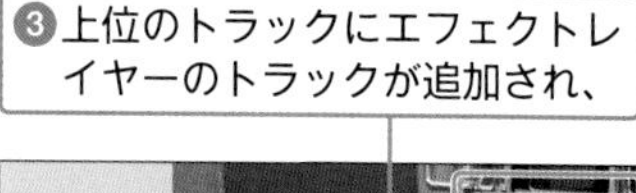

❸上位のトラックにエフェクトレイヤーのトラックが追加され、

❹エフェクトマスキングの枠が追加されました。

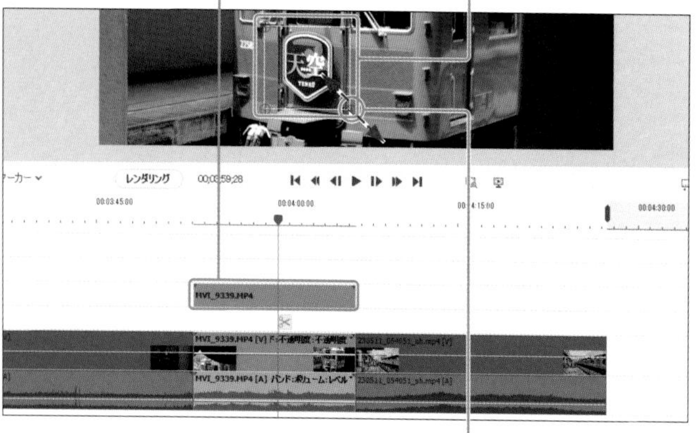

❺コーナー部分をドラッグし、エフェクトマスキングの大きさを変更します。

MEMO

エフェクトマスキングとは

クリップにエフェクトを適用すると、その効果はクリップ全体に及びます。クリップにエフェクトマスキングを適用すると、エフェクトの効果を特定の範囲に限定できます。

MEMO

エフェクト適用済みのクリップにも実行できる？

エフェクト適用済みのクリップにエフェクトマスキングを実行すると、適用済みのエフェクトがエフェクトマスキングの枠内にのみ適用されます。

❻[エフェクト]をクリックし、

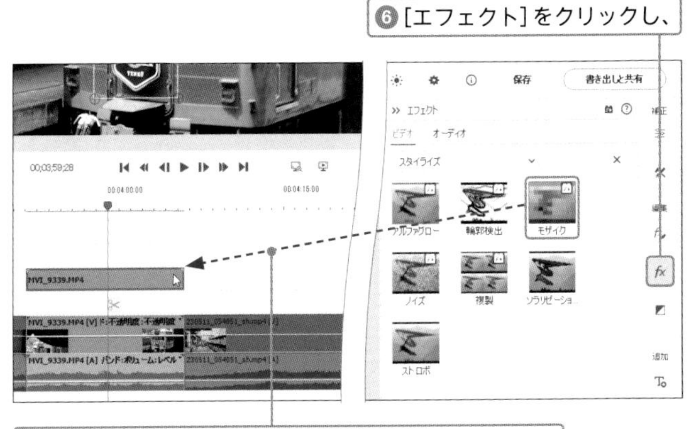

❼適用したいエフェクトをクリップにドラッグします。

❽エフェクトマスキングの範囲にのみ、エフェクトが適用されているのが確認できます。

❾[適用されたエフェクト]パネルでエフェクトの設定を行い、

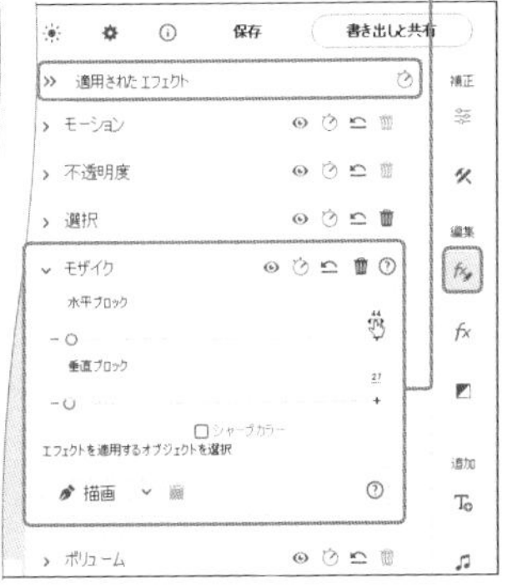

❿[再生]をクリックして、プレビューウィンドウで確認します。

ここでの設定

手順❼では、例として[スタイライズ]カテゴリの[モザイク]を適用しています。モザイクは映像や画像にマス目のよう加工をして、対象の部分を見えなくするエフェクトです。

エフェクトの設定について

エフェクトによって設定項目は異なります。

エフェクトマスキングを編集／削除するには？

タイムライン上でエフェクトマスキングが適用されたクリップを右クリックして、[クリップ]→[エフェクトマスキング]→[編集]の順にクリックすると、エフェクトマスキングを再度編集できます。また、同様に[クリップ]→[エフェクトマスキング]→[削除]の順にクリックすると、エフェクトマスキングを削除できます。

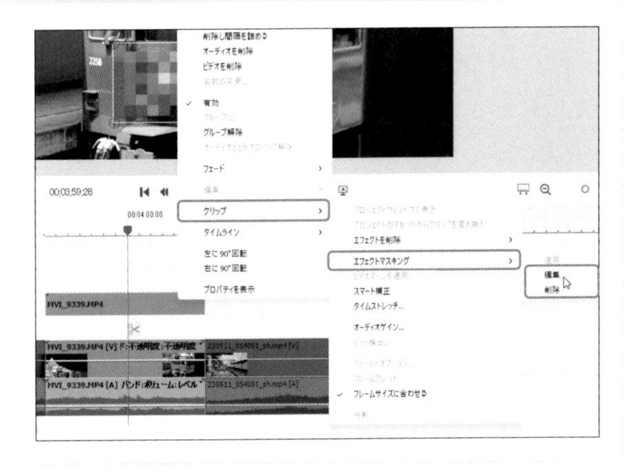

Section

42

エフェクトを自由な範囲に適用する ～調整レイヤー

複数のクリップに対してまとめてエフェクトを適用することは可能ですが、調整をする場合はクリップごとに行う必要があります。しかし、調整レイヤーを使うと、クリップの数にかかわらず、自由に適用範囲を指定できます。

調整レイヤーを作成する

❶［プロジェクトのアセット］をクリックし、

❷［パネルオプション］→［新規項目］→［調整レイヤー］の順にクリックします。

❸［プロジェクトのアセット］パネルから調整レイヤーをタイムラインにドラッグします。

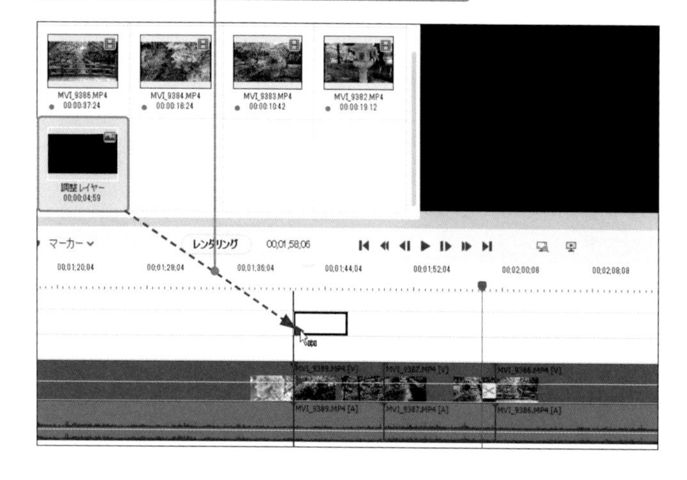

複数のクリップを配置する

手順❶の前に、タイムライン上に複数のクリップを配置しておきます。

操作上の注意点

手順❸では、エフェクトをかけたいクリップよりも上位のトラックに調整レイヤーを配置します。

❹調整レイヤーの端をドラッグし、エフェクトを適用したい複数のクリップに範囲を合わせます。

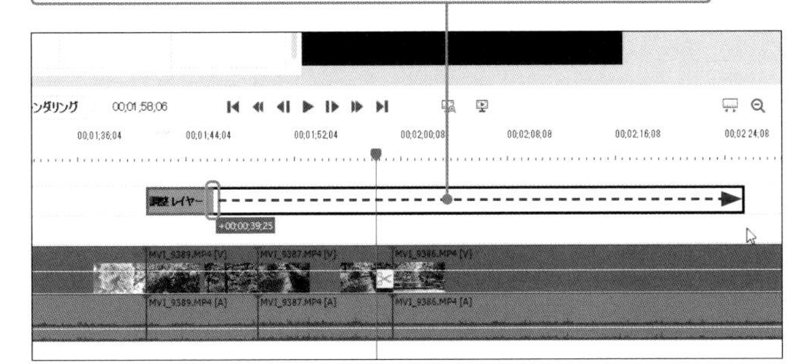

調整レイヤーを使うメリットは？

調整レイヤーを使うと、クリップ本体に直接エフェクトをかけないため、複数のクリップにまたがってエフェクトをかけるなど、自由度の高いエフェクト表現ができます。

調整レイヤーにエフェクトを適用する

❶[エフェクト]をクリックし、

❷目的のエフェクトを調整レイヤーにドラッグします。

❸調整レイヤーにエフェクトが適用されました。

ここでの設定

手順❷では、例として[アーティスティック]カテゴリの[ゴールデンライト]を適用します。

Section

43

エフェクトを無効化／削除する

クリップに適用したエフェクトが不要な場合は、エフェクトを削除することで元のクリップに戻すことができます。エフェクトを一時的に無効にするのか、完全に削除してしまうのかで、操作方法が変わります。

1 エフェクトを一時的に無効にする

❶ツールバーの［適用されたエフェクト］をクリックし、

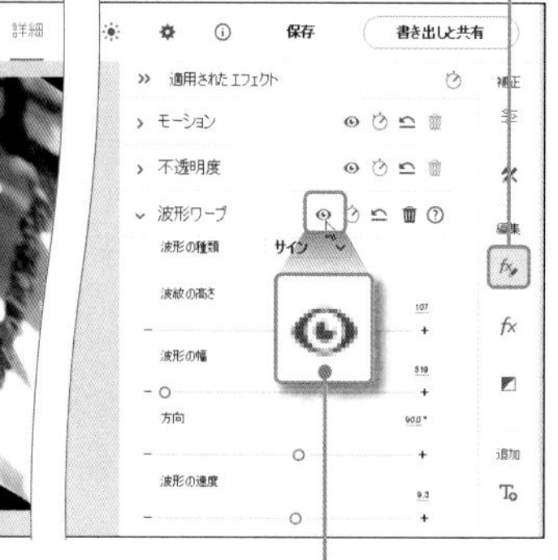

❷無効にしたいエフェクトの［エフェクトのオン／オフ］をクリックします。

❸エフェクトが無効になり、エフェクトを適用する前の状態に戻りました。

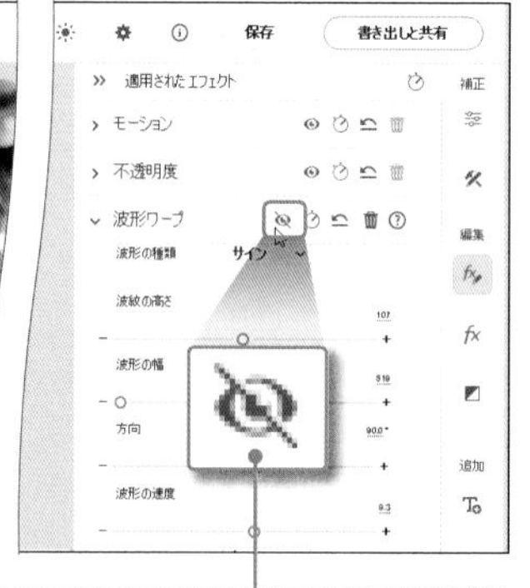

エフェクトが無効になりました。

MEMO

エフェクトを再度適用するには？

手順❸の画面で［エフェクトのオン／オフ］を再度クリックすると、エフェクトが有効になります。

エフェクトを削除する

❶ [適用されたエフェクト] をクリックし、

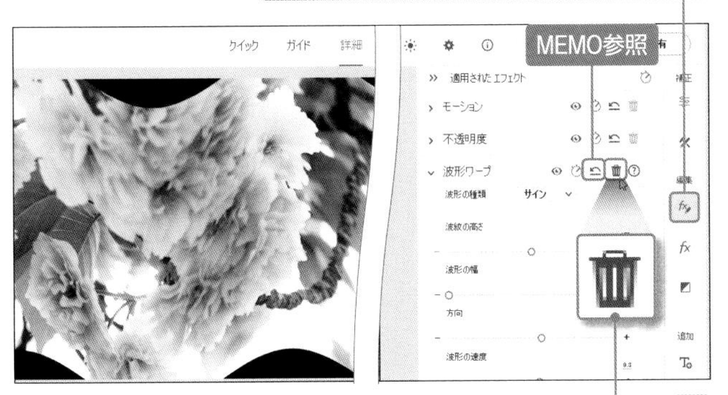

❷ 削除したいエフェクトの [エフェクトを削除] をクリックします。

❸ エフェクトが削除され、エフェクトを適用する前の状態に戻りました。

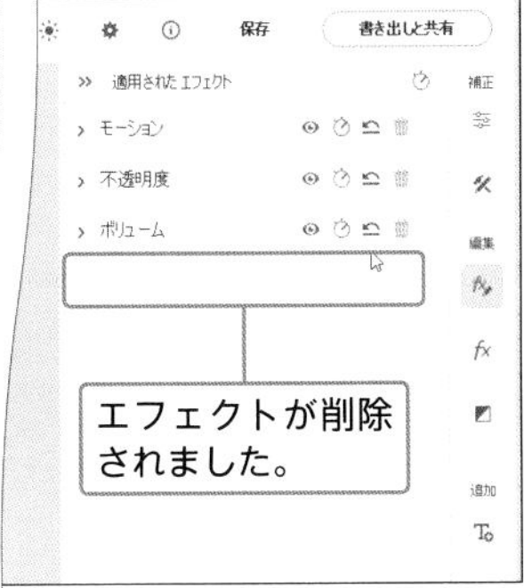

エフェクトが削除されました。

エフェクトを削除せず、設定値をクリアにしたい場合

適用したエフェクトの設定値をクリアにして、最初から設定しなおしたい場合は、[エフェクトを削除] の隣にある [リセット] をクリックします。エフェクトは削除されることなく、設定値だけがエフェクト適用直後の状態にリセットされます。

無効化と削除の違い

[エフェクトのオン／オフ] で無効にしたエフェクトは、再度 [エフェクトのオン／オフ] をクリックすることで有効化できます。[エフェクトの削除] は、適用したエフェクトを完全に削除して、クリップを元の状態に戻します。エフェクトの有無での違いを確認したり、複数のエフェクトの選択で迷っている場合などは、一時的に無効化して検討するという使い方ができます。

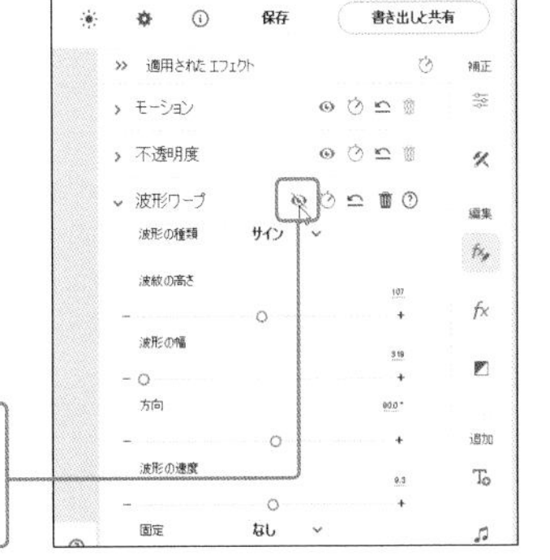

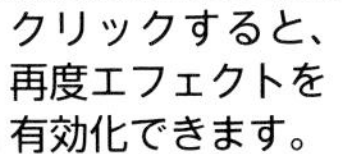

新規項目の使い方

[プロジェクトのアセット] パネルのオプションメニューには、[新規項目] というメニューが用意されています。新規項目に含まれるメニューは以下の通りです。

名称	内容
❶調整レイヤー	内容を含まない透明のレイヤーです。調整レイヤーに対してエフェクトを適用すると、調整レイヤーより下のトラックに配置されたクリップに対してまとめてエフェクトが適用されます。詳しくはSec.42を参照してください。
❷タイトル	クラシックな初期設定のテキストを作成します。ツールバーの [タイトル] と同様の設定が可能です。
❸カラーバー＆トーン	複数の色を並べた画面です。この色を基準にモニタやテレビ画面のカラーを調整します。また、オーディオクリップには、TV放送の終了後によく見かける「ピー」という1kHzの周波数のトーンが含まれています。
❹ブラックビデオ	黒い静止画を追加します。タイムライン上のクリップにドラッグすると、その位置でクリップが分割されて、クリップ間にブラックビデオが挿入されます。
❺カラーマット	指定した色で単一の背景色を追加します。作られたマットは静止画クリップと同じように扱えます。
❻カウントダウンマーク（Windows版のみ）	ムービーの先頭に配置することで、ムービーがはじまるまでのカウントダウンを行います。Mac版には本機能は含まれていません。

Chapter

5

便利なムービー編集テクニック

単純に素材クリップを並べるだけの編集に慣れたら、次はもっといろいろな表現方法にチャレンジしてみましょう。本章では、映像の再生速度を自由に変更したり、画面内に小さな映像を表示したりする方法、さらにはエフェクトを使わずに実現できるタイムラプス映像の作り方など、幅広い手法について解説します。

Section
44

スロー映像／早送り映像を作成する

タイムリマップの機能を利用して、動画の速度が変わる効果を作成してみましょう。例えば、サッカーの試合での得点シーンをスローで表現したり、時間の経過を表現するために早送りを使ったりなどの演出が考えられます。

タイムリマップで速度を調整する

❶対象となるクリップをクリックして選択します。

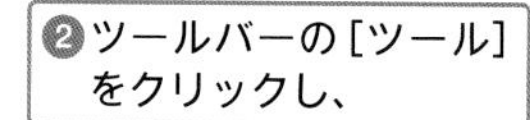

❷ツールバーの［ツール］をクリックし、

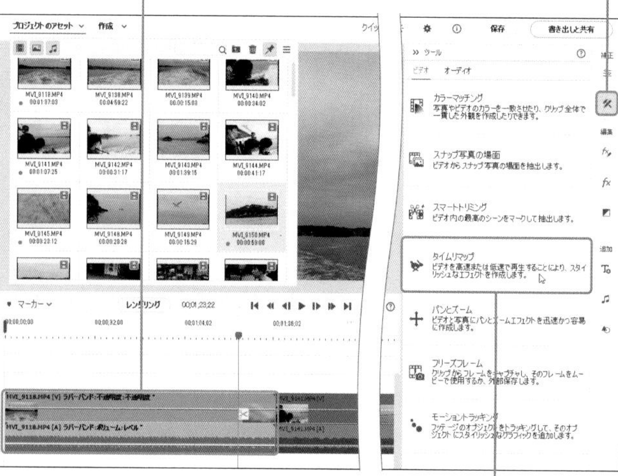

❸［タイムリマップ］をクリックします。

❹［タイムリマップ］画面が表示されます。

❺速度を変更したい位置まで時間インジケーターをドラッグし、

❻［タイムゾーンを追加］をクリックして、タイムゾーンを追加します。

右下のMEMO参照

リセット　フレームブレンド　タイムゾーンを追加

MEMO

タイムゾーンはいくつ作れる？

タイムゾーンは複数作ることも可能です。

KEY WORD

フレームブレンド

［フレームブレンド］（手順❹の画面参照）をクリックすると、フレームとフレームの間を補完して動きを滑らかにします。スロー映像のときのみ有効です。

❼タイムゾーンの端をドラッグし、

❽タイムリマップの対象エリアを指定します。

❾スライダーを調整し、速度変化を指定します。

❿速度を変化させると、変化後のタイムゾーンの長さがデュレーションに反映されます。

⓫[再生] をクリックして動作を確認し、

⓬問題なければ [完了] をクリックします。

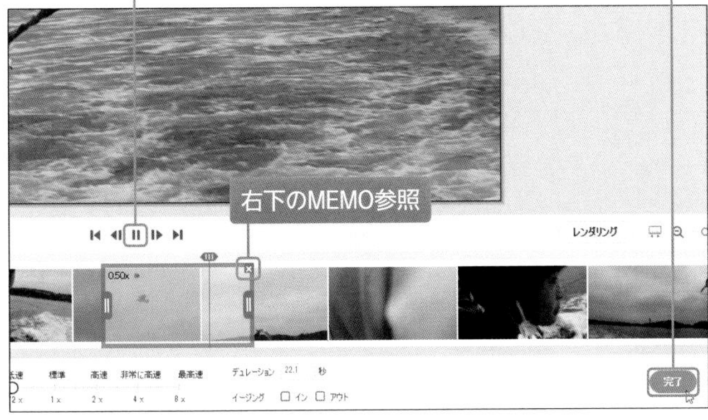

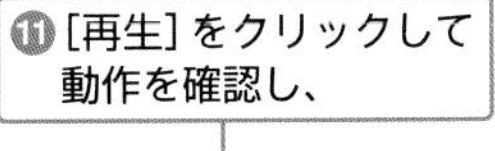

⓭この後、音声を削除するかを確認されるので、残す場合は [いいえ] をクリックします。

HINT

速度変化を滑らかにするには?

速度が変わるタイミングを滑らかにしたい場合は、[イージング] (手順❼の画面参照) にチェックを入れます。開始時の場合は [イン]、終了時の場合は [アウト] にチェックを入れます。

KEYWORD

デュレーション

デュレーションとは、動画などの再生時間の長さのことです。

MEMO

タイムゾーンを削除するには?

タイムゾーンの右上にある [このタイムゾーンを削除] をクリックすると、タイムゾーンが削除されます。

Section 45

巻き戻し映像を作成する

「タイムリマップ」の機能を使えば、クリップの任意の範囲をかんたんに巻き戻し映像にすることができます。なお、タイムストレッチでも同様の巻き戻し映像を作成できますが、タイムリマップと比べて機能に差があります。

タイムリマップで巻き戻し映像を作成する

❶Sec.44を参考にして、[タイムリマップ]画面でタイムゾーンの範囲を指定します。

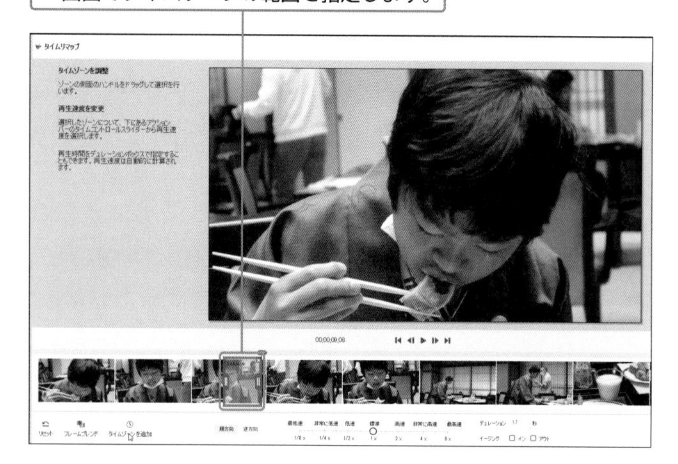

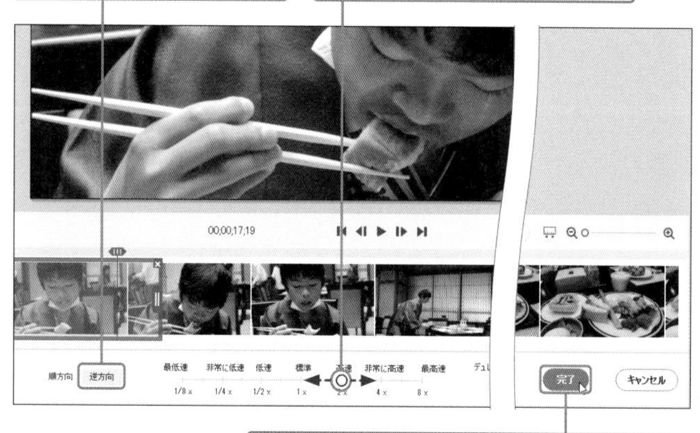

❹プレビューウィンドウで再生して動作を確認したら、[完了]をクリックします。

HINT オーディオを削除するかの確認

タイムリマップはビデオトラックだけに適用されるため、オーディオトラックは通常の速度のまま再生されます。結果的に映像とのズレが発生するため、音声を削除するかどうかを指定します。

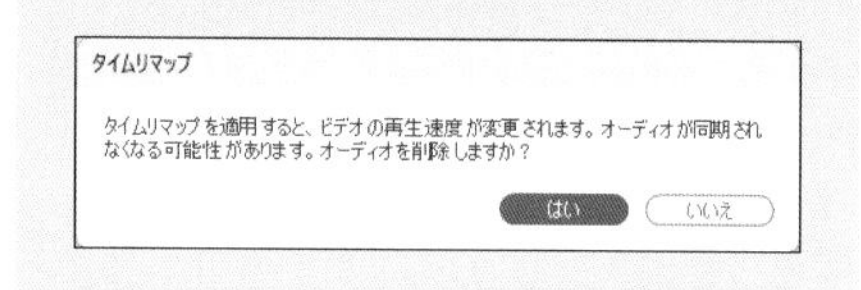

タイムストレッチで巻き戻し映像を作成する

❶タイムライン上で対象となるクリップをクリックし、

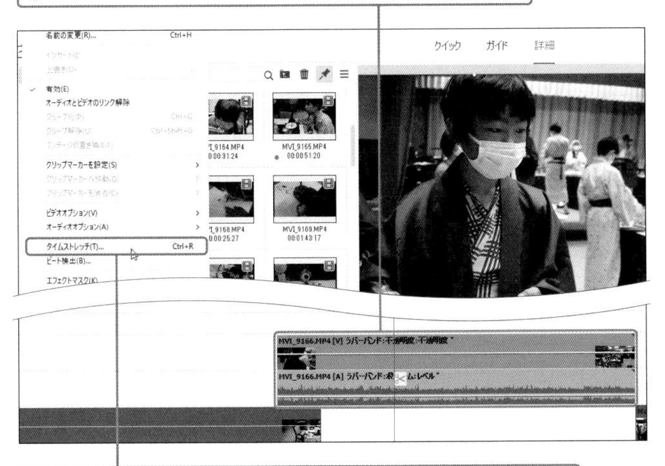

❷[クリップ]→[タイムストレッチ]の順にクリックします。

❸[タイムストレッチ]画面が表示されます。[逆再生]をクリックしてチェックを入れます。

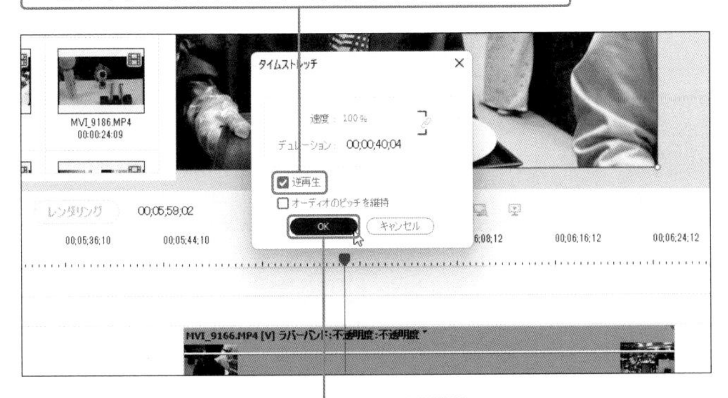

❹[OK]をクリックします。

タイムリマップとの違いは？

タイムリマップがクリップ内にいくつも速度変化を適用できるのに対して、タイムストレッチはクリップ全体に速度変化を適用します。

タイムストレッチで再生速度を変更するには？

タイムストレッチで再生速度を変更したい場合は[速度]の数値を左右にドラッグするか、直接数値を入力します。その際、音声の速度も変化しますが、音声のピッチ(音の高さ)を変えたくない場合は[オーディオのピッチを維持]にチェックを入れておきましょう。

Section 46

静止した映像を作成する

ビデオクリップの中で印象的なシーンの一部分を抜き出して、静止画（フリーズフレーム）として扱うことができます。フリーズフレームは指定した箇所に挿入するだけでなく、その瞬間を画像ファイルとして書き出すことも可能です。

フリーズフレームを作成する

❶時間インジケーターをドラッグし、

❷ビデオクリップの中から、静止画として抽出したいフレームを選択します。

❸ツールバーの［ツール］をクリックし、

❹［フリーズフレーム］をクリックして、フリーズフレームを実行します。

STEP UP フリーズフレーム以外にファイルで書き出す

フリーズフレームやスナップ写真の場面を使用して静止画をファイルとして書き出すことはできますが、大きさはプロジェクトで設定したサイズで書き出されます。任意のサイズで書き出したい場合は、Sec.84を参照してください。

❺［フリーズフレーム］画面が開きます。

❻静止画の表示時間の長さを指定し、

❼［ムービーにインサート］をクリックします。

STEPUP参照

HINT参照

❽タイムラインの時間インジケーターの位置に、設定した長さの静止画が挿入されました。

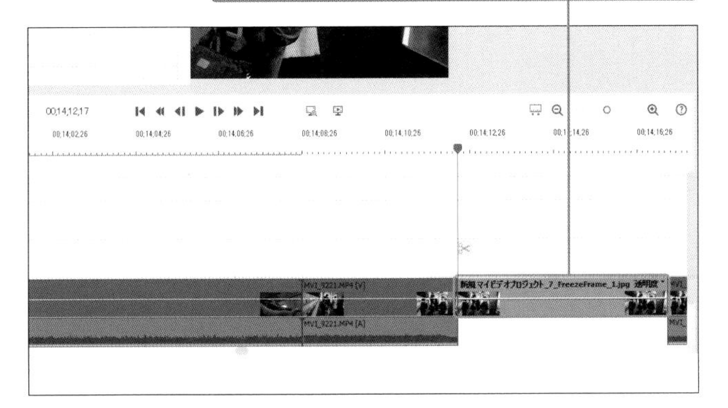

HINT

ファイルとして書き出すこともできる

手順❺の［フリーズフレーム］画面で［書き出し］をクリックすると、フレームをタイムラインに挿入せずに、静止画のファイルとして出力することができます。

STEP UP

「スナップ写真の場面」とは

手順❸の画面にある［スナップ写真の場面］は、ビデオクリップから複数枚の静止画を自動、もしくは手動で書き出すことができる機能です。

この機能を使うには、静止画を書き出したいビデオクリップをクリックしたあと、手順❼で［スナップ写真の場面］をクリックするか、手順❺の［フリーズフレーム］画面で［スナップ写真の抽出］をクリックします。［自動抽出］や［カメラ］アイコンで静止画を選択し、［タイムラインに書き出し］をクリックすると静止画をタイムラインに書き出せます。

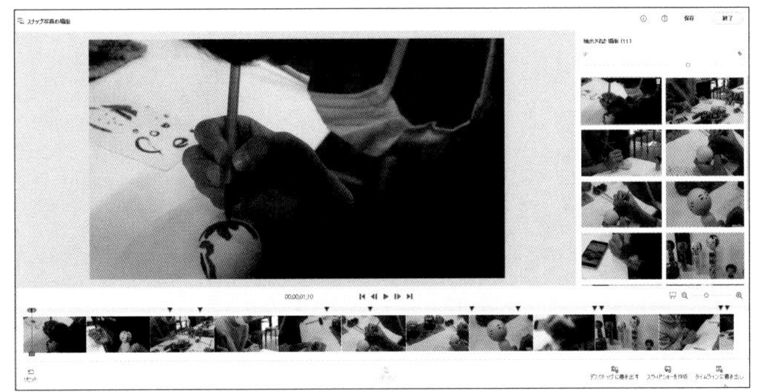

5 便利なムービー編集テクニック

Section
47

映像の中に小さな映像を表示する

テレビで見かける、映像の一部に別の小さな映像を表示する表現を「ピクチャインピクチャ」といいます。Premiere Elementsでは、ごくかんたんな設定でピクチャインピクチャを実現することが可能です。

クリップをピクチャインピクチャで配置する

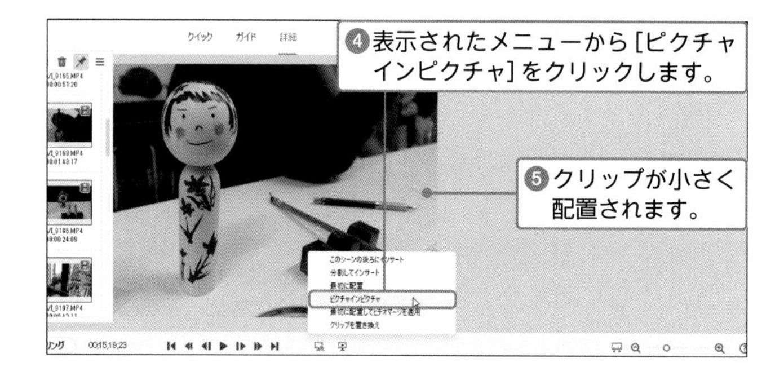

HINT

ピクチャインピクチャの長さを変更するには？

ピクチャインピクチャ側のクリップは、タイムライン上では本編とは別のトラックに配置されます。そのため、長さを自由に変更して複数のクリップにまたがって表示させることもできます。

ピクチャインピクチャの位置や大きさを調整する

❶配置されたクリップのコーナー部分を Shift を押しながらドラッグし、大きさを調整します。

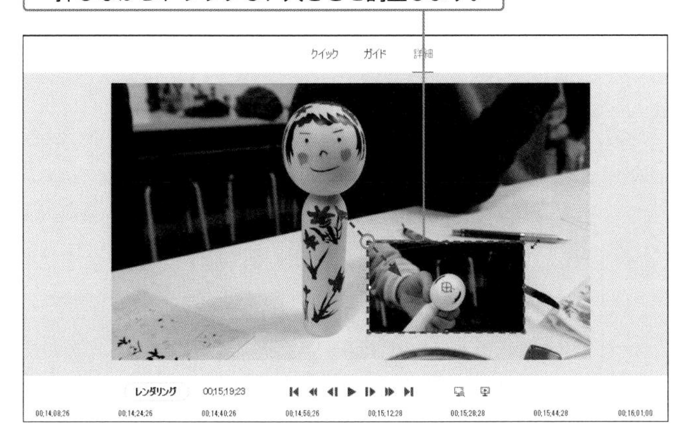

❷配置されたクリップの内側をドラッグし、位置を調整します。

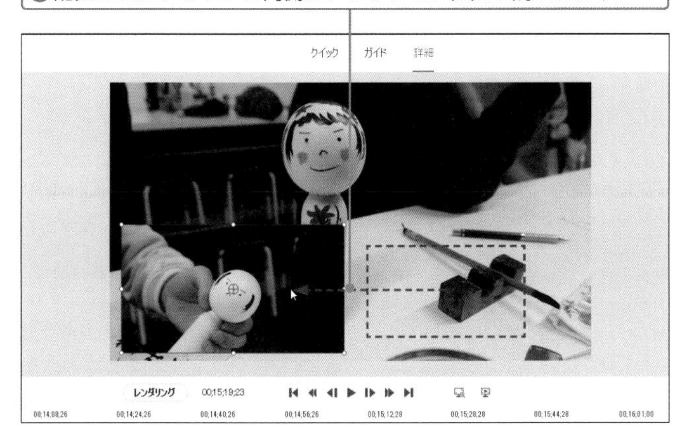

❸配置されたクリップの外側をドラッグし、角度を調整します。

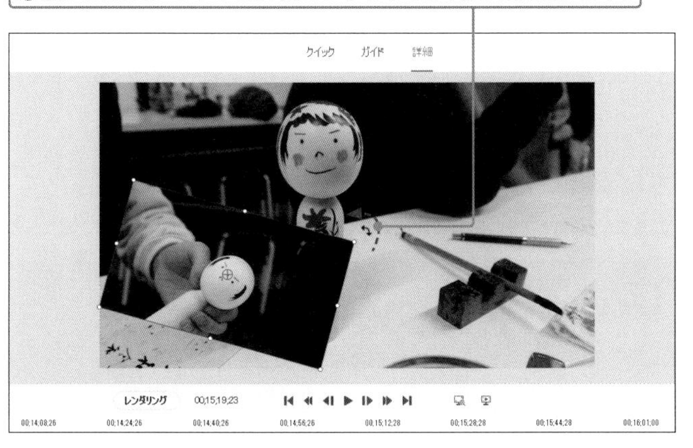

MEMO

Shift を押すのはなぜ？

手順❶でそのままドラッグすると、クリップの縦横比率が変わってしまいます。Shift を押しながらドラッグすると、縦横比率を維持したまま大きさを調整できます。

HINT

ピクチャインピクチャの枠をアレンジするには？

ピクチャインピクチャのクリップは、エフェクトを使ってアレンジできます。Sec.37を参考に、エフェクトの［変形］カテゴリから［クリップ］(Windowsのみ) を適用して枠を付けたり、［遠近感］カテゴリの［ドロップシャドウ］で影を付けたりできます。

2つの画面を並べて再生する

野球で対戦する投手と打者の表情や、車の前方と後方のように、同時に違う被写体を対比させたい場合などに、画面を2分割する表現があります。ここでは、「クロップ」エフェクトで画面の分割を実現する方法を解説します。

1 並べたいムービークリップを配置する

❶[プロジェクトのアセット]から、タイムラインにクリップを配置しておきます。

❷別のトラック上の同じ位置に、別のクリップをドラッグして配置します。

❸クリップの長さが同じになるように、クリップの端をドラッグしてトリミングします。

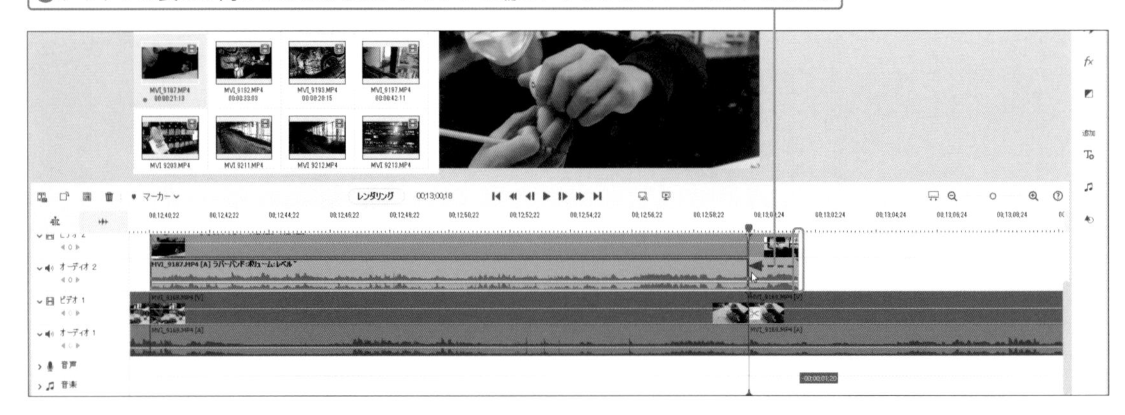

② クロップエフェクトを実行する

❶ツールバーの［エフェクト］をクリックし、

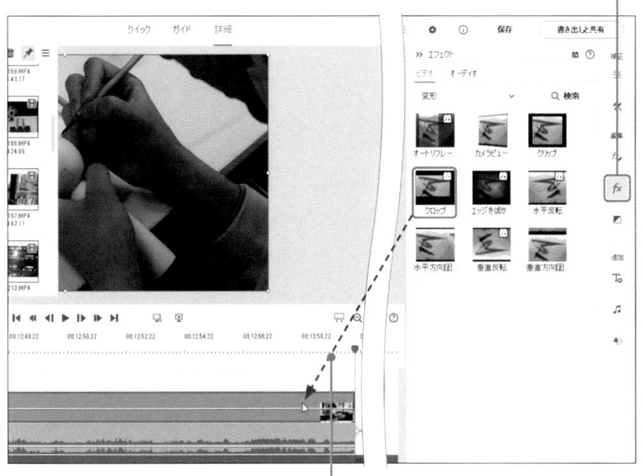

❷［変形］カテゴリにある［クロップ］を、上の階層にあるトラックのクリップにドラッグします。

❸クロップが適用されたクリップの一部分が消えました。

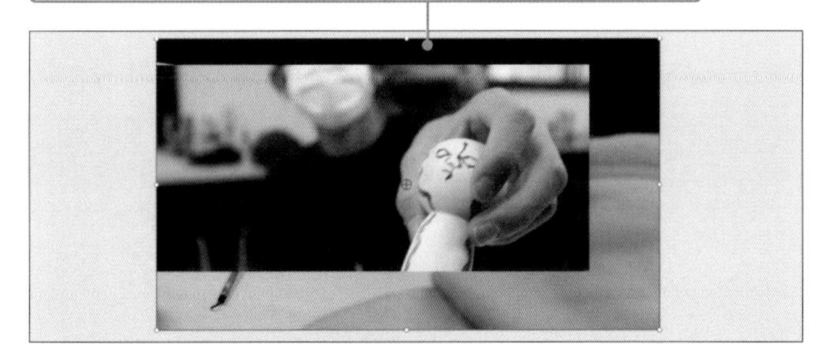

❹［適用されたエフェクト］パネルの［クロップ］でトリミングする範囲を指定します。

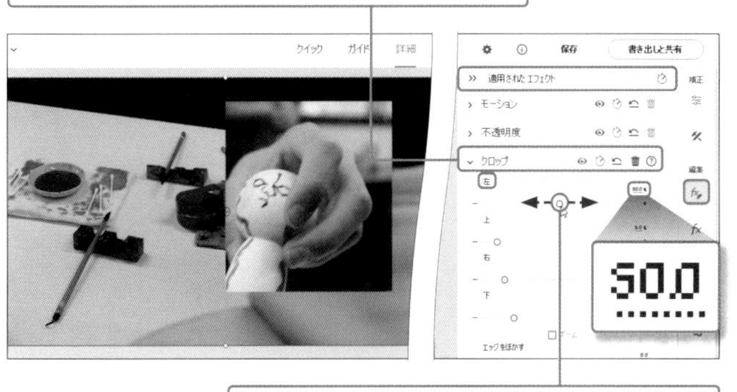

❺［左］スライダーをドラッグし、クリップの左側のトリミング範囲を指定します。

MEMO

クリップの一部が消えたのはなぜ？

クロップは指定した範囲以外を非表示にするエフェクトです。初期設定値では、クロップが適用されたクリップの一部がトリミングされて表示されます。

HINT

数値を直接入力する

クロップの数値部分をクリックして、数値を入力して設定することもできます。入力後、Enterを押します。

MEMO

ここでの設定

手順❺では、数値部分を「50.0」に設定しています。

❻同様に、[上] [右] [下] のスライダーをそれぞれドラッグし、

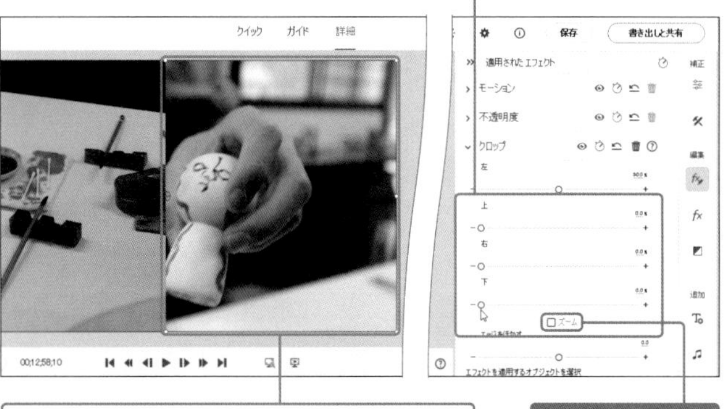

❼クリップのトリミング範囲を指定します。

中段のHINT参照

ここでの設定

手順❻ではすべて「0」に設定します。

❽ドラッグして範囲を調整したい場合は、[適用されたエフェクト] パネルの [クロップ] をクリックすると、

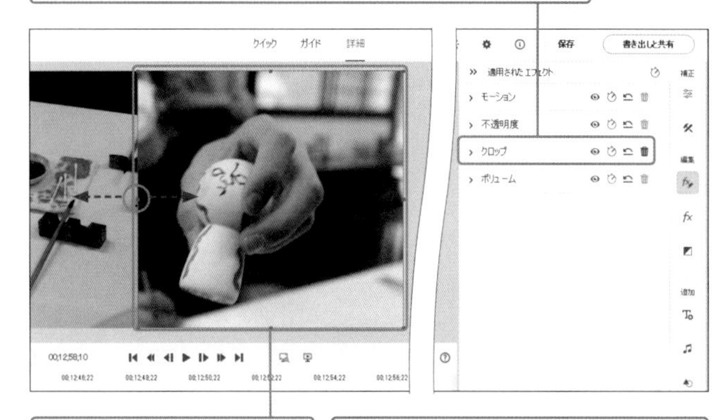

❾プレビューウィンドウのクロップ部分にフレームが表示されます。

❿フレーム上のポイントをドラッグすることで、手動でクロップ範囲を変更できます。

[ズーム] とは

手順❻で [ズーム] にチェックを入れると、指定した範囲を全画面に引き伸ばして表示します。縦横比率が崩れる場合があるので、使用時は注意しましょう。

エッジをぼかすには？

[エッジをぼかす] スライダーをドラッグすると、クロップ範囲の境界をぼかすことができます。

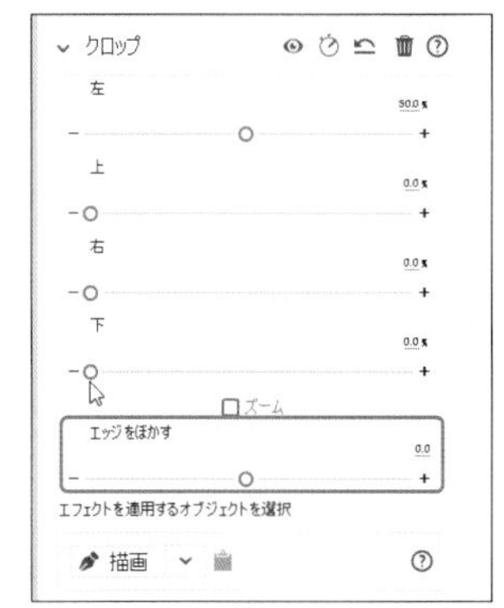

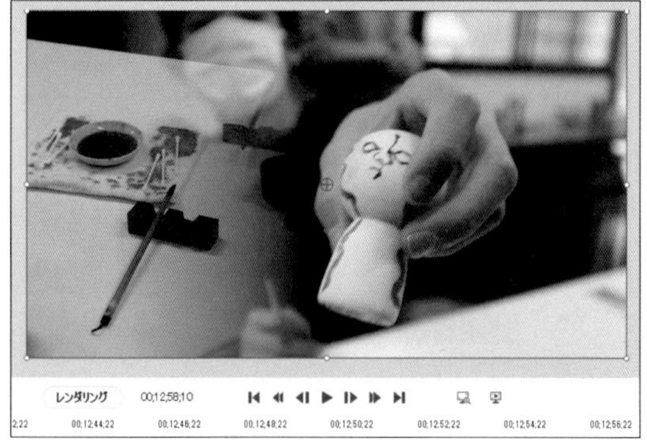

3 クロップの位置を調整する

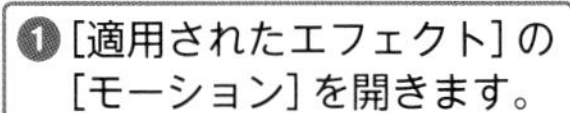

❶［適用されたエフェクト］の［モーション］を開きます。

❷［位置］の水平位置を左右にドラッグし、

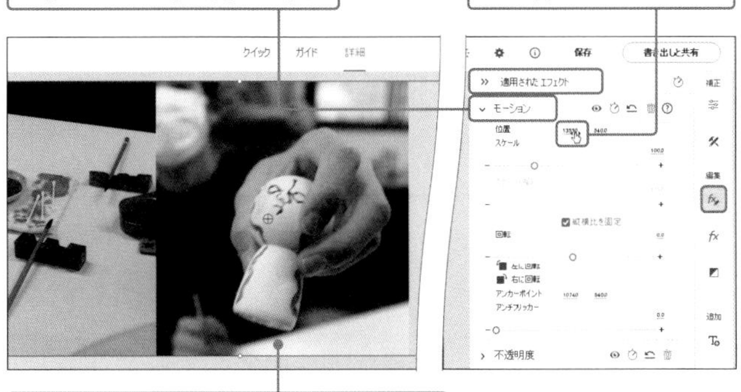

❸見せたいエリアの位置を調整します。

❹タイムラインで元クリップをクリックし、

❺［適用されたエフェクト］→［モーション］をクリックします。

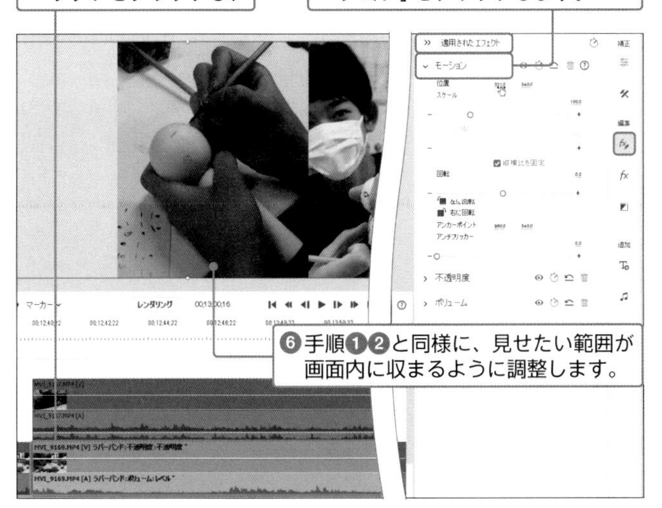

❻手順❶❷と同様に、見せたい範囲が画面内に収まるように調整します。

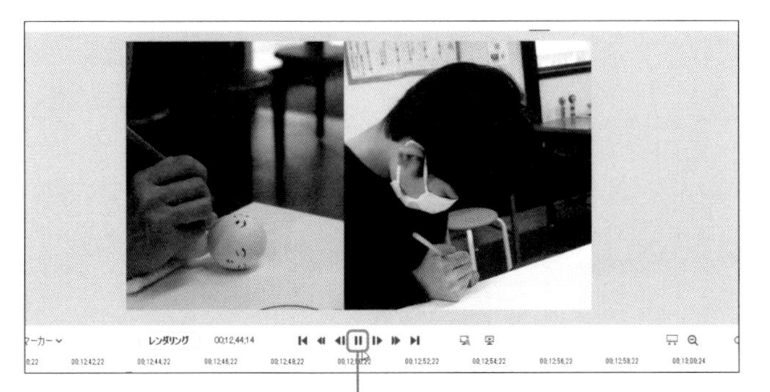

❼プレビューウィンドウで［再生］をクリックし、内容を確認します。

MEMO 手動で調整するには？

プレビューウィンドウでクリップをクリックしてドラッグすると、手動で位置を移動できます。

HINT 位置を素早く移動するには？

手順❷で Shift を押しながらドラッグすると、素早く移動できます。

HINT 調整時のコツ

必要に応じて、2つの映像のタイミングが合うようにタイムラインの位置を調整しましょう。

Section

49

画面に立体的な動きを加える～基本3D

「基本3D」のエフェクトを使えば、映像が3D空間を動き回るようなアニメーションを作成できます。このエフェクトを応用すると、いくつもの映像が空間を飛び回るような演出にすることができます。

1 基本3Dエフェクトを適用する

❶ツールバーから[エフェクト]をクリックし、

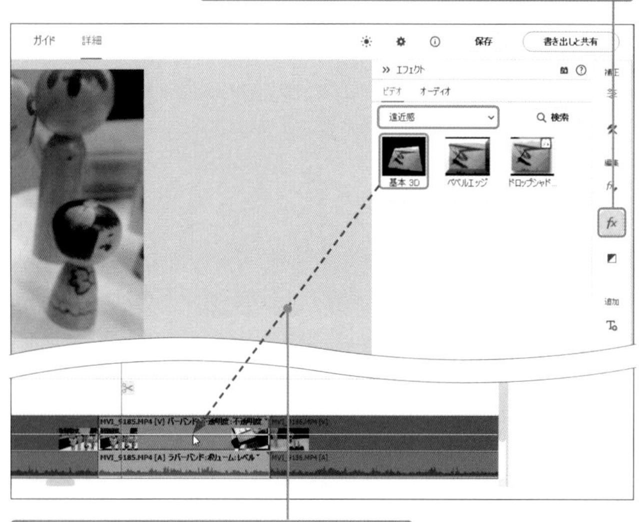

❷[遠近感]カテゴリの[基本3D]をタイムライン上のクリップにドラッグします。

❸[基本3D]の効果を設定します(MEMO参照)。

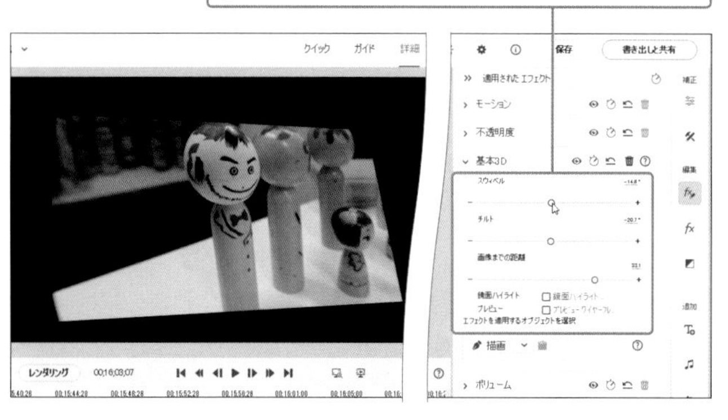

基本3Dの項目

基本3Dのエフェクトでは、以下の項目を設定できます。

設定項目	内容
スウィベル	回転ドアのように、映像を縦方向の軸を中心として回転します。最大で4周分回転します。
ティルト	水車の羽根のように、映像を横方向の軸を中心として回転します。最大で4周分回転します。
画像までの距離	「－」方向にドラッグすると大きく、「＋」方向にドラッグすると小さく表示されます。
鏡面ハイライト	映像表面に光の反射効果が追加されます。
プレビュー	3Dの枠線のみが表示されます。

アニメーションを適用する

❶時間インジケーターをドラッグし、アニメーションを開始したいタイミングに移動します。

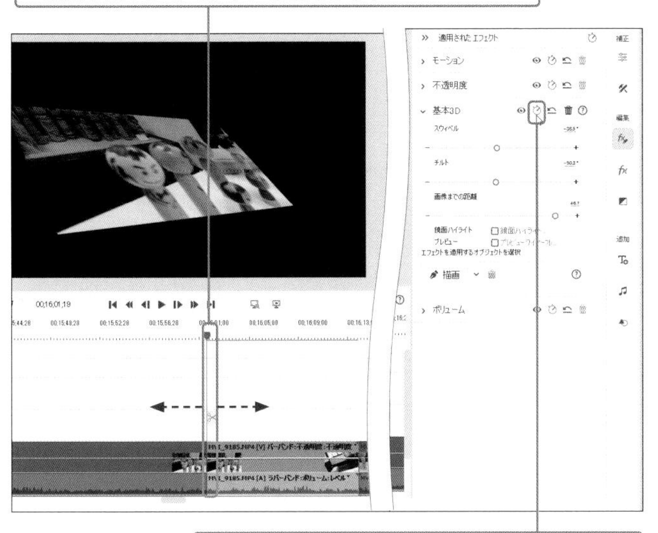

❷[基本3D]の[アニメーションのオン/オフ]をクリックし、キーフレームを追加します。

❸時間インジケーターをアニメーションの終了位置までドラッグし、

❹終了時のエフェクト状態を設定します。

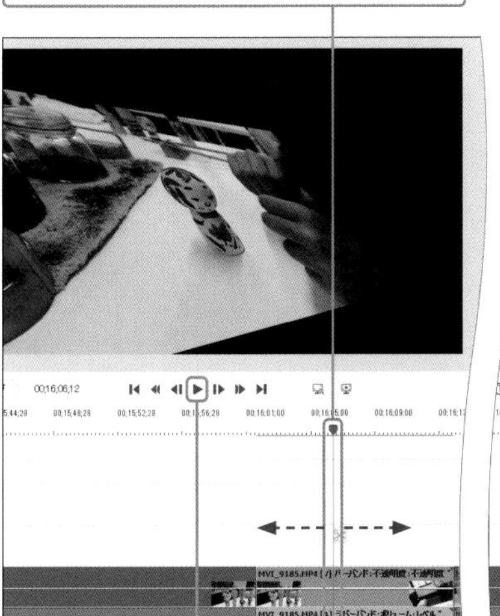

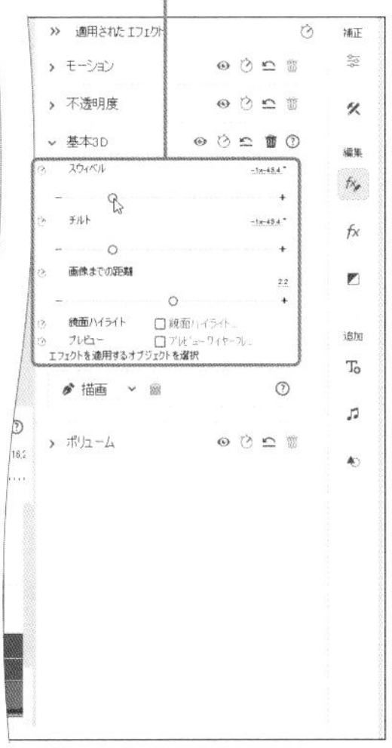

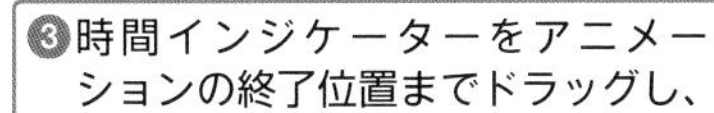

❺設定が完了したら、再生してアニメーションを確認しましょう。

3Dの映像に枠を付けるには？

映像の周囲に枠を付けるには、エフェクトの[変形]カテゴリから[クリップ](Windowsのみ)を適用します。適用後、[塗りのカラー]を好みの色に設定し、スライダーで枠の太さを設定します。なお、[基本3D]を適用したあとに[クリップ]を適用した場合は、「適用されたエフェクト」でエフェクト名をドラッグしてエフェクトの順番を入れ替える必要があります。

Section

50

特定の色を残してモノクロにする～カラーパス

「カラーパス」エフェクトを使うと、特定の色以外をモノクロにできます。例えば、口紅を塗った女性の唇やバラの花びらなどに適用することで、印象深いシーンを作ることが可能です。ただし、目的の色だけを抽出するにはコツが必要です。

1 カラーパスエフェクトを適用する

❶ツールバーから［エフェクト］をクリックし、

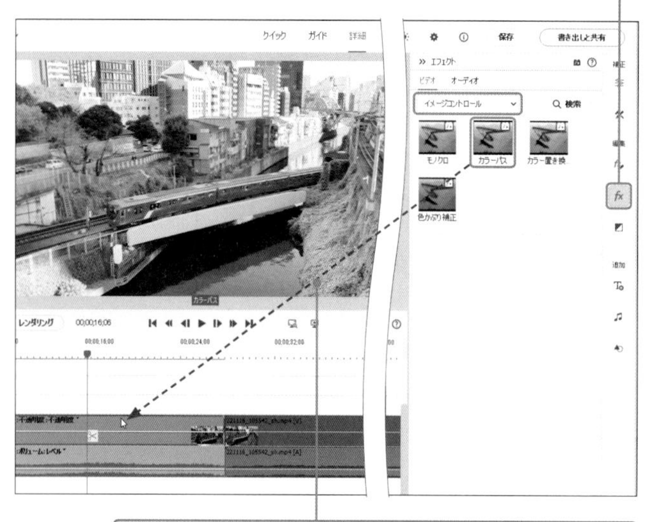

❷［イメージコントロール］カテゴリにある［カラーパス］をタイムライン上のクリップにドラッグします。

❸［カラーパス］の［スポイト］アイコンをクリックし、

❹カラーのまま残しておきたい部分をプレビューウィンドウ上でクリックします。

MEMO

カラーパスとは

カラーパスは映像中の特定の色を残して、ほかの色をモノクロにするエフェクトです。映像全体モノクロにしたい場合は「モノクロ」エフェクを適用します（Sec.36参照）。

❺ [類似性] スライダーをドラッグすると、対象となる色の範囲を指定できます。

色を指定するときのコツ

対象の色だけをカラーにするのは難しい作業です。エフェクトは重ね掛けが可能なので、ここで解説しているように、類似性の数値を少し大きくしておき、不要な色を少しずつ削っていくとよいでしょう。

より正確に色を指定する

❶ P.120を参考に、同じクリップに再度 [カラーパス] を適用します。

❷ [逆方向] にチェックを入れ、

❸ [スポイト] アイコンをクリックし、

❹ 白黒にしたい色をクリックします。

[逆方向] とは

[逆方向] にチェックを入れると、スポイトで指定した色「以外」の部分がカラーになります。P.120とは逆になるので注意しましょう。

❺ [類似性] スライダーをドラッグして、色の範囲を調整します。

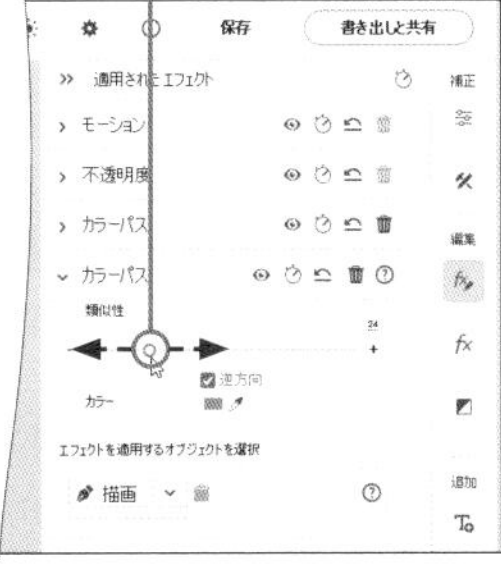

不要な色が残ったら？

まだ不要な色が残った場合は、同様の方法でさらに [カラーパス] を適用し、不要な色を削除していきます。

Section
51

高度な画像補整で見栄えをよくする

エフェクト（画像補整）を使って、映像の質を向上させましょう。ここでは、色の境界を強調することでメリハリを利かせる「シャープ」と、気象条件などによって白っぽくなった映像をクッキリさせる「かすみの除去」について解説します。

シャープエフェクトを適用する

❶ツールバーから［エフェクト］をクリックし、

❷［ブラー＆シャープ］カテゴリにある［シャープ］をタイムライン上のクリップにドラッグします。

❸［シャープ量］スライダー右側の数字をドラッグし、エフェクトのかかり具合を調整します。

HINT

映像が粗くなってしまったら？

手順❸で［シャープ量］スライダーを直接ドラッグすると、細かいコントロールが効かず、過剰に強調されやすくなります。右上の適用量の数字をドラッグするか、直接数値を入力するようにしましょう。

② かすみの除去エフェクトを適用する

❶ツールバーから［エフェクト］をクリックし、

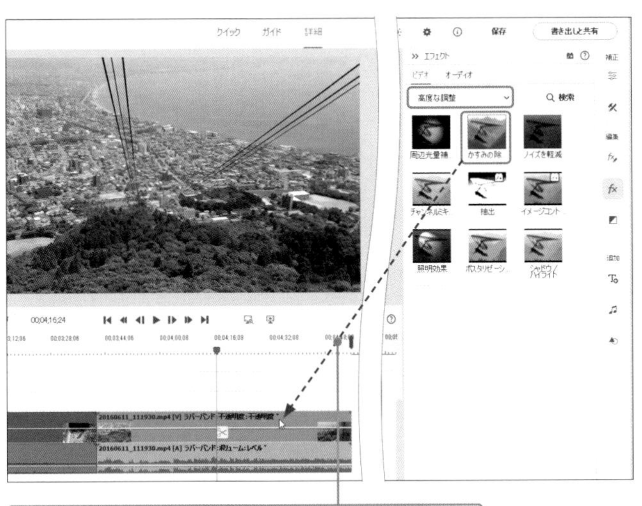

❷［高度な調整］カテゴリにある［かすみの除去］をタイムライン上のクリップにドラッグします。

❸［感度］スライダーをドラッグし、エフェクトのかかり具合を調整します。

MEMO

［感度］とは

手順❸の［感度］スライダーでは、かすみを軽減するためのしきい値を指定します。数値を大きくするとより多くのかすみを除去できますが、あまり大きくするとノイズが発生したり、映像のコントラストが強すぎになることがあります。

［かすみを自動除去］とは

［かすみを自動除去］にチェックが入っていると、映像から自動的にかすみが軽減されます。手動で細かく調整したい場合はチェックを外し、［かすみの軽減］スライダーで軽減量を指定します。

Section
52
クリップを重ねて独特の表現にする～描画モード

描画モードを変更すると、下層のトラックにある映像と合成できます。エフェクトと描画モードを組み合わせて、新しい表現を試してみましょう。

クリップを複製して重ねる

❶[ビデオ1] トラックのビデオクリップを右クリックし、表示されたメニューの [コピー] を選択します。

❷クリップがない位置へ時間インジケーターをドラッグし、

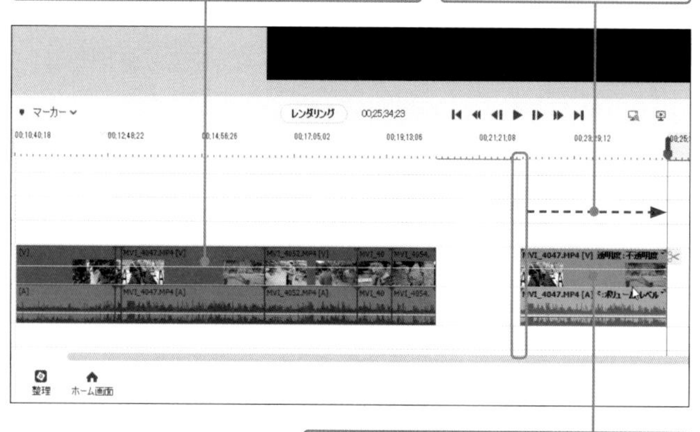

❸メニューから [編集] → [ペースト] の順にクリックして貼り付けます。

❹複製されたクリップを [ビデオ2] トラックの同じ位置にドラッグして、配置します。

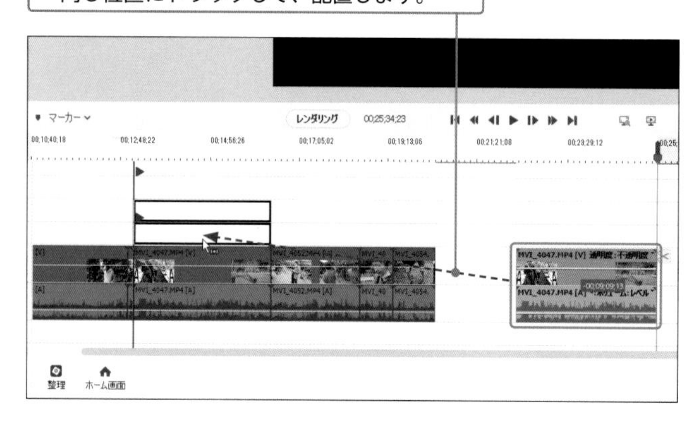

HINT

既存のクリップが上書きされる

コピーしたクリップは、時間インジケーターの位置を開始地点として貼り付けられます。このため、時間インジケーターをほかのクリップがない位置まで移動してから貼り付けます。

❺複製したクリップを右クリックし、

❻［オーディオを削除］をクリックします。

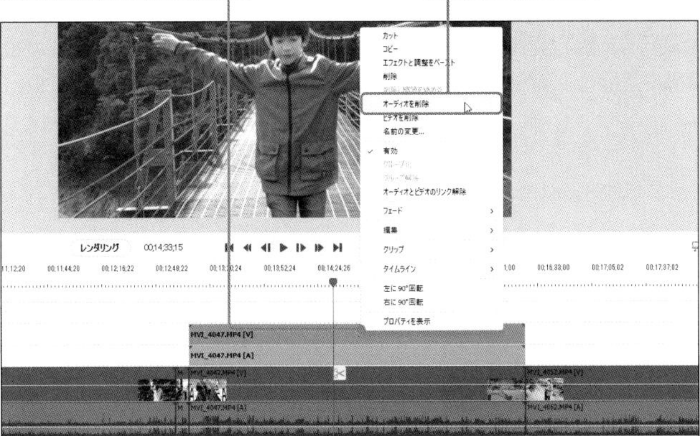

MEMO

なぜオーディオを削除するの？

手順❻でオーディオを削除するのは、同じオーディオを持つクリップが重なると、音が聞こえづらくなるためです。

2 クリップを合成する

❶複製したビデオクリップにエフェクトを適用します。

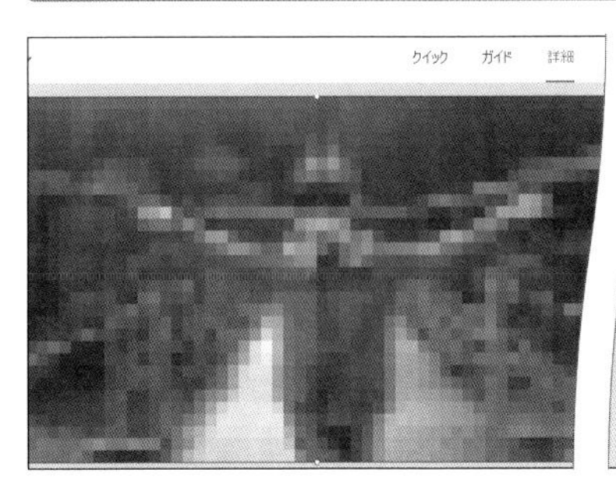

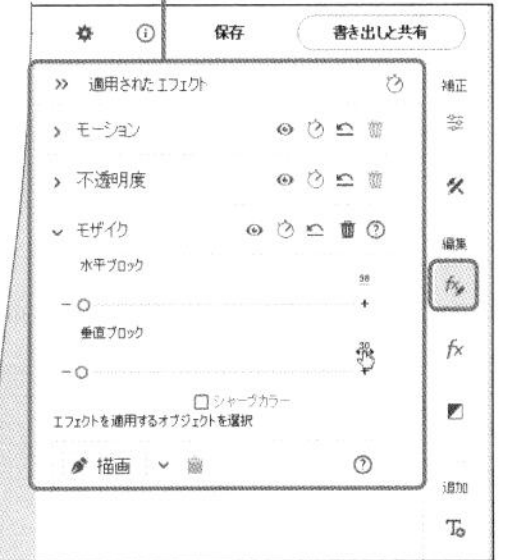

❷複製したビデオクリップの［不透明度］をクリックして開き、

❸描画モードを変更します。

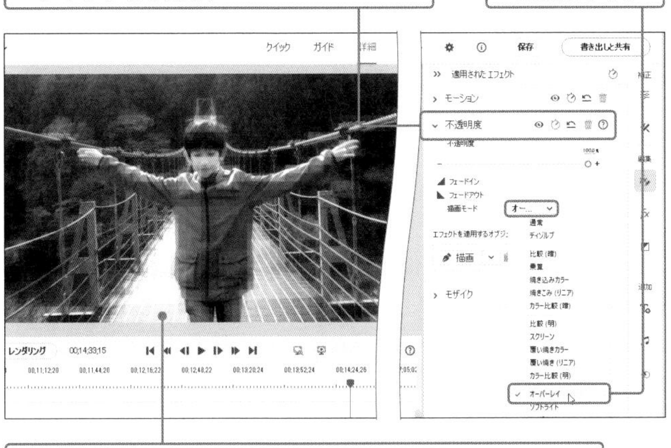

❹通常のエフェクトだけでは得られない表現になりました。いろいろな組み合わせと表現を試してみましょう。

MEMO

ここでの設定

手順❶では、例として［スタイライズ］カテゴリの［モザイク］を適用しています。

MEMO

ここでの設定

手順❸では、例として［オーバーレイ］を選択します。

Section

53

文字内だけに映像を表示する

タイトル文字を大きく配置し、文字の内側に映像を表示すると、インパクトのあるタイトルを作成できます。ここでは、「トラックマットキー」エフェクトで表現する方法を解説します。応用すると、ハートや星型の映像を表示することもできます。

カラーマットを作成する

❶[プロジェクトのアセット]をクリックします。

❷[パネルオプション]をクリックし、

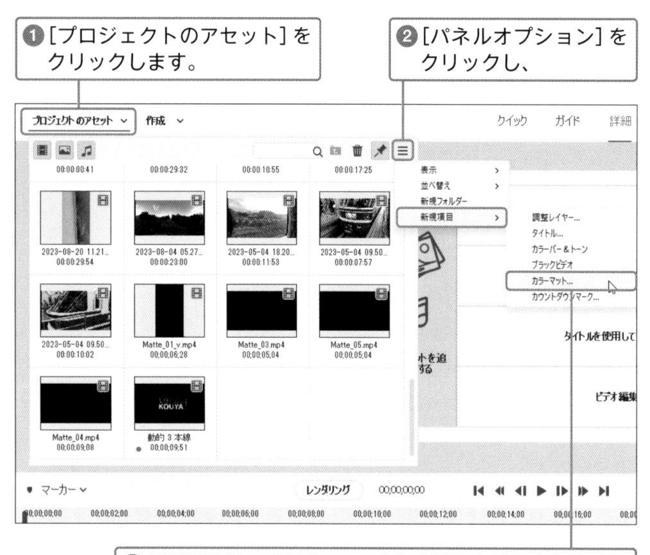

❸[新規項目]→[カラーマット]の順にクリックします。

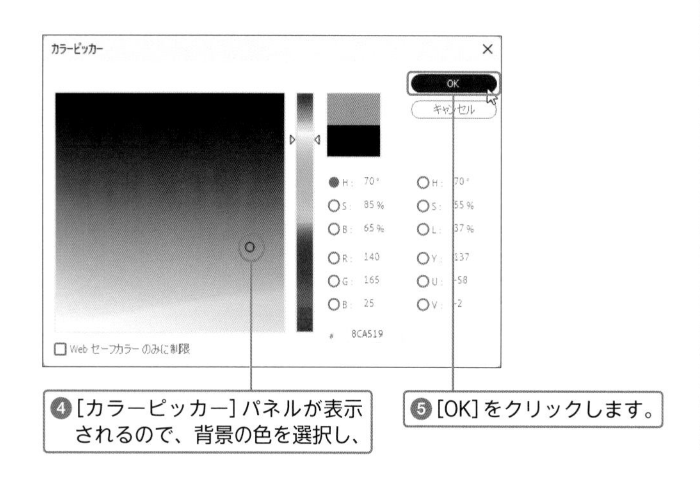

❹[カラーピッカー]パネルが表示されるので、背景の色を選択し、

❺[OK]をクリックします。

カラーマットの色を変更したい

カラーマットはタイムラインに配置後でも、タイムライン上のクリップをダブルクリックするか、[プロジェクトのアセット]内のクリップをダブルクリックすることで、いつでも色の変更ができます。変更した色はただちに反映されます。

❻タイムライン上に作成したカラーマットが配置されました。

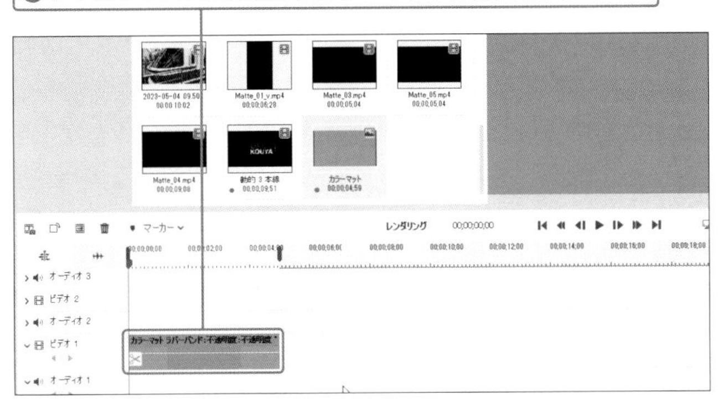

カラーマットを使用する際の注意点

カラーマットは、[ビデオ1] トラックの時間インジケーターの位置に自動的に配置されます。[ビデオ1] トラックにすでにクリップが配置されている場合は、そのクリップの差後尾に追加されます。

テキストを入力する

❶[プロジェクトのアセット] パネルから表示したいクリップを選択し、

❷[ビデオ2] トラックにドラッグします。

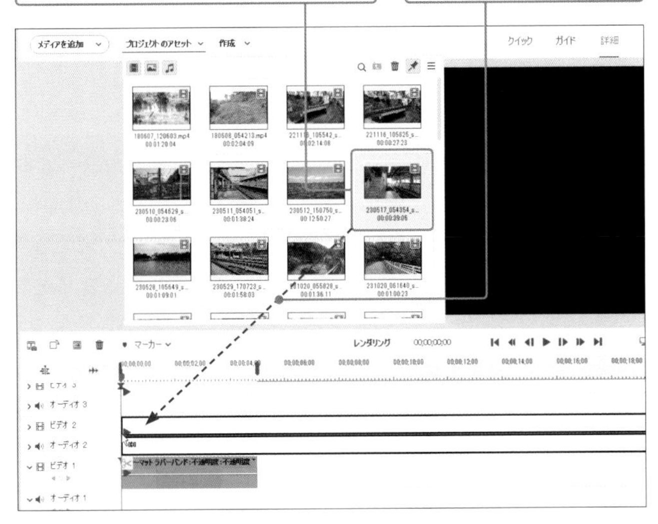

❸ツールバーの [タイトル] をクリックし、

❹[クラシックタイトル]→[一般] の順にクリックします。

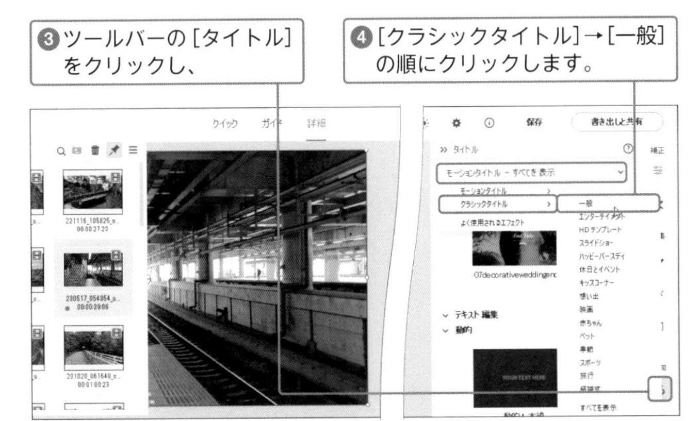

❺[初期設定のテキスト]をタイムラインの[ビデオ3]トラックにドラッグします。

❻モニターパネルに表示される「Add Text」をドラッグして選択し、テキストを入力します。

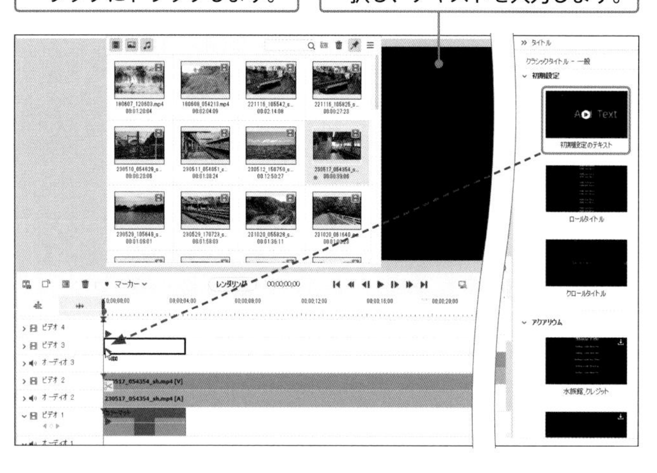

❼[調整]パレットの[テキスト]タブを設定します。

手順❻で入力したテキスト

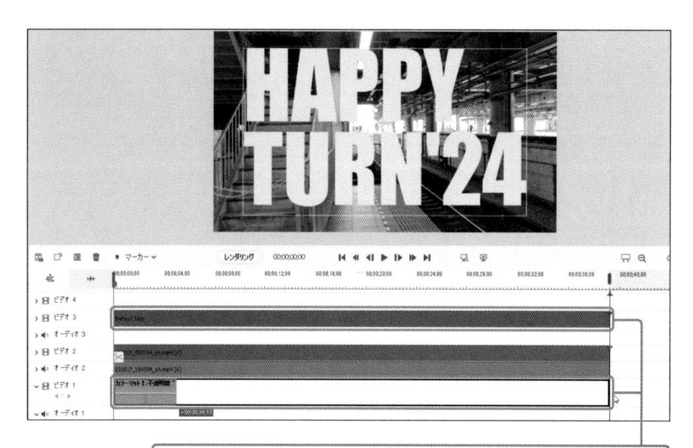

❽動画クリップのデュレーション(長さ)に合わせて、[ビデオ3]トラックのテキストと[ビデオ1]トラックのカラーマットのデュレーションを調整します。

ここでの設定

フォント……Impact
サイズ……450
整列……[水平方向に整列]、[垂直方向に整列]ボタンをクリック

クリップの長さを調整するには？

クリップの長さを調整するにはP.058を参照してください。

トラックマットキーエフェクトを適用する

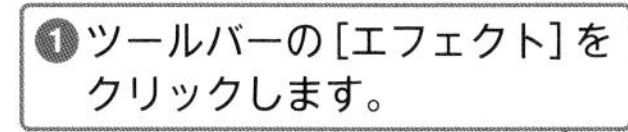

❶ツールバーの[エフェクト]をクリックします。

❷[キーイング]カテゴリをクリックし、

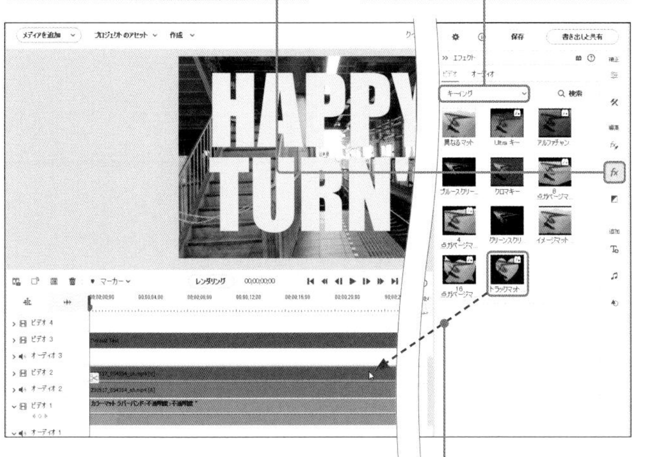

❸[トラックマットキー]を[ビデオ2]トラックのクリップにドラッグします。

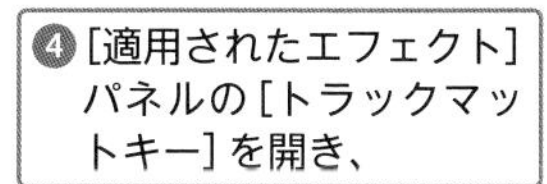

❹[適用されたエフェクト]パネルの[トラックマットキー]を開き、

❺テキストが配置されているトラックに[アルファマット]を設定します。

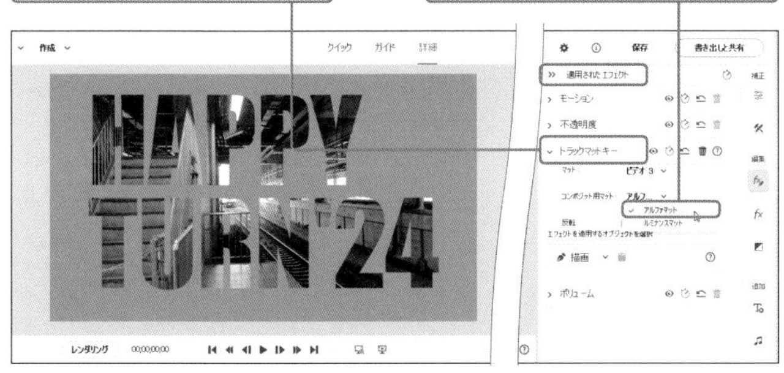

❻[再生]ボタンをクリックし、モニターパネルで確認します。

❼文字部分にのみ、指定したクリップが見えていることが確認できます。

MEMO ここでの設定

手順❺では、「ビデオ3」トラックにマットを指定します。

MEMO カラーマットの色を変更したい

タイムライン上のカラーマットクリップをダブルクリックすると、カラーピッカーが表示されます。

Section
54
アニメーションオーバーレイを使った演出をする

豊富に用意されているトラックマットキーエフェクトを利用して、効果が適用されている部分とそうでない部分を見せる演出を作ってみましょう。また、同じ手順で「窓ガラス効果」を作成することもできます。

1 クリップを配置する

❶[プロジェクトのアセット]パネルから、表示したいクリップを[ビデオ1]トラックにドラッグします。

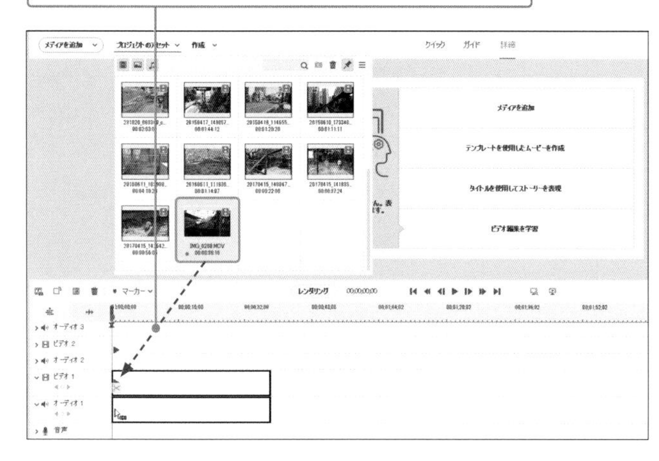

❷同様に、同じクリップを同じスタート位置になるように[ビデオ2]トラックにドラッグします。

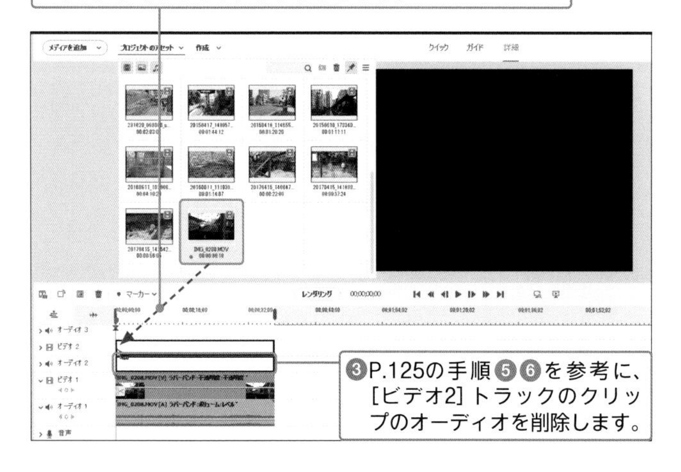

❸P.125の手順❺❻を参考に、[ビデオ2]トラックのクリップのオーディオを削除します。

MEMO

ビデオトラックについて

ここでは[ビデオ1]トラックと[ビデオ2]トラックを例に解説しています。トラックの上下が分かれていれば、どのトラックでも問題ありません。

エフェクトを追加する①

❶ツールバーの［エフェクト］をクリックし、

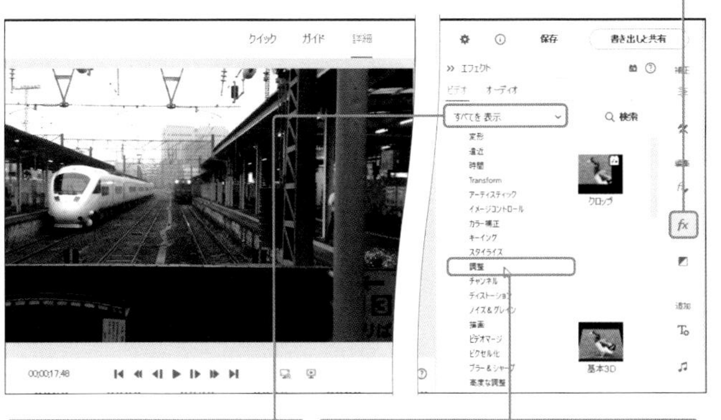

❷カテゴリをクリックして、 ❸カテゴリの1つをクリックします。

❹エフェクトをタイムラインの［ビデオ2］トラックにドラッグします。

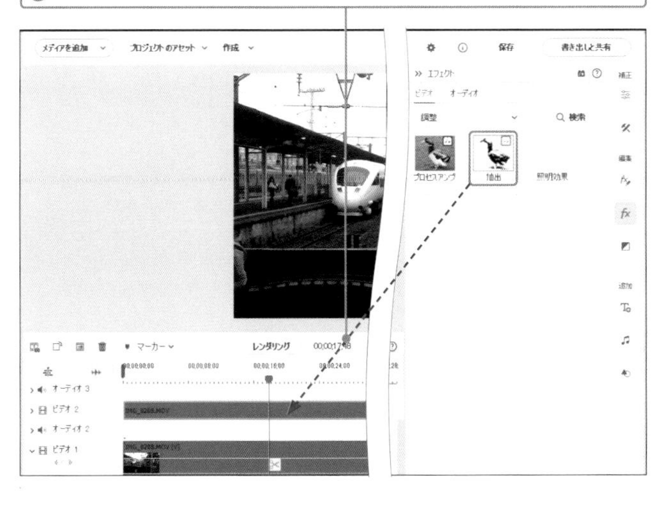

❺［適用されたエフェクト］パネルでエフェクトの調整を行います。

MEMO

ここでの設定

ここでは、例として［高度な調整］カテゴリの［抽出］エフェクトを適用します。

グラフィックを追加する

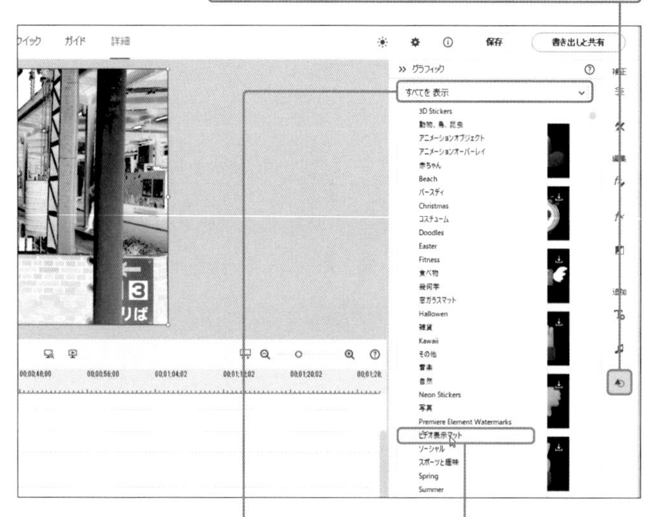

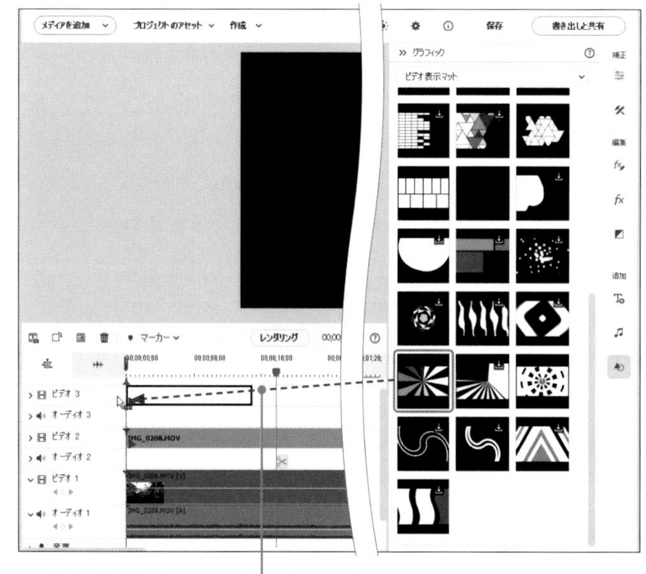

ここでの設定

ここでは、例として[日差し_01]を使用します。各グラフィックの名称は、グラフィックをダブルクリックすると表示されます。

サムネイルについたアイコンはなに？

アイコンがついているグラフィックは、使用しているコンピューターにインストールされていないことを表します。これらのグラフィックを使用すると、自動的にインターネット上からダウンロードされます（インターネットへの接続が必要です）。

エフェクトを追加する②

❶ツールバーの［エフェクト］をクリックし、

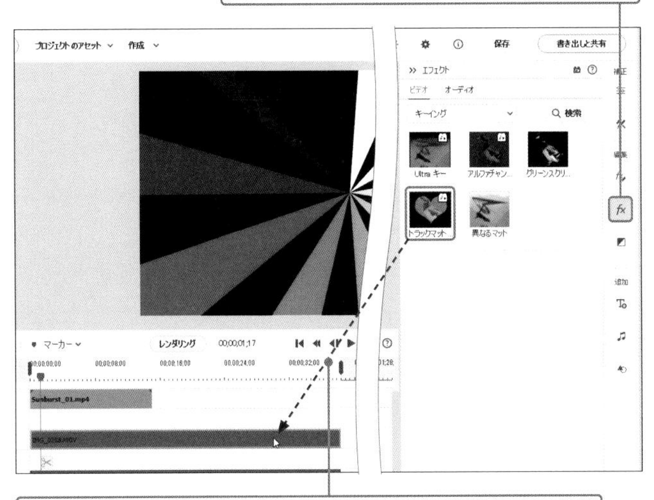

❷［キーイング］カテゴリの［トラックマットキー］を［ビデオ2］トラックの合成用クリップにドラッグします。

❸［適用されたエフェクト］パネルの［トラックマットキー］を開き、

❹［マット］を［ビデオ3］トラックに設定します。

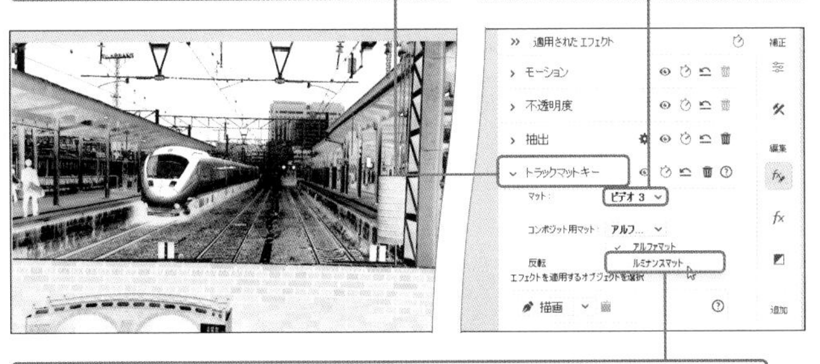

❺［コンポジット用マット］を［ルミナンスマット］に設定します。

❻［レンダリング］をクリックします。

❼レンダリングの完了後、［再生］をクリックして、プレビューウィンドウで確認します。

プレビューウィンドウで確認できない場合

手順❼でレンダリングせずに再生すると、コマ落ちしてうまく表示できない場合があるので、レンダリングしてから確認することをお勧めします。

アニメーションマットの使いどころ

タイムラインに配置されたアニメーションマットは、ほかのクリップと同じように分割したり、長さを変えたりできます。ここで解説したオーソドックスな使い方以外にも、［ビデオ2］トラックに異なるビデオを配置することで時間の経過を表したり、トランジションとして利用したり、ビデオ本編のダイジェスト的な表現を演出することなどができます。いずれの場合も、［ビデオ1］トラックと［ビデオ2］トラックにある程度の変化をつけると効果的です。

また、グラフィックから［窓ガラス効果］を選択すると、シンプルなアニメーションマットを利用できます。

Section 55

緑色を透明にして合成する ～グリーンスクリーンキー

異なる2つのクリップを合成するには、「グリーンスクリーンキー」の機能を使います。この機能は上位のトラックに配置した合成用クリップの緑色を透明化し、下に配置したトラックのクリップを表示します。あらかじめ緑色の背景で撮影した素材が必要です。

1 合成するクリップを配置する

❶[プロジェクトのアセット]パネルから[ビデオ1]トラックへ、背景となるクリップをドラッグします。

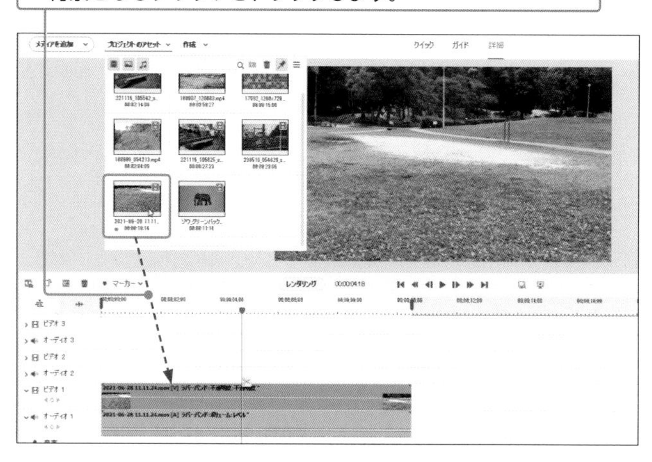

❷同様に、合成用のクリップを[ビデオ2]トラックへドラッグします。

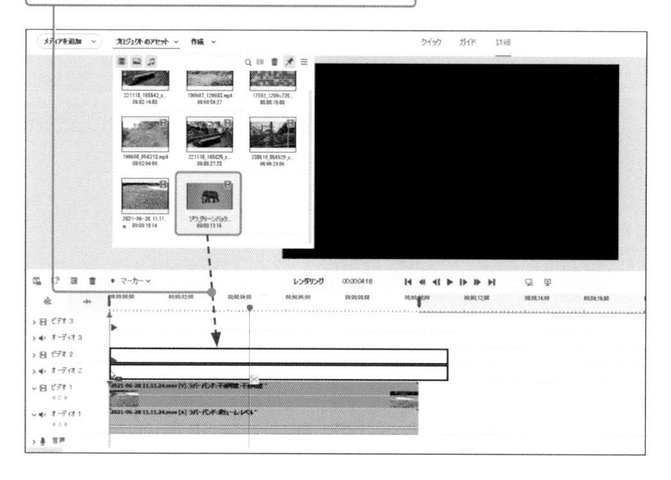

MEMO

緑色しか透明にできないの？

グリーンスクリーンキーは緑色が透明になるように最適化されています。周囲の色とのコントラストが高ければ、青や黄色でも透明化することは可能です。特定の色だけを透明にする場合は[Ultraキー]エフェクトを使用します。

グリーンスクリーンキーエフェクトを適用する

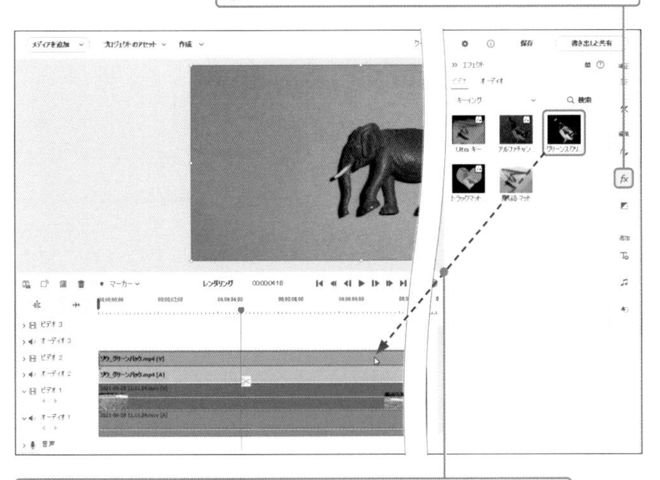

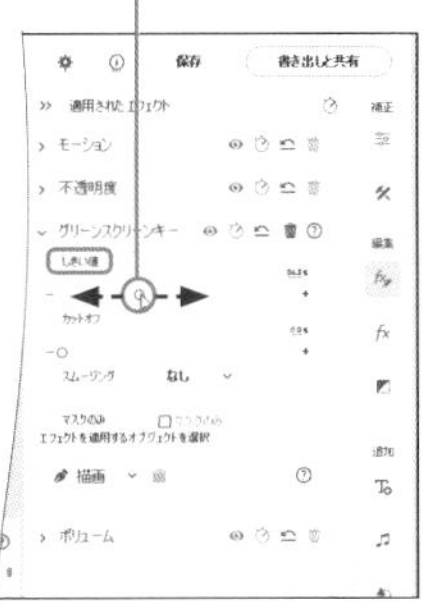

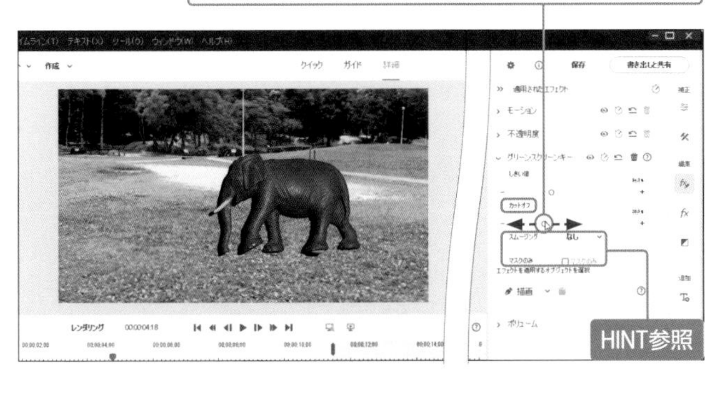

HINT

背景を綺麗に透明にするコツは？

「マスクのみ」にチェックを入れて、被写体が綺麗に白く表示されるように各スライダーを調整すると、背景を綺麗に透明にできます。また、「スムージング」を設定すると、被写体のエッジ部分が背景と馴染んで自然に見えます。

MEMO

どんな場面で活用できるの？

例えば、緑の色画用紙を手に持った合成素材を使えば、画用紙の色を透明にして、その部分にだけ映像が見えるようにできます。あるいは、CGで作ったタイトルロゴを合成することもできます。

Section

56

縦型動画を横型動画に編集する

スマートフォンで撮影すると、どうしても縦位置の動画が増えてしまいます。ここでは、横型の動画の素材として、縦位置で撮影された素材を使用する方法を解説します。横型の動画を縦型に編集する方法は、P.210を参照してください。

1 背景クリップを作成する

❶編集中の横型動画に、縦位置で撮影されたクリップを配置します。

❷「適用されたエフェクト」の「モーション」で［スケール］スライダーをドラッグし、

❸クリップの幅が、プレビューの幅いっぱいになるように調整します。

HINT

縦型動画として扱われてしまう

タイムラインの1つめの動画でプロジェクト設定がされるので、横型クリップを配置後に縦型クリップを配置するか、新規プロジェクト作成時に［このプロジェクトに選択したプロジェクトプリセットを強制］にチェックを入れます。

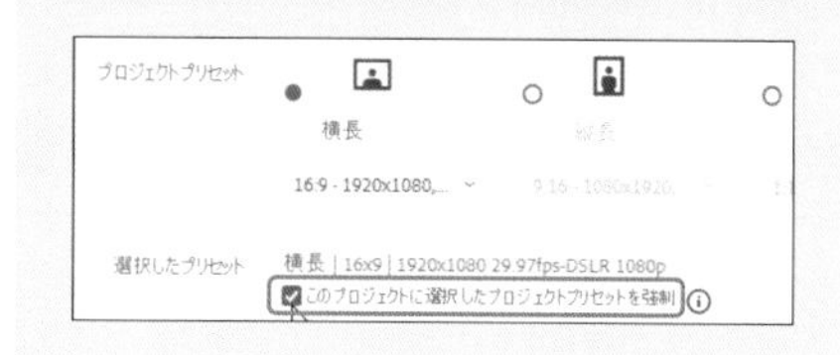

2 背景を加工する

❶エフェクトボタンをクリックし、

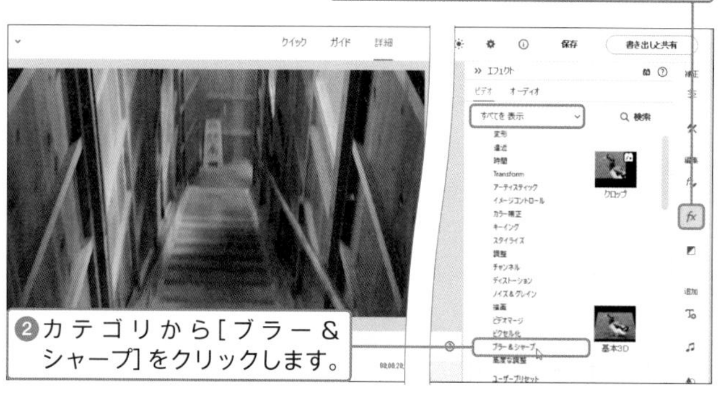

❷カテゴリから［ブラー＆シャープ］をクリックします。

STEP UP

動画の見える範囲を調整する

位置の右側の数値をShiftを押しながらドラッグすることで、クリップの上下位置を調整できます。

❸タイムライン上の縦位置で撮影されたクリップに「ブラー（ガウス）」をドラッグします。

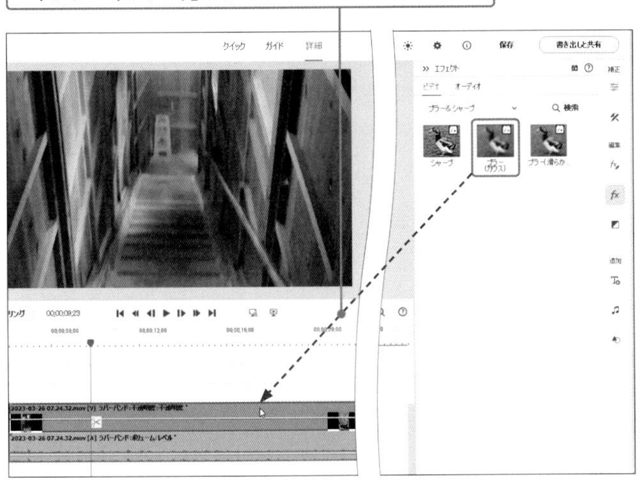

❹「適用されたエフェクト」で、ブラーの値を「50」にします。

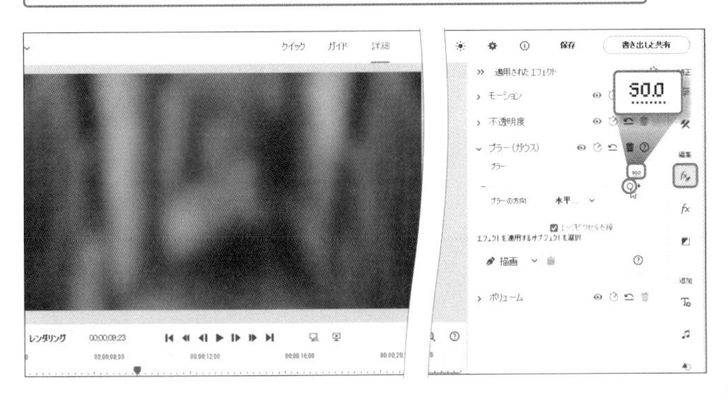

❺アセットネルから同じ動画を同じ位置にドラッグし、

❻オーディオを削除します。

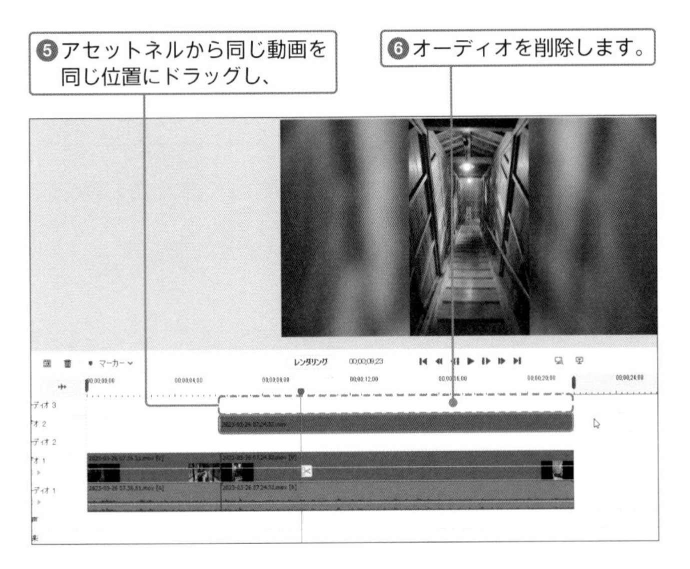

MEMO オーディオを削除するには？

手順❺の同じ動画を同じ位置に配置してオーディオを削除する手順については、P.125の手順❺〜❻を参照してください。

Section 57

写真の一部を切り抜いて合成する

Premiere Elementsには直接画像を加工する機能はありません。ここでは、Adobe社の画像加工ソフト「Photoshop Elements」を使用して画像を切り抜き、動画に合成する方法を解説します。

Photoshop Elementsで画像を開く

❶P.016を参考にホーム画面を起動します。

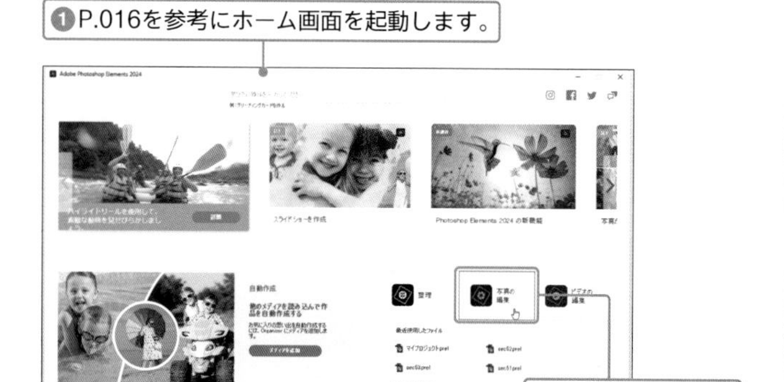

❷[写真の編集] をクリックします。

❸Photoshop Elementsが起動したら、[クイック] モードをクリックし、

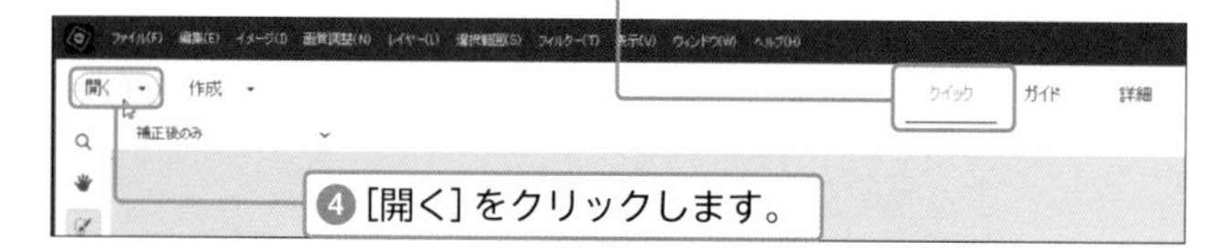

❹[開く] をクリックします。

❺[開く] 画面で対象となる画像をクリックし、

❻[開く] をクリックします。

MEMO

Photoshop Elementsとは

Photoshop Elementsは、プロが使用する画像加工ソフト「Photoshop」を初心者でも使いやすくしたソフトウェアです。色調の補正や大きさの変更だけでなく、画像の切り抜きや合成などもかんたんな手順で実行できます。

画像の色調を補正する

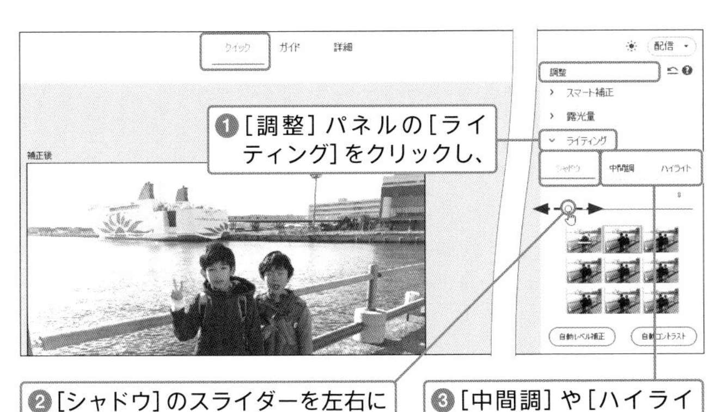

HINT その他の色調補正

素材の画像によっては、[カラー]で彩度や色相を、[バランス]で色温度を調整する必要があります。

画像を選択範囲で切り抜く

HINT うまく選択できない場合

[クイック選択ツール]は、ドラッグした部分と色の近い部分をまとめて選択するツールです。背景と対象物の色の差があまりない画像では、手順❸でうまく選択できない場合があります。その場合は、次ページで解説する[選択ブラシツール]を使用してください。

❹ツールオプションバーの［選択ブラシツール］をクリックします。

❺［サイズ］スライダーをドラッグしてブラシサイズを設定し、

❻対象物の輪郭の内側をなぞるようにドラッグします。

❼ツールオプションバーの［現在の選択範囲から一部削除］をクリックします。

❽対象物からはみ出た部分をドラッグして、余分な選択範囲を消去します。

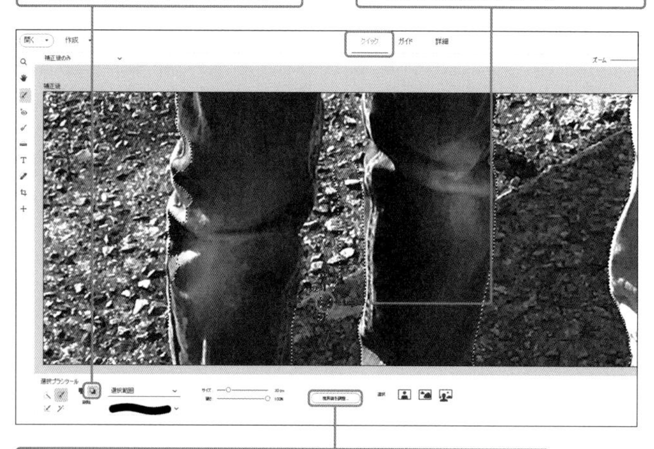

❾選択範囲の作成後、［境界線を調整］をクリックします。

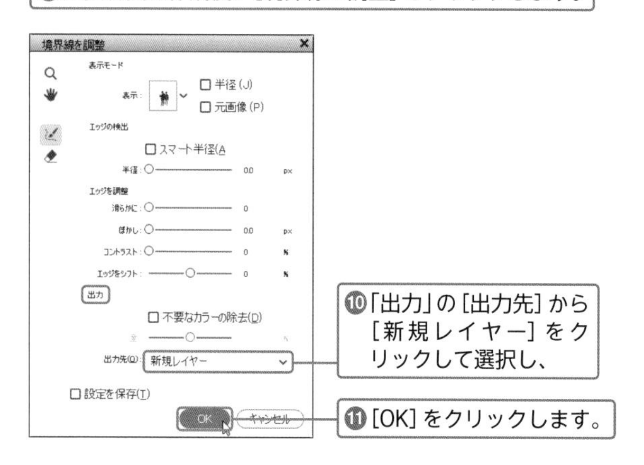

❿「出力」の［出力先］から［新規レイヤー］をクリックして選択し、

⓫［OK］をクリックします。

効率よく作業するために

Photoshop Elementsの画面右上の［ズーム］をドラッグすると、画像を拡大できます。また、space を押しながらドラッグすると、表示されている範囲を移動させることができます。

背景がチェック模様になった！

Photoshop Elementsでは、透明部分をグレーのチェック柄で表現します。

4 画像を動画に合成する

❶［ファイル］→［別名で保存］の順でクリックします。

❷保存先とファイル名を指定します。

❸ファイルの種類は「Photoshop（*.PSD,*.PDD）」を選択し（MEMO参照）、

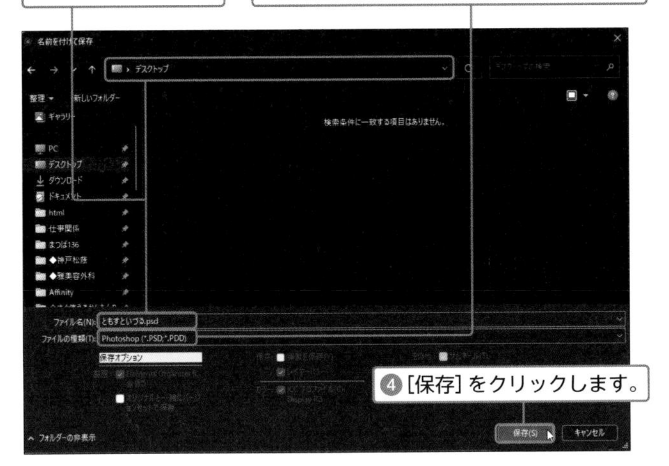

❹［保存］をクリックします。

❺Premiere Elementsに切り替えます。

❻Sec.10を参考にして、保存した画像を読み込み、

❼あらかじめ素材が配置されたクリップの、上層のトラックに配置します。

❽背景が透明なため、下層トラックの映像上に合成できました。

MEMO なぜPhtoshop形式で保存するの？

切り抜いた画像をPremiere Elementsで合成するには、透明情報が必要になるため、Photoshop形式で保存します。保存時には「レイヤー」にチェックが入っていることを確認してください。また、PNG形式でも透明情報を扱うことができます。

Section 58

「吹き出し」を対象に合わせて動かす ～モーショントラッキング

「モーショントラッキング」機能を使うと、映像の中の特定のポイントを検出して、その動きを追跡し続けることができます。この機能を応用して、吹き出しに特定の対象を追跡させる方法を解説します。

モーショントラッキングを設定する

❶タイムライン上の、追跡する対象が映っているクリップをクリックして選択します。

❷ツールバーの［ツール］をクリックし、

❸［モーショントラッキング］をクリックします。

HINT

モーショントラッキングとは

モーショントラッキングはクリップ内の被写体にグラフィックを追跡させるエフェクトです。ここでは例として、動画内の人物に吹き出しの図形を追跡させて、台詞をしゃべっているような演出をします。

❹ [オブジェクトを選択] をクリックします。

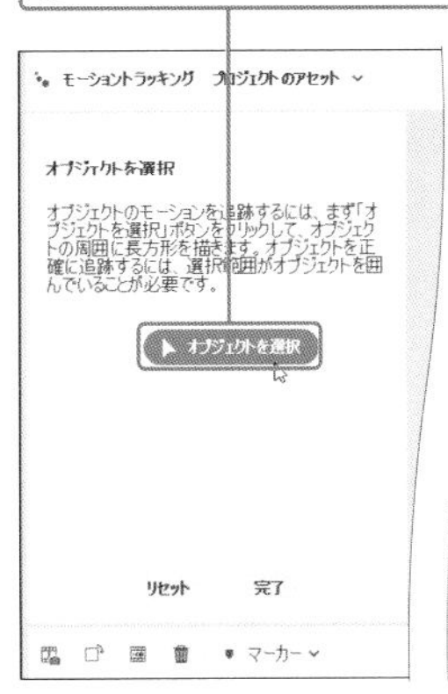

❺ フレームをドラッグして、位置やサイズをトラッキング（追跡）したい対象に合わせます。

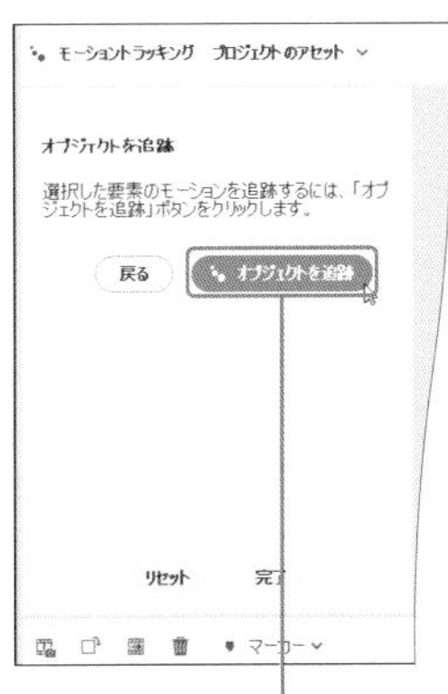

❻ [オブジェクトを追跡] をクリックすると、映像の解析がはじまります。

❼ 解析が完了したら、プレビューウィンドウの [再生] をクリックし、動きを確認します。

❽ 黄色いフレームが対象物に合わせて移動するのが確認できます。

HINT

モーショントラッキングを活用する

モーショントラッキングでは図形のほか、被写体に静止画や別の動画を追跡させることもできます。

② 吹き出しを配置する

❶ツールバーの［グラフィック］をクリックします。

❷黄色いフレーム（右上のMEMO参照）内に、［吹き出し］カテゴリの中から使用したい吹き出しをドラッグします。

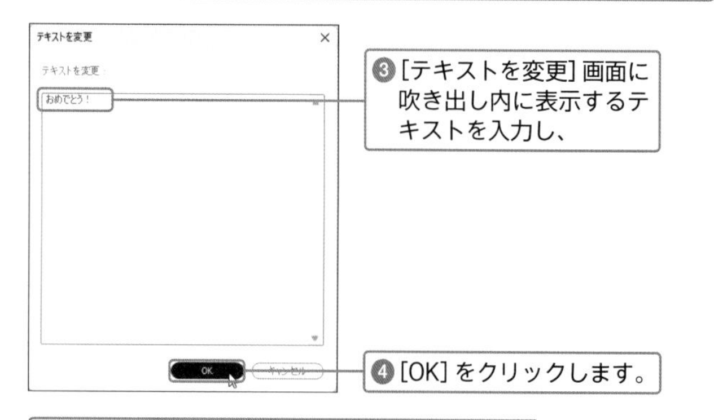

❸［テキストを変更］画面に吹き出し内に表示するテキストを入力し、

❹［OK］をクリックします。

❺吹き出しの枠のコーナー、枠の内側／外側をドラッグして調整します（中段のMEMO参照）。

画面上の黄色いフレームは何？

手順❷の黄色いフレームは、画面上でトラッキングしている対象物を表しています。

吹き出し枠の調整について

手順❺で吹き出し枠の内側をドラッグすると位置、枠のコーナーをドラッグすると大きさ、コーナー部分の枠の外側をドラッグすると角度を変更できます。

吹き出しの縦横比率を変えたくない場合

手順❺で Shift を押しながら吹き出しのコーナー部分をドラッグすると、縦横比を維持したまま拡大／縮小できます。

3 吹き出しの動きを確認する

❶時間インジケーターをクリップの先頭に移動します。

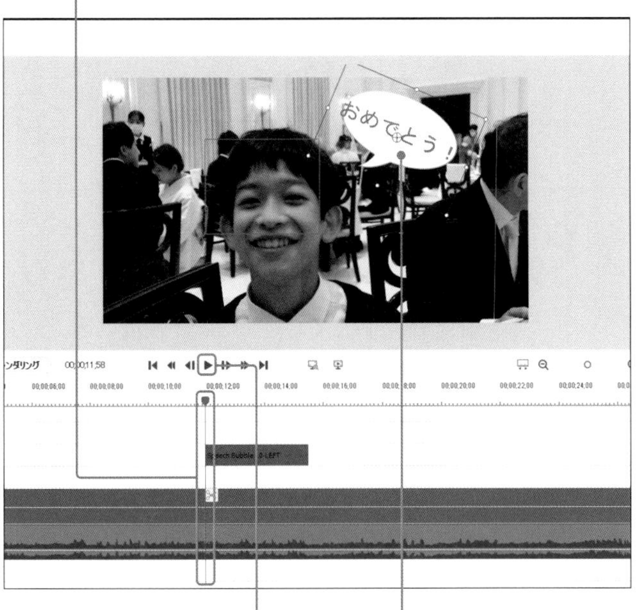

❷プレビューウィンドウの［再生］をクリックし、

❸吹き出しがトラッキング対象についていくかを確認します。

❹［モーショントラッキング］画面の［完了］をクリックし、モーショントラッキングを終了します。

吹き出しのテキストを編集するには？

タイムライン上の吹き出しのクリップをダブルクリックすると、吹き出しのテキストを編集できるようになります。テキストの編集操作については、第6章を参考にしてください。

トラッキングをやり直したいときは?

モーショントラッキングの完了後にトラッキングをやり直す場合は、以下の手順で行います。

❶タイムライン上で、グラフィックから配置した素材を右クリックして［削除］をクリックします。

❷P.142の方法で［モーショントラッキング］画面を表示します。

❸トラッキングのフレームをクリックして青色の状態にし、右クリックして［選択したオブジェクトを削除］をクリックします。

❹P.143の方法で再度トラッキングを行います。

Section 59

写真スライドショーを作成する

ここでは、複数の写真をスライドショー形式で順番に再生するムービーを作成します。なお、「スライドショーを作成」機能では写真のほか、ビデオクリップを素材として使用することもできます。

1 スライドショーを作成する

❶Sec.09を参考に、写真素材を読み込んでおきます。

❷[プロジェクトのアセット]パネルを開き、

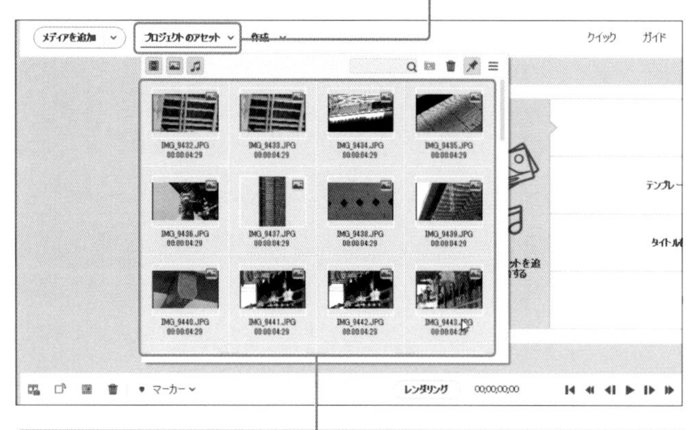

❸スライドショーに使用したい素材を複数選択します(MEMO参照)。

❹選択したサムネイル上で右クリックし、

❺[スライドショーを作成]をクリックします。

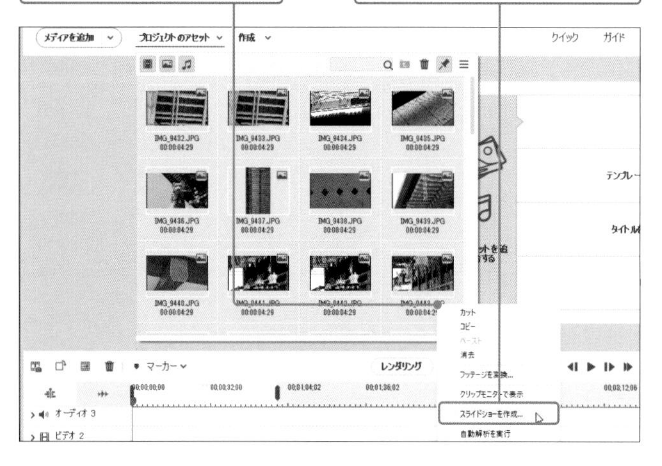

MEMO ファイルの複数選択について

手順❸で Ctrl (command) を押しながらクリックすることで、複数ファイルを同時に選択できます。また、最初のファイルをクリックした後、 shift を押しながら最後のファイルをクリックすると、その間にあるファイルをまとめて選択できます。 Ctrl (command) + a を押すと、すべてのファイルをまとめて選択できます。

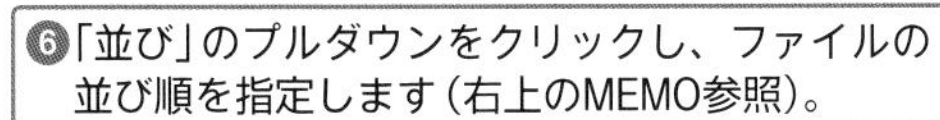

❻「並び」のプルダウンをクリックし、ファイルの並び順を指定します（右上のMEMO参照）。

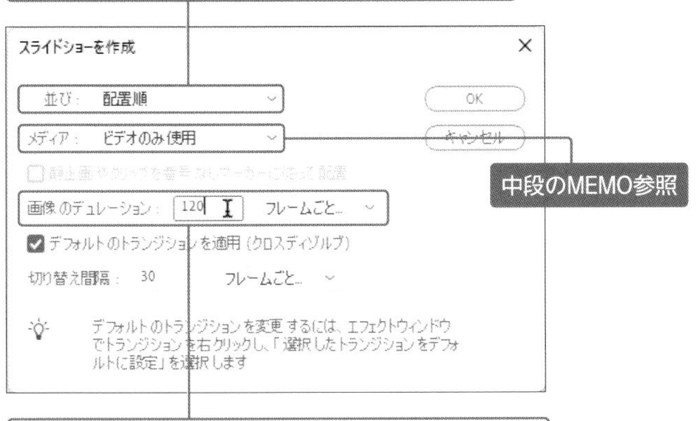

❼「画像のデュレーション」で写真の表示時間を指定します。通常、1秒は30フレームとなっています。

❽［デフォルトのトランジションを適用］にチェックを入れ（HINT参照）、

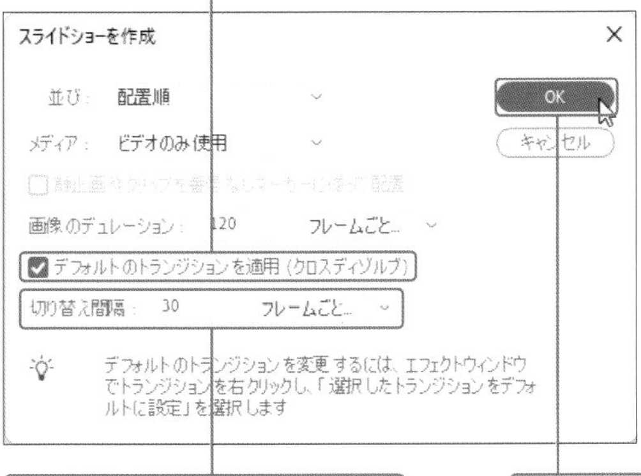

❾「切り替え間隔」からトランジションの長さを指定します。

❿最後に［OK］をクリックします。

⓫タイムライン上に、各クリップが指定した順番通りにつながれたスライドショーができていることを確認します。

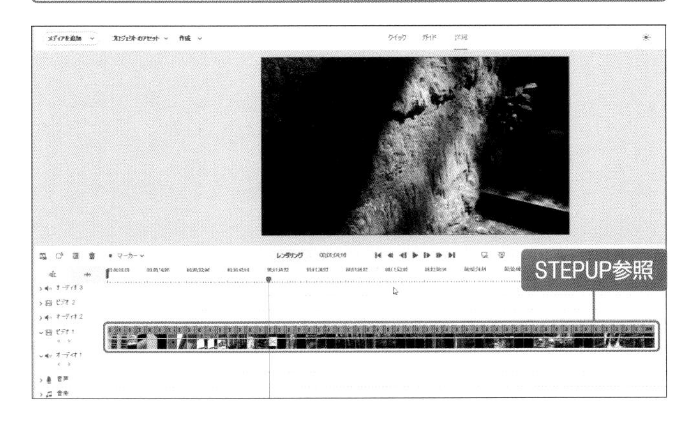

並び順について

手順❻では以下の選択ができます。

配置順………［プロジェクトのアセット］パネルに並んでいる順番

選択順………Ctrl（command）を押して選択した順番

「メディア」はそのままでOK

手順❻の画面の「メディア」では、選択した素材のうちビデオとオーディオのどちらを使うかを指定できます。「ビデオ」には写真も含まれるため、そのままの設定でOKです。

トランジションを適用したくない場合は？

トランジションを適用したくない場合は、手順❽で［デフォルトのトランジションを適用］のチェックを外します。なお、トランジションはあとから変更可能です（P.075参照）。

スライドショーを並べ替えるには？

スライドショーのクリップはグループ化されているため、並べ替えるにはグループを解除する必要があります。手順⓫の画面でスライドショーのクリップを右クリックし、［グループ解除］をクリックします。

Section 60

タイムラプス映像を作成する

タイムラプスとは、一定間隔で撮影された写真をつなぎ合わせて動画にしたものです。ここでは、あらかじめデジタルカメラで撮影した写真を使って、タイムラプス映像を作成する手順を解説します。

1 環境設定を整える

❶[編集](Macでは[Adobe Premiere Elements 2024 Editor])→[環境設定]→[一般]の順にクリックします。

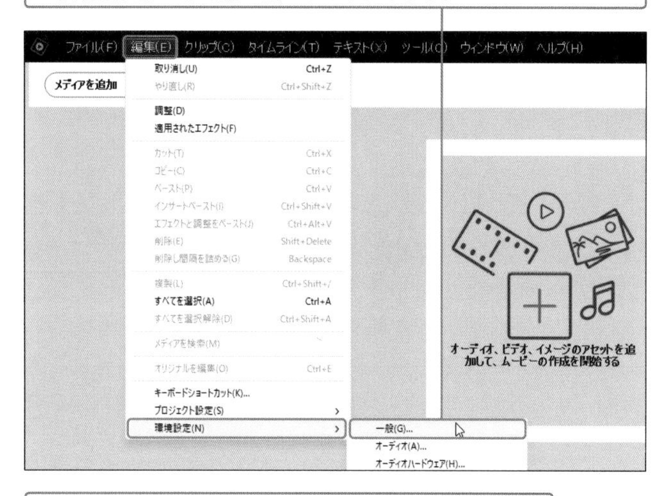

❷[静止画のデフォルトデュレーション]のプルダウンで[フレーム]を選択し(MEMO参照)、

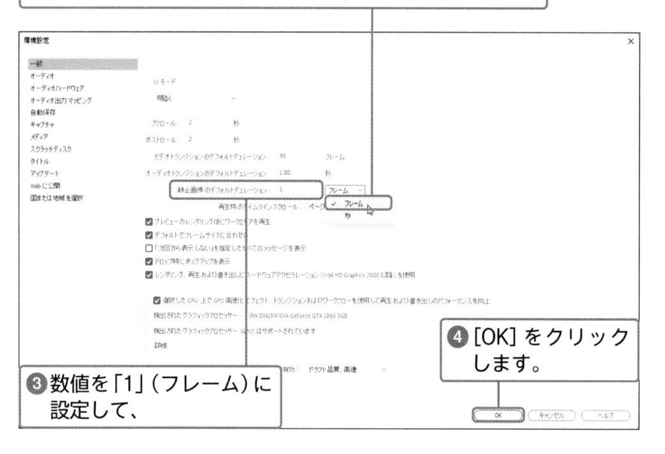

❸数値を「1」(フレーム)に設定して、

❹[OK]をクリックします。

MEMO

なぜ環境設定を変えるの?

静止画のデュレーションが長いと、その間、映像は止まった状態で表示されます。手順❷で1フレームという最小の時間に設定することで、滑らかな時間経過を表現します。

HINT

変更に関する注意点

写真が[プロジェクトのアセット]パネルに追加された時点で、デフォルトデュレーションが適用されます。すでに写真を読み込んでいた場合は、改めて追加し直す必要があります。

写真をタイムラプス映像にする

❶[メディアを追加]から[ファイルとフォルダー]をクリックします。

❷一定間隔で撮影された写真ファイルが収納されているフォルダーをクリックし、

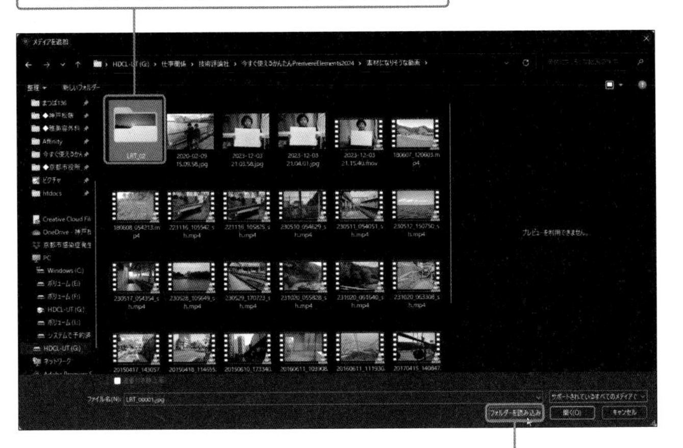

❸[フォルダーを読み込み]をクリックします。

❹[プロジェクトのアセット]パネルから、手順❶で読み込んだフォルダーをタイムライン上にドラッグします。

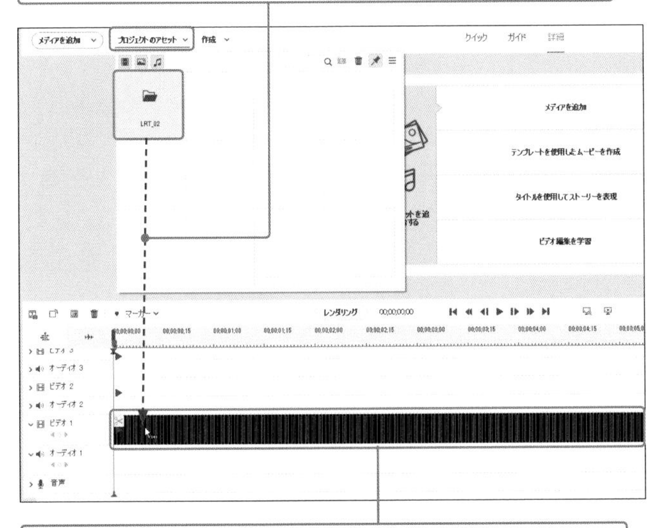

❺フォルダー内のすべての写真が1フレーム単位で配置されます。

HINT タイムラプス素材を用意するには？

デジタルカメラでタイムラプス素材を用意するには、「インターバル撮影」「インターバルタイマー撮影」などの名称の機能を利用します。機能の有無は、カメラの取り扱い説明書で確認できます。

HINT 写真は何枚必要？

一般的には、1秒間のタイムラプス映像を作るために30枚の写真が必要です。

STEP UP 映像からタイムラプス風映像を作成する

タイムラプスを作成するには、デジタルカメラで一定間隔で撮影された写真を利用しますが、「タイムリマップ」や「タイムストレッチ」の機能を使えば、映像素材をタイムラプス風に加工できます。各機能の詳細については、Sec.44～45を参照してください。

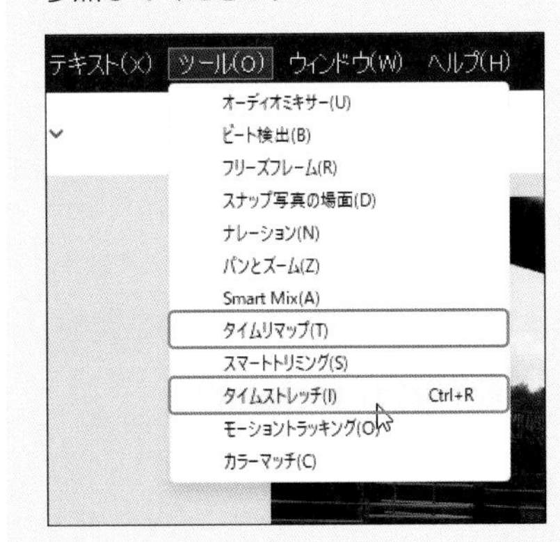

コマ撮り風の映像を作成する

被写体の動きやカメラ位置を少しずつ変えながら、1枚ずつ撮影した写真をつなげて映像にする手法を「コマ撮り」といいます。ここではビデオカメラで撮影した映像を元に、コマ撮り風の映像を作成する方法を解説します。

映像から写真素材を作成する

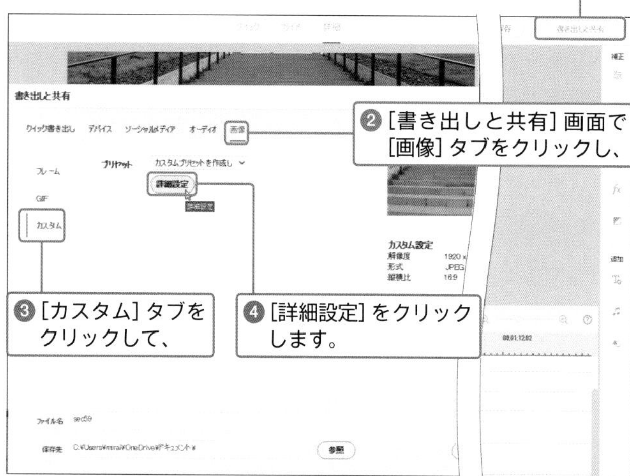

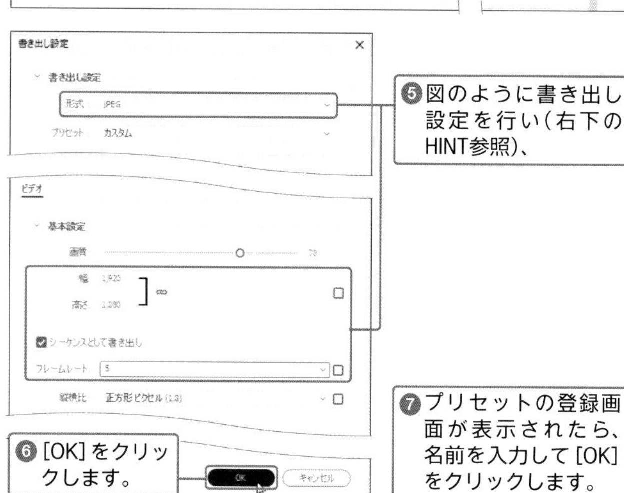

HINT フレームレートとは

手順❺の画面の [フレームレート] は、1秒間に何コマの画像を表示するかを示す数字です。通常、ビデオでは1秒間に30コマの画像が表示されます。手順❺でフレームレートを「5」に設定すると、30コマのうち5コマを抜き出して書き出す、という意味になります。

HINT ここでの設定

書き出し設定

形式……………JPEG

基本設定

幅、高さ……………………………任意のサイズ

シーケンスとして書き出し……チェック

フレームレート……………………………5

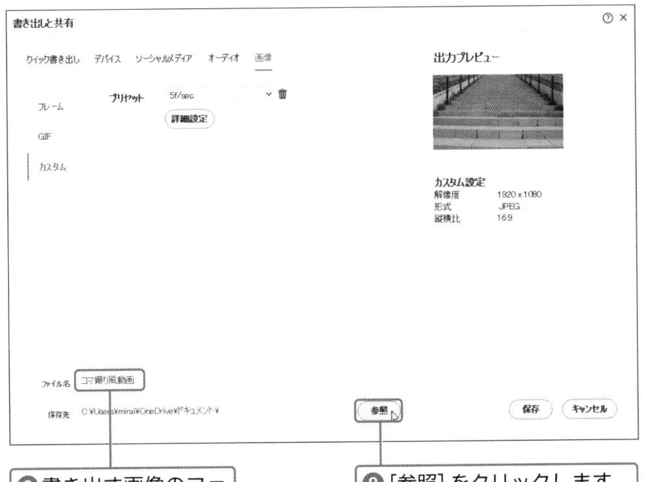

❽書き出す画像のファイル名を入力し、

❾[参照] をクリックします。

❿保存先となる場所を指定後、[新しいフォルダー]（Macは [新規フォルダ]）をクリックし、

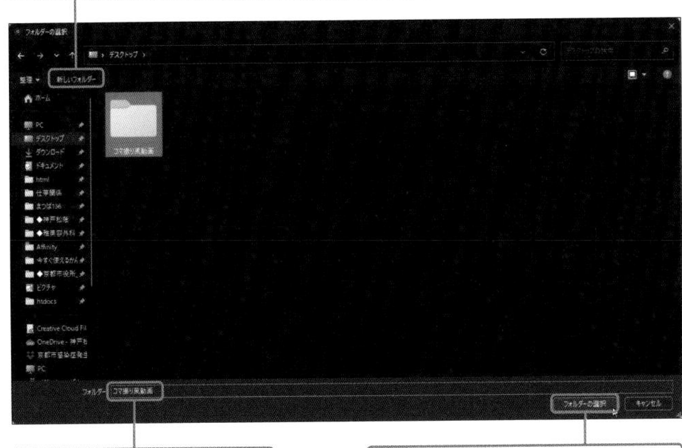

⓫作成するフォルダーの名前を変更します。

⓬[フォルダーの選択]（Macは[選択]）をクリックします。

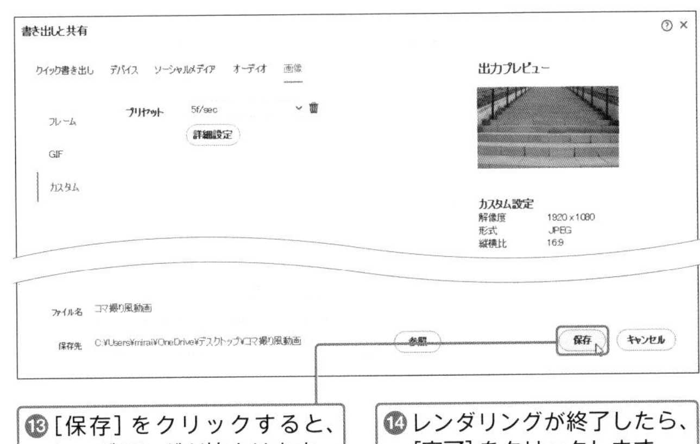

⓭[保存] をクリックすると、レンダリングが始まります。

⓮レンダリングが終了したら、[完了] をクリックします。

なぜフォルダーを作るの？

ここで解説している操作によって、連番付きの画像ファイルがたくさん書き出されます。そのため、手順❿で新しいフォルダーを作成し、その中にまとめて保存します。

書き出した画像を確認するには？

手順⓮でレンダリングの完了後、[フォルダーを開く] をクリックすると、画像を書き出したフォルダーが開きます。

写真素材をタイムラインに配置する

❶P.148手順❷の画面を表示し、[静止画のデフォルトデュレーション]の数値を「6」(フレーム)に設定します。

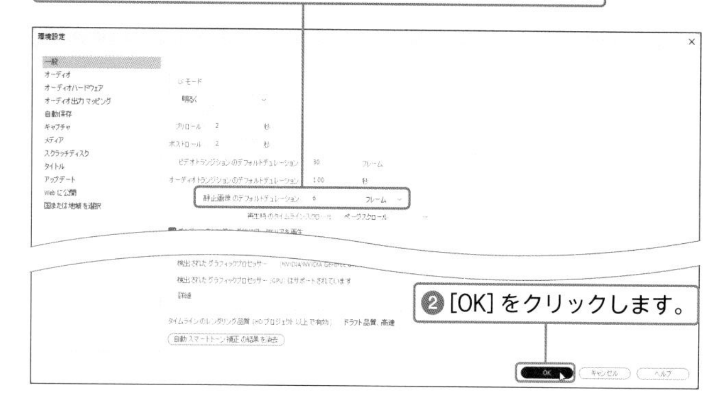

❷[OK]をクリックします。

❸[メディアを追加]から[ファイルとフォルダー]をクリックします。

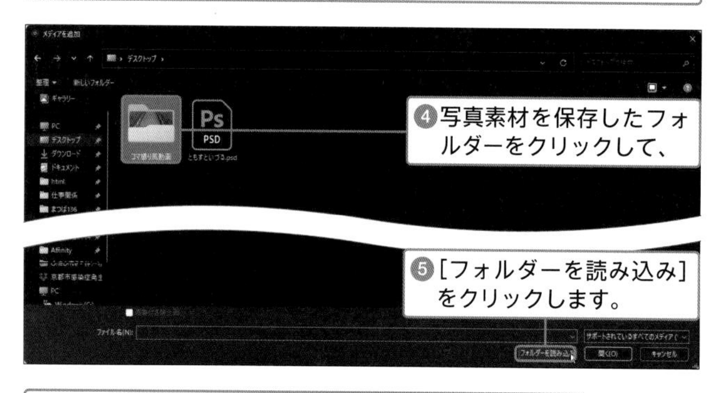

❹写真素材を保存したフォルダーをクリックして、

❺[フォルダーを読み込み]をクリックします。

❻最初にタイムラインに配置したクリップを削除して、

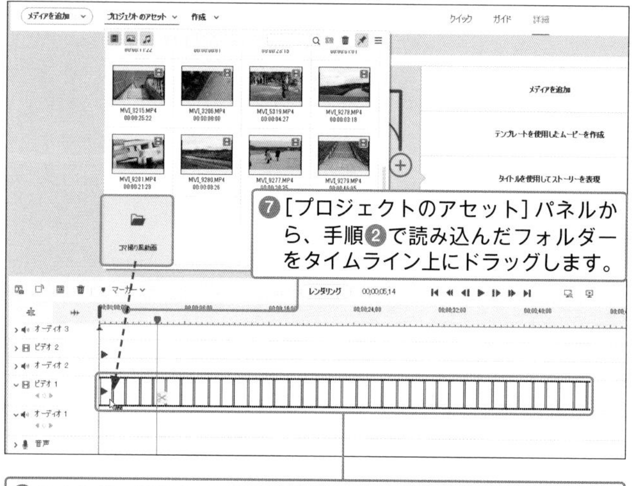

❼[プロジェクトのアセット]パネルから、手順❷で読み込んだフォルダーをタイムライン上にドラッグします。

❽フォルダー内のすべての写真が6フレーム単位で配置されました。

MEMO

デュレーションの計算方法

P.150～151では1秒間(30フレーム)につき、5枚の写真を書き出しました。この写真を使って元の映像と同じスピードの映像を作るには、「30フレーム÷5枚」と計算することで、各写真を「6フレーム」で表示すればよいことがわかります。

STEP UP

コマ撮り風映像をカスタマイズするには？

P.150手順❺でフレームレートを変更すれば、映像の滑らかさを調整できます。また、P.152手順❶で[静止画のデフォルトデュレーション]の値を変更すれば、映像のスピードを調整できます。

Chapter

6

タイトルや字幕の追加

タイトルやテロップ（字幕）を適切に利用することで、映像だけでは伝えられない情報を補足することができます。例えば、旅行の行き先や日付、撮影場所などの情報は、あとから見返す際に旅の思い出をより鮮明なものにする手助けとなります。この章では、タイトルの設定方法やテキストの扱い方について解説します。

Section
62

テキストを追加する

タイトルやテロップ(字幕)などを設定することで、映像に対する興味を持たせたり、理解度を深めさせたりするヒントになります。ここでは、標準的なテキストを入力する方法について解説します。

テキストを追加する

❶ツールバーの[タイトル]をクリックし、

❷カテゴリから[クラシックタイトル]の[一般]カテゴリを選択します。

❸[初期設定のテキスト]をタイムライン上の配置したい位置にドラッグします。

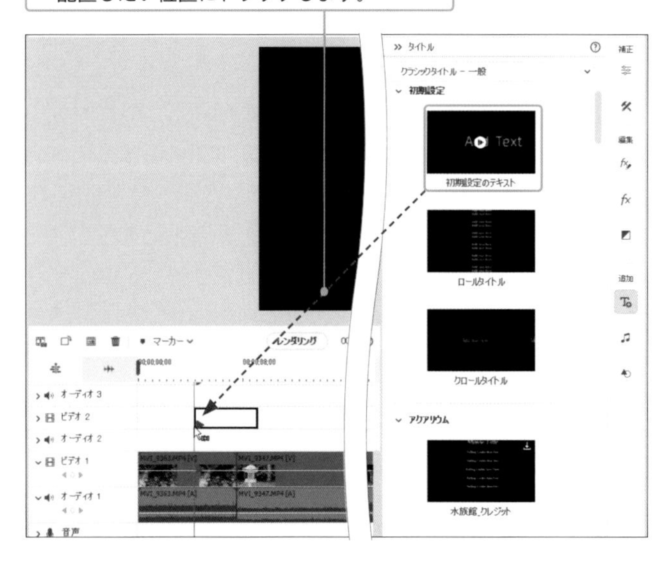

MEMO

メニューからテキストを追加するには？

[テキスト]メニューから、[新規テキスト]→[初期設定のテキスト]の順にクリックすることでもテキストを追加できます。

HINT

クリップが分割されてしまう場合

タイムラインにドラッグするとき、すでに配置されているクリップの上にドラッグすると、クリップが分割されてしまいます。既存のクリップの前後か、別のトラックにドラッグしましょう。

② 文字を入力する

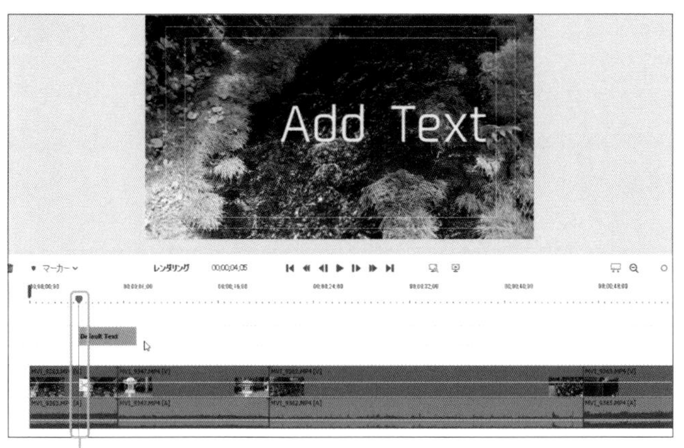

❶テキストクリップが配置されている部分に時間インジケーターが移動したことを確認します。

❷プレビューウィンドウのテキストエリアをドラッグして、初期値の「Add Text」を選択し、新たに表示したい文字列を入力します。

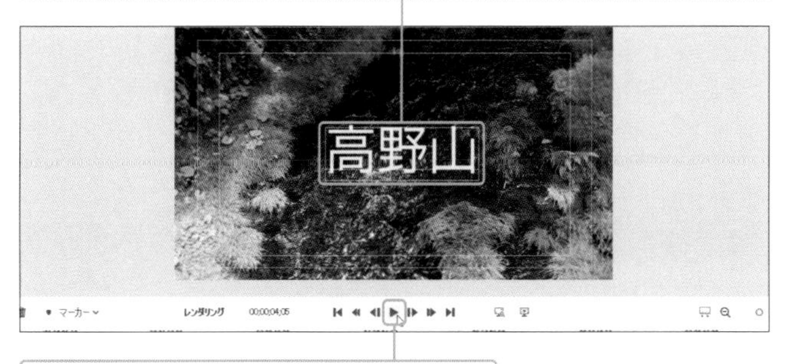

❸再生ボタンをクリックして確認します。

テキストが選択できない場合

手順❷でテキストがうまく選択できない場合は、タイムラインに配置されたテキストクリップをダブルクリックしてから、テキストをドラッグして選択します。

タイトル作成の応用

タイトル機能単体だけでなく、モーションタイトル機能とフリーズフレーム機能を組み合わせることで、シーンの途中で静止するのに合わせて、モーションタイトルをより印象的に見せることができます。くわしい操作方法は「ガイド」内で学習できます。[ガイド]→[楽しい編集]→[モーションタイトル入りのフリーズフレームを作成]の順にクリックして、試してみてください。

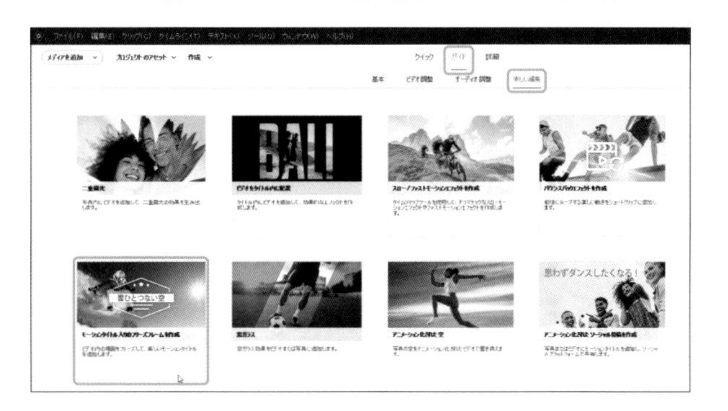

Section 63

テキストのフォントやサイズを変更する

テキストのフォント（字体）やサイズを状況に応じて使い分けることで、映像の印象はガラリと変化します。適切な文字サイズと文字の分量を心がけましょう。

テキストのフォントを変更する

❶タイムライン上のテキストクリップをダブルクリックして、[調整] パネルを開きます。

❷対象となるテキストをドラッグして選択し、

❸[調整] パネルの [テキスト] タブで [フォント] のプルダウンをクリックして、

❹フォント（ここでは [AR P隷書体]）を選択します。

MEMO 調整パネルを開いてる場合

すでに [調整] パネルを開いている場合は、手順❶の操作は不要です。

HINT フォントの右側にあるプルダウンは何？

手順❸の「フォント」の右側のプルダウンは「テキストスタイル」です。1つの書体に対して、太さや角度が違うフォントが含まれている場合に選択できます。

テキストのサイズを変更する

❶[テキスト]タブの「モード」から[選択]ツールをクリックし、

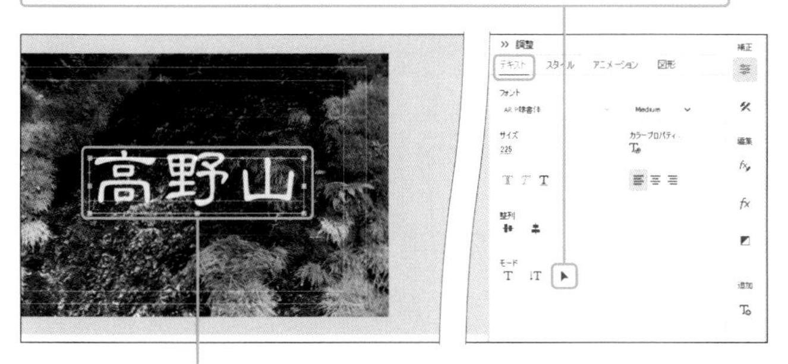

❷入力されたテキストをクリックします。

❸テキストを囲むボックスの四隅、または各辺中央のポイントをドラッグし、テキストのサイズを調整します(MEMO参照)。

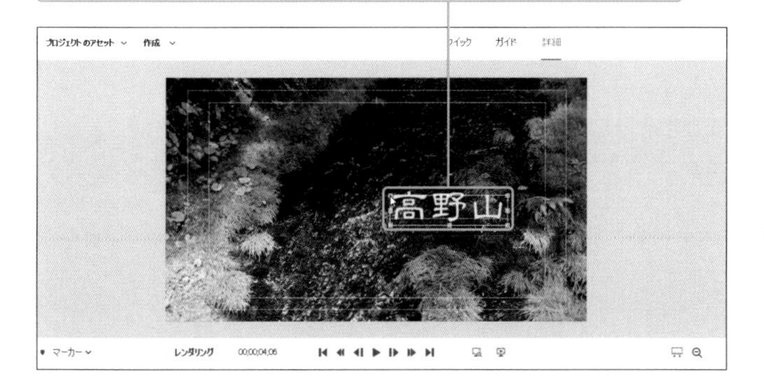

MEMO

テキストの比率が変わってしまう場合

手順❸で Shift を押しながらドラッグすると、元の縦横比を維持したまま拡大/縮小できます。

HINT

太字や文字揃えの設定

テキストを選択したあと、各アイコンをクリックすると太字や文字揃えの設定を行えます。

サイズ…ドラッグして文字サイズを指定します。
T…テキストを太字にします。
T…テキストをイタリック体(斜体)にします。
T…テキストに下線を適用します。
カラープロパティ…テキストの色を設定します。
≡…テキストを左側で揃えます。
≡…テキストを中央で揃えます。
≡…テキストを右側で揃えます。

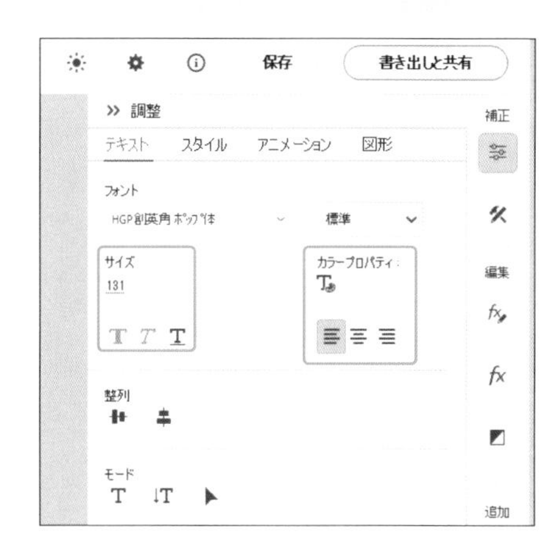

Section 64

テキストの位置を移動する

動画にテキストを配置する際、常に画面の同じ位置に表示されると読みやすくなります。整列の機能を使えば､常に画像中央や画面下部などの決まった位置に文字を表示することができるため、視聴者に安定した印象を与えます。

テキストの位置を移動する

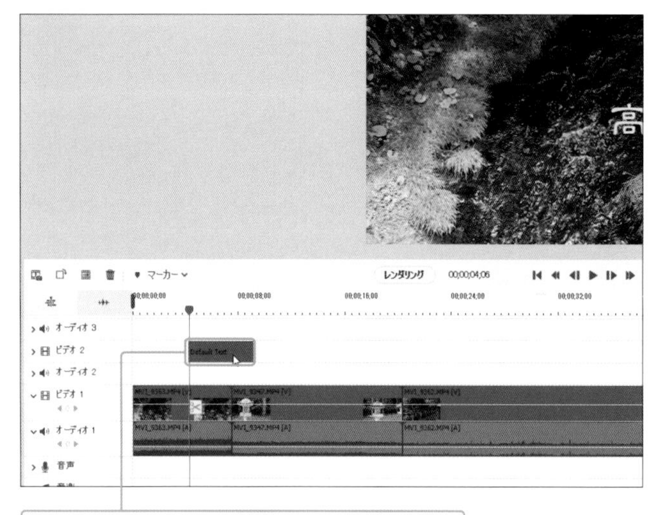

❶タイムライン上のテキストクリップをダブルクリックして、調整パネルを開きます。

❷調整パネルで［テキスト］タブの［選択］ツールをクリックし、

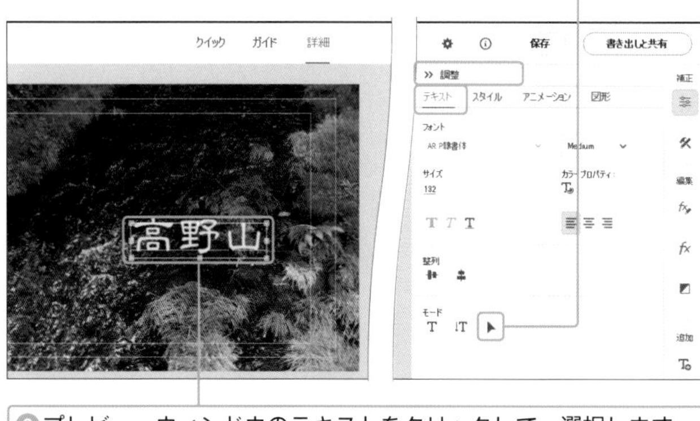

❸プレビューウィンドウのテキストをクリックして、選択します。

MEMO ［調整］パネルを開いている場合

すでに［調整］パネルが開いている場合は、手順❶の操作は不要です。

❹テキストを囲むボックスが表示されるので、ボックスの内側をドラッグし、目的の位置に移動させます。

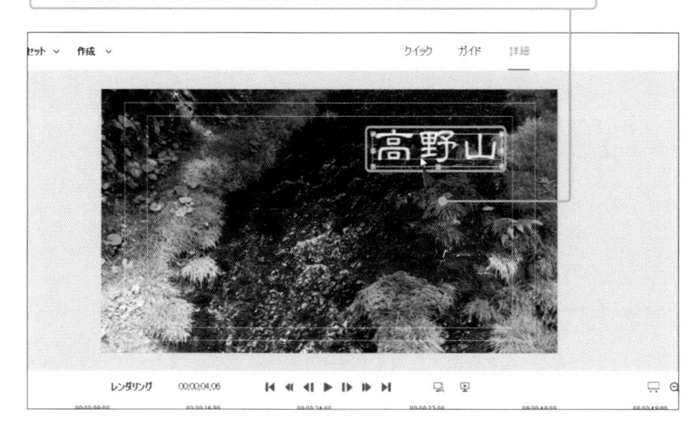

テキストを画面中央に配置する

❶テキストを選択した状態で、[テキスト]タブで「整列」の[水平方向中央に整列]をクリックすると、

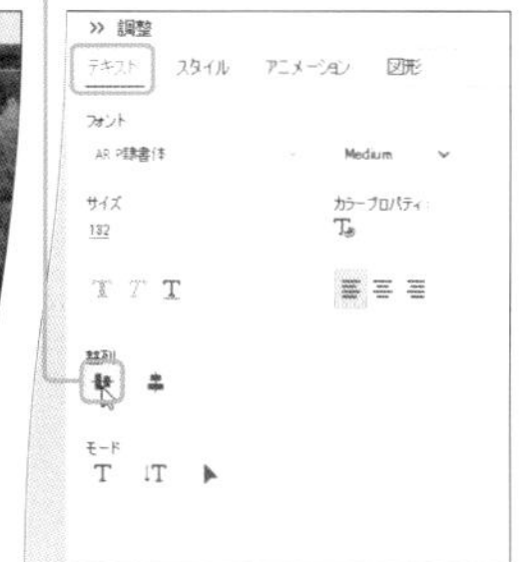

❷左右中央に配置されます。

テロップ風に画面下部に配置するには？

プレビューウィンドウのテキストを右クリックし、[位置]→[画面下部]の順にクリックします。水平方向中央に整列させてからこの操作を実行することで、常に画面下部の中央にテキストを揃えることができます。

❸同様に、[テキスト]タブで[整列]の[垂直方向中央に整列]をクリックすると、

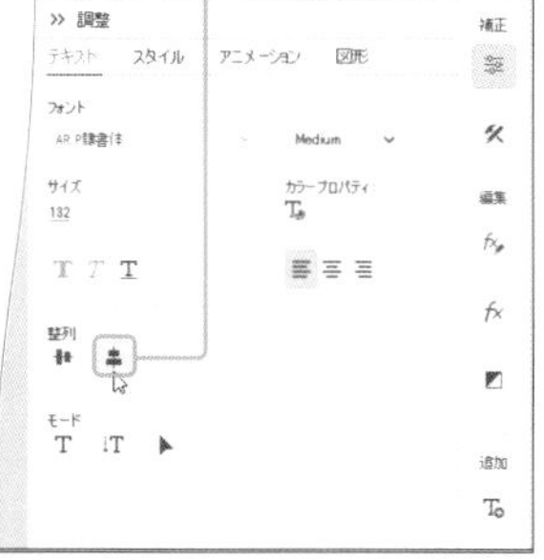

❹テキストは上下中央に配置されます。

Section 65

テキストの色や枠線を調整する

テキストの色を設定するカラープロパティを使いこなせば、テキストをベタ塗りするだけではなく、グラデーションにしたり、枠線（ストローク）を設定したりできるようになり、目立つタイトルを作ることができます。

テキストの色を変更する

❶P.158を参照してテキストを選択し、［調整］パネルの［スタイル］タブをクリックします。

❷枠線が設定されているスタイルをクリックします。

MEMO ここでの設定

手順❷では、例として［小塚明朝Pr6N R 白80］を選択しています。

MEMO スタイルを選択する理由

Premiere Elementsでは、標準状態では枠線を選択できません。そのため、ここでは枠線が設定されたスタイルを修正することで、枠線を設定します。

❺カラープロパティが開くので、まず色の種類をクリックし、

❻カラーフィールドで好みの色をクリックして選択します。

❼[OK]をクリックします。

MEMO

ストロークをなくしたい場合は

ストロークを無しにしたい場合は、ストロークが設定されていないスタイルをクリックするか、手順❻で[なし]をクリックします。

テキストの枠線（ストローク）を設定する

❶P.160を参考にカラープロパティを開きます。

❷[ストローク]をクリックし、

❸同様に枠線の色を設定します。

❹「ストローク幅」を左右にドラッグし、枠線の幅を設定します（右下のMEMO参照）。

❺設定が完了したら[OK]をクリックします。

MEMO

ストロークは1つだけ？

スタイルによっては、複数のストロークが設定されているものもあります。その場合は、ストロークの右側にあるプルダウンメニューから対象のストロークを選択してから、調整してください。

MEMO

ストローク幅を直接入力する

手順❹でストローク幅の数値をクリックすると、直接数値を入力することができます。あらかじめどれくらいの幅にするかが決まっている場合は、こちらの方法が便利です。

Section 66

テキストにグラデーションや影を設定する

テキストにはグラデーションやドロップシャドウなどの効果を設定することができます。大きく、太い書体を使う場面では、より表現の幅が広がります。

1 グラデーションを設定する

❶P.160を参考にテキストのカラープロパティを開き、

❷グラデーションにする対象（塗り／枠線）を選択します。

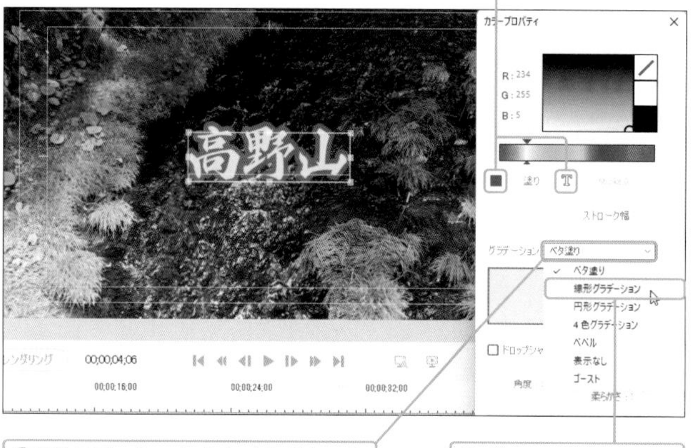

❸「グラデーション」のプルダウンをクリックし、

❹グラデーションの種類を選択します。

❺左側のカラーストップをクリックし、

❻カラーピッカーで色を設定します。

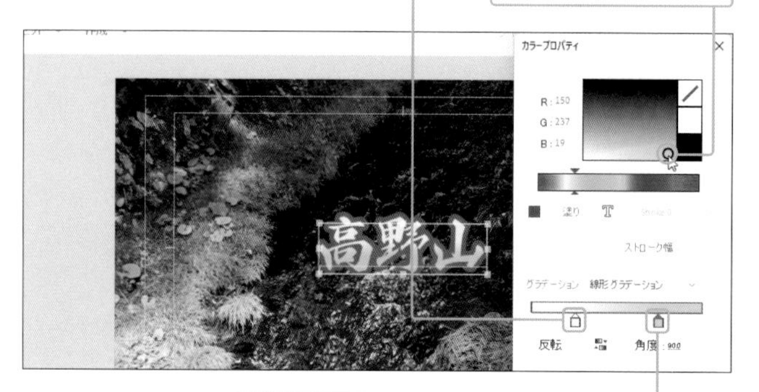

❼右側のカラーストップも同様に設定します。

MEMO

ここでの選択

手順❹では、例として［線形グラデーション］を選択しています。

HINT

グラデーションのなめらかさを調整する

手順❺や手順❼でカラーストップを左右にドラッグすることで、色の変化のなめらかさやグラデーションの位置を調整できます。

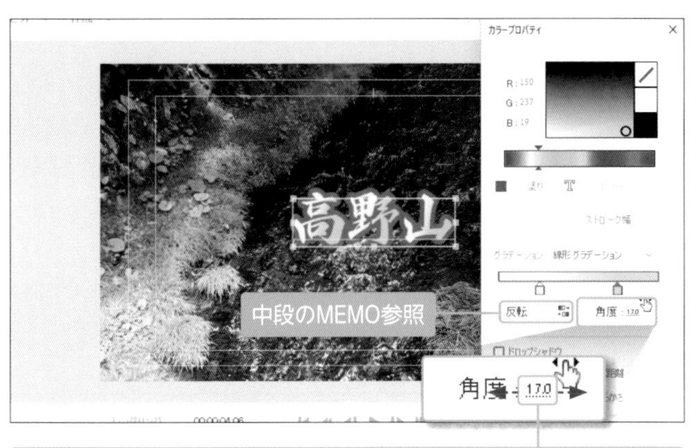

⑧[角度]の数値をドラッグし、グラデーションの角度を変更します。

角度を指定する

手順⑧では角度の数値部分をクリックして、直接角度を入力することもできます。グラデーションの角度が決まっている場合は、こちらの方が効率よく指定できます。

グラデーションの向きを入れ替えるには？

手順⑧で[反転]をクリックすると、グラデーションの向きを反転できます。

ドロップシャドウを設定する

①[ドロップシャドウ]にチェックを入れ、ドロップシャドウを有効にします。

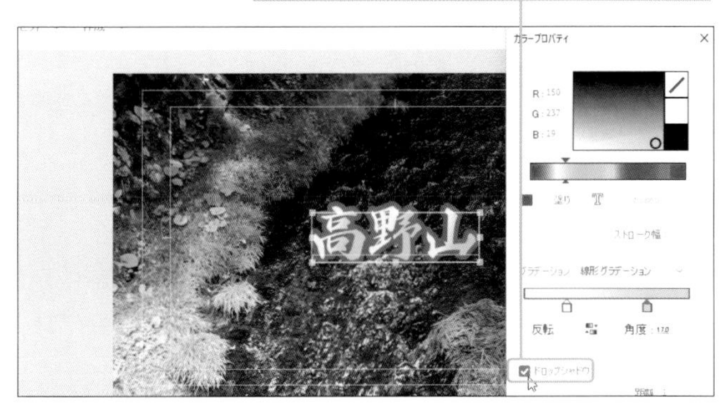

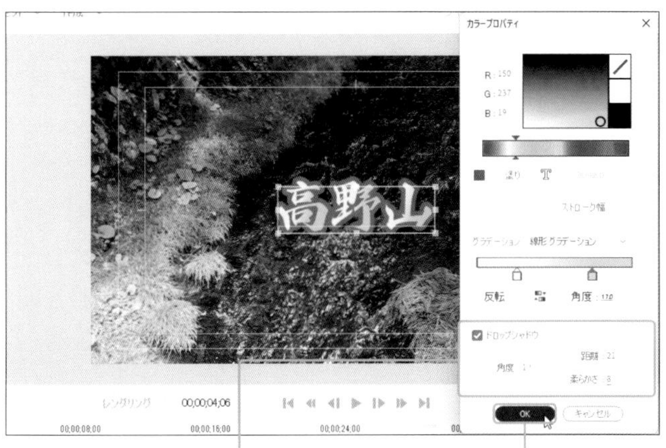

②距離、角度、柔らかさをそれぞれ指定し（右上のMEMO参照）、

③[OK]をクリックします。

ドロップシャドウ効果の種類

手順②の画面にある設定項目には、以下のような意味があります。

角度	影の方向を指定します。
距離	影の大きさを指定します。
柔らかさ	影のボケ具合を指定します。

テキストにスタイルを適用する

Premiere Elementsでは、テキストの書体やサイズ、色などにスタイルを適用することで、同じ表現を繰り返して適用できます。また、自作のスタイルを登録する方法についても解説します。

既存のスタイルを適用する

❶タイムライン上のテキストクリップをダブルクリックし、

❷［調整］パネルの［スタイル］タブをクリックします。

MEMO参照

❸目的のスタイルをクリックします。

❹テキストにスタイルが適用されました。

適用したスタイルをリセットするには？

テキストに適用したスタイルを初期設定の状態に戻すには、スタイル一覧の一番左上にある「小塚ゴPr6N M 68 デフォルト」をクリックします。

2 作成したスタイルを登録する

❶Sec.63〜66を参考に、フォントや色を設定しておきます。

❷[スタイル] タブのスタイルのいずれかを右クリックし、

❸[スタイルを保存] をクリックします。

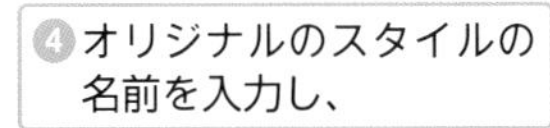

❹オリジナルのスタイルの名前を入力し、

❺[OK] をクリックします。

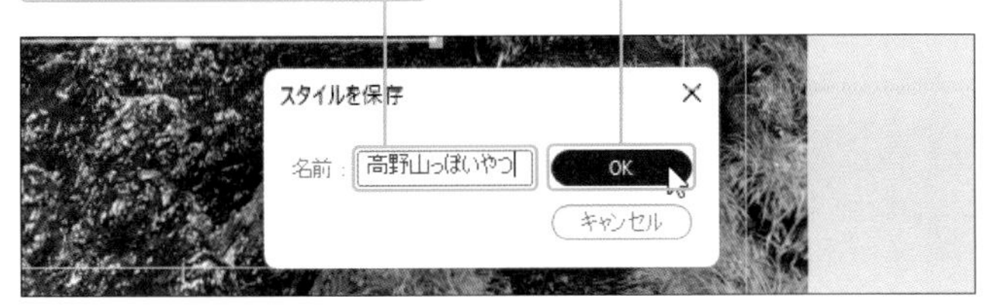

❻[スタイル] タブにオリジナルのスタイルが登録されました。

MEMO 登録したスタイルの扱い

登録したオリジナルのスタイルは、ほかのスタイルと同じように、P.164の方法で適用できます。

HINT スタイルを削除するには？

登録したスタイルを右クリックして、[スタイルを削除] をクリックすると、スタイルを削除できます。

Section 68

テキストにアニメーションを適用する

Premiere Elementsでは、あらかじめ登録されたアニメーションの中から好みのものを選ぶだけで、かんたんにテキストに動きを付けることができます。

1 テキストにアニメーションを適用する

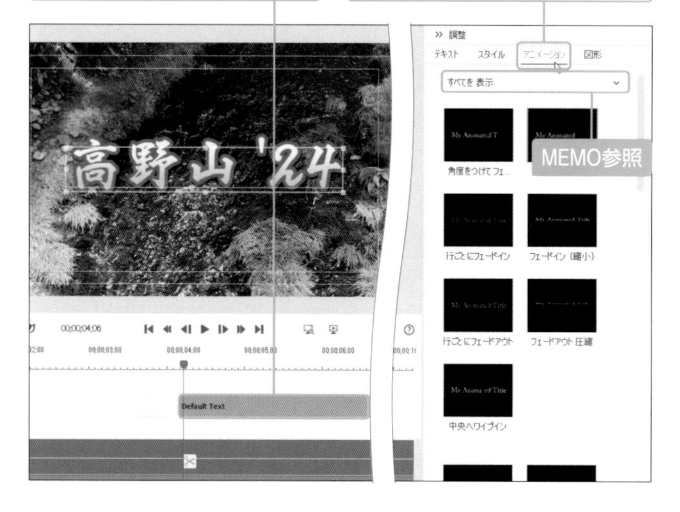

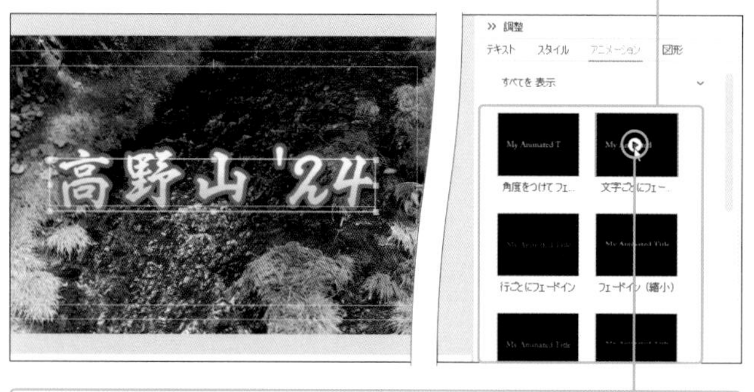

MEMO

目的のアニメーションが見つけられない

[すべてを表示]をクリックすると、アニメーションをカテゴリ別に閲覧することができます。目的のアニメーションが見つけづらい場合に使用しましょう。

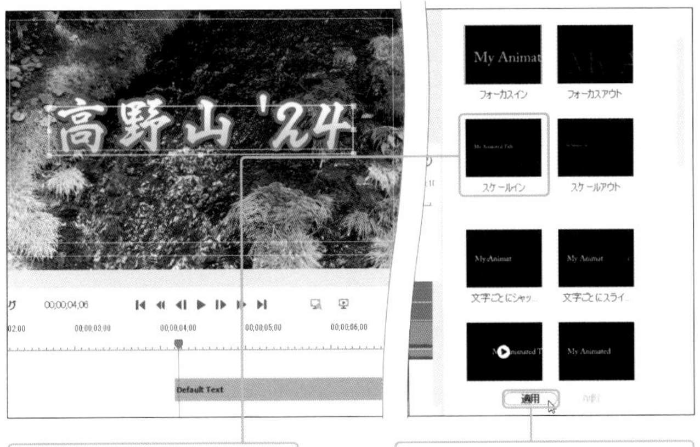

❺目的のアニメーションをクリックし、

❻[適用]をクリックします。

❼プレビューウィンドウの[再生]をクリックし、アニメーションを確認します。

ここでの選択

手順❺では、例として[スケールイン]を選択しています。

アニメーションが適用できないときは？

アニメーションは単一行のテキストでないと適用できません。文字サイズを調整して1行に収めるか、複数行になる場合は1行ずつ入力して、個別にアニメーションを適用しましょう。

設定したアニメーションを解除するには？

[調整]パネルの[アニメーション]タブで[削除]をクリックすると、アニメーションが解除されます。

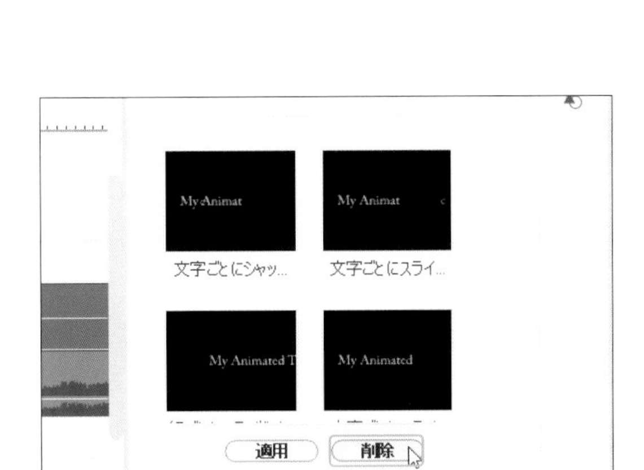

Section
69
トランジションを利用したアニメーション効果

通常、トランジションはクリップのつなぎ目に効果を設定する機能ですが、各クリップの端部であれば効果を設定することが可能です。ここでは、動きのないタイトルに対して、トランジションを利用したアニメーション効果を設定する方法について解説します。

クリップを配置する

❶Sec.63以降を参考にテキストを設定後、ツールバーの[トランジション]ボタンをクリックします。

❷適用したいトランジションのアイコンをクリックし、

❸タイムライン上のテキストクリップの端部にドラッグします。

MEMO
ここでの選択

手順❷では、例として「ストライプスライド」を選択します。

❹[トランジションの調整]画面で動きのデュレーション(長さ)を設定し、

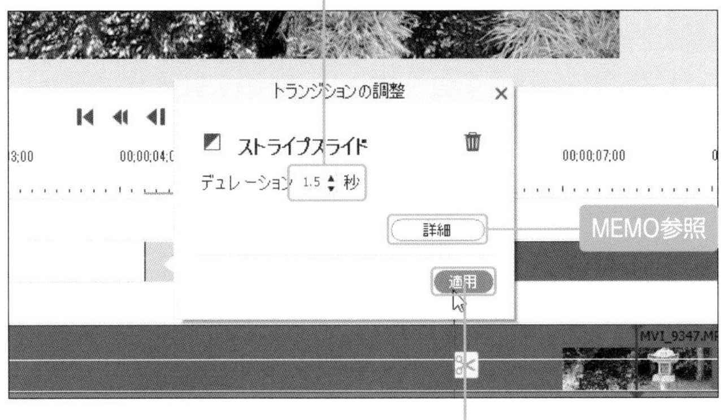

❺[適用]ボタンをクリックします。

❻[再生]ボタンをクリックして、アニメーションを確認します。

MEMO

[詳細]について

[トランジションの調整]画面の[詳細]の設定については、Sec.30をを参照してください。

HINT

きれいにアニメーションしない場合は？

本来、トランジションは動画クリップの切り替えに設定するものなので、画面の一部にしか表示されないテキストに適用すると、効果が分かりにくかったり、うまく表示されないものがあります。どんなトランジションが効果的か、確認してみましょう。また、テキストにアニメーションが設定されている場合にも、組み合わせによっては不自然な表現になってしまうトランジションがあります。期待通りの結果にならない場合は、P.072を参考にトランジションを削除しましょう。

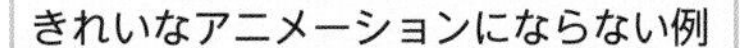

きれいなアニメーションにならない例

Section 70

テキストをフェードイン／フェードアウトする

テキストの表示／非表示をもっとシンプルに表現したいなら、かんたんな操作で効果を付けることができるフェードイン／フェードアウトがオススメです。

テキストをフェードイン／フェードアウトする

❶タイムライン上のテキストクリップを右クリックします。

❷［フェード］→［ビデオをフェードイン］の順にクリックします。

MEMO

テキストアニメーションとフェードイン／フェードアウト

テキストアニメーションが適用されたままでもフェードイン／フェードアウトを設定できますが、アニメーションの種類によっては効果的でない場合があります。

③プレビューウィンドウの［再生］をクリックすると、フェードインが適用されたことを確認できます。

テキストがフェードインする

④手順②の画面で［フェード］→［ビデオをフェードアウト］をクリックすると、フェードアウトが適用されます。

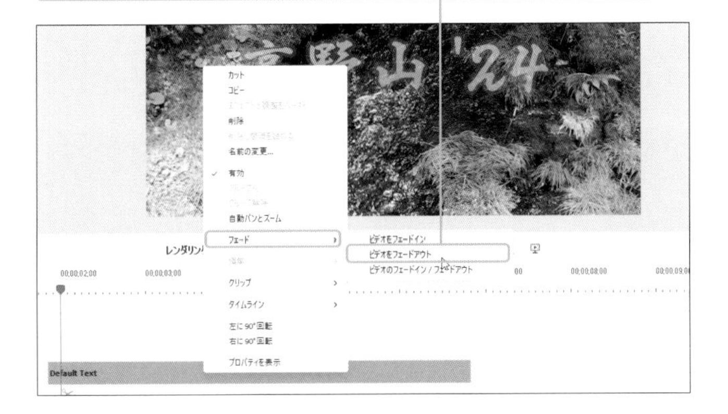

タイムライン上で確認するには？

トラック名の先頭にある三角マークをクリックすると、クリップにキーフレームコントロール（黄色い線）が表示されます。フェードインが適用されると、下の画面のようになります。

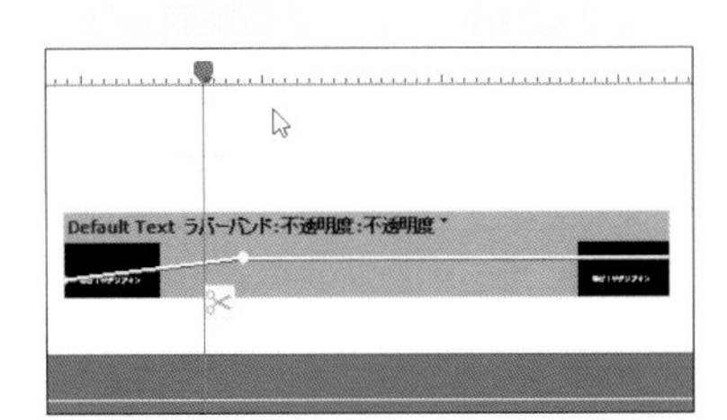

フェードの長さをコントロールするには？

［適用されたエフェクト］パネルの［キーフレームコントロールを表示/非表示］をクリックし、不透明度のキーフレーム位置をドラッグすることで、フェードの長さやタイミングを調整することができます。

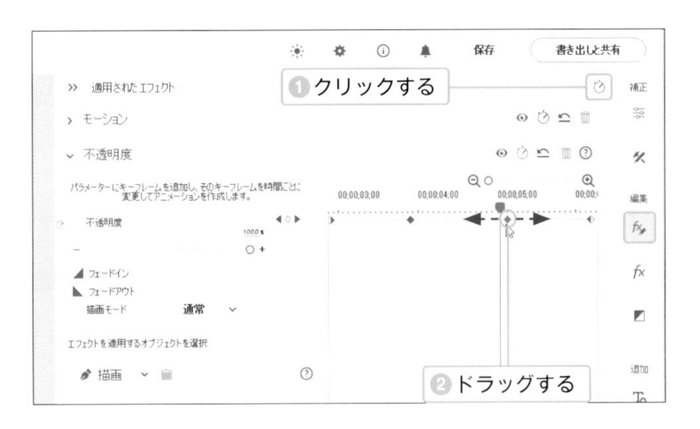

Section 71

テキストの周囲を発光させる ～アルファグロー

「アルファグロー」エフェクトは、クリップの周囲にぼんやりと光るようなエッジを付けるエフェクトです。ここでは、テキストクリップに対してエフェクトを適用し、テキストを発光させる方法を解説します。

アルファグローエフェクトを適用する

❶ツールバーの［エフェクト］をクリックし、

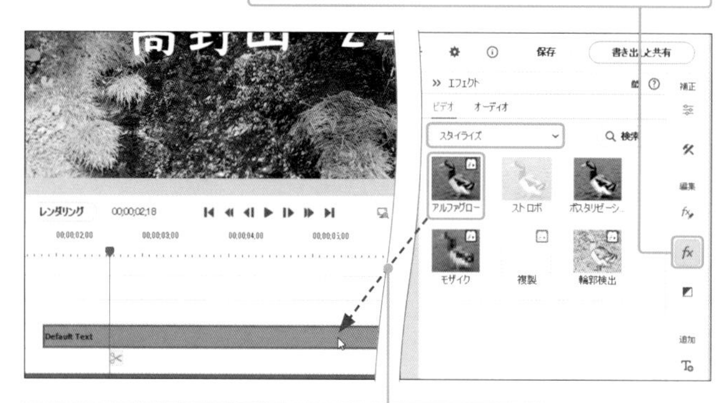

❷［スタイライズ］カテゴリの［アルファグロー］をテキストクリップにドラッグします。

❸適用されたエフェクトの「アルファグロー」から［開始色］の四角形をクリックし、

［適用されたエフェクト］パネルの［アルファグロー］で、グローの色を設定します。

❺［OK］をクリックします。

HINT 適用しても効果がないときは？

アルファグローエフェクトはクリップの外側に追加されるため、通常の全画面表示された映像に適用しても効果はありません。

HINT 終了色とは

終了色を使うと、グローの外側の色を指定できます。終了色を使用する場合は、手順❸の画面で［終了色を使用］にチェックを入れます。

❻ [グロー] スライダーをドラッグし、発光する範囲を調整します (MEMO参照)。

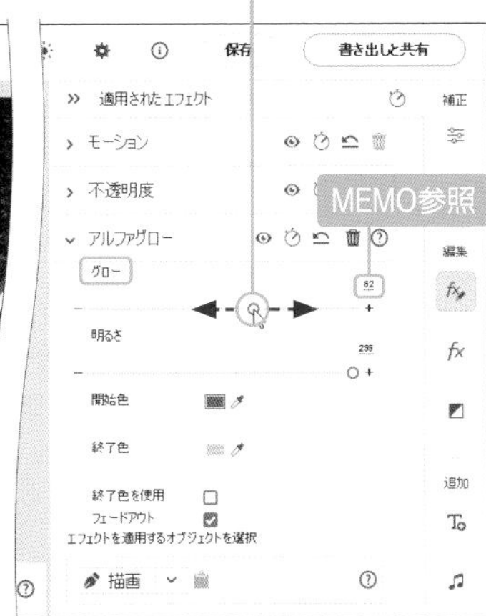

❼ [明るさ] スライダーをドラッグし、グロー効果の強さを調整します。

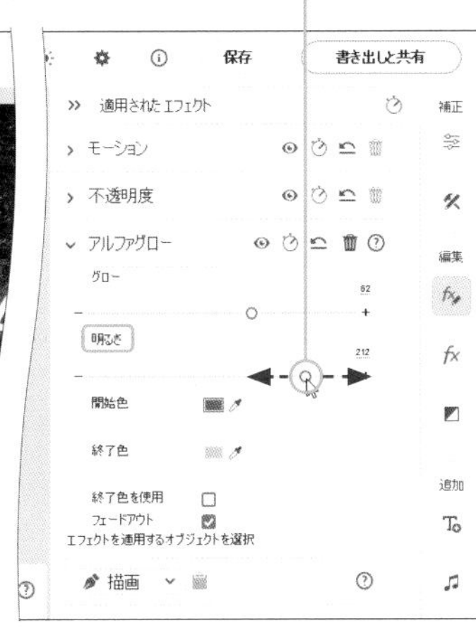

グロースライダーの数値について

手順❻で [グロー] スライダーの数値が大きくなれば、境界から開始色が広がる範囲が大きくなります。

アルファグローの使いどころ

アルファグローにはさまざまな用途が考えられます。テキストを発光させるほか、別トラックに配置したグラフィックや、切り抜いた写真クリップなどに適用するのもよいでしょう。

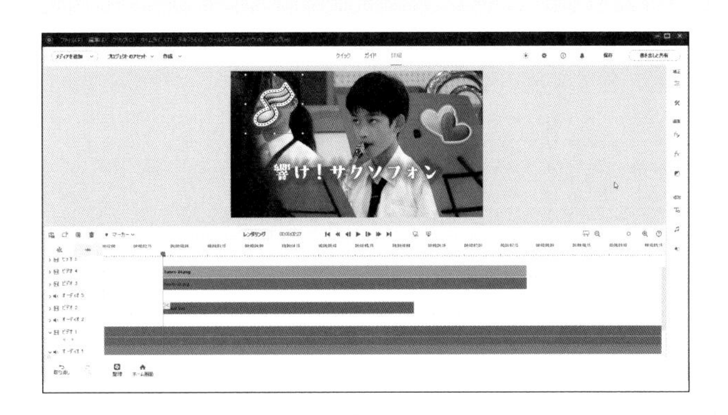

COLUMN

いろいろなフォントを使ってみよう

ムービーのタイトルはインパクトが大切です。しかし、初期状態のパソコンではインストールされているフォントの種類が限られており、「かわいい雰囲気のタイトルを作りたい」と思っても、なかなかイメージに合うフォントが見つからなかったりします。
インターネット上ではフリー(無料)で利用できる日本語フォントを公開するサイトがあります。検索サイトで「日本語フォント　フリー」などのキーワードで探すと、多数のサイトが見つかります。タイトルや字幕にイメージに合うフォントを使うことで、動画の完成度もアップします。
ここでは、フリーのフォントを公開しているサイトの一例を紹介します。

○ヤマナカデザインワークス

https://ymnk-design.com/

個性的なデザインのフリーフォントのほか、製品版(有料)のフォントを多数公開しています。同サイトで公開されているフォントのうち、フリーフォントは個人利用と商用利用が可能ですが、製品版フォントのお試し版は個人利用に限定されます。

●ティラノゴチ

手書き文字をベースとして、やんちゃ小僧をコンセプトとして作成された元気系の日本語フォント。

●ブルズドーナツ

転げ回るフレンチブルドッグをイメージして作成されたフォント。

●やわらかドラゴン

力強さとやわらかい優しさを兼ね備える、小さなドラゴンをイメージして作成された日本語フォント。

●かなりあ

小さくコロコロとした小鳥のイメージで、字体を崩しすぎず、あらゆる場面で使えるシルエットを目指して作成されたフォント。

注意：インターネットで配布されているフォントには、それぞれ使用許諾条件があります。ご使用の際は、各フォントの配布サイトに記載されているライセンス条項をご確認ください。

Chapter

7

効果音やBGMの追加

オーディオ（音声）は映像の大切な要素の1つです。映像に含まれる鳥のさえずりや人の話し声をより明確に聞こえるように音量を調整したり、BGMにお気に入りの曲を流して映像を盛り上げたり、後からナレーションを吹き込んだりできます。この章では、それらオーディオに関する操作について解説します。

Section 72

オーディオ機能について理解する

Premiere Elementsでは、音声、BGM、効果音、ナレーションなどのオーディオファイルを扱うことが可能です。映像だけではイマイチのムービーにオーディオを加えると、表現力が一気に高まります。

Premiere Elementsのオーディオ機能について

Premiere Elementsのトラックには、ビデオクリップに付随するオーディオトラックのほかに、「音声トラック」と「音楽トラック」が用意されています。通常、音声トラックにはナレーションを配置し、音楽トラックにはBGMを配置します。それ以外のトラックは自由に追加できるので、効果音用のオーディオトラックを別に追加することも可能です。

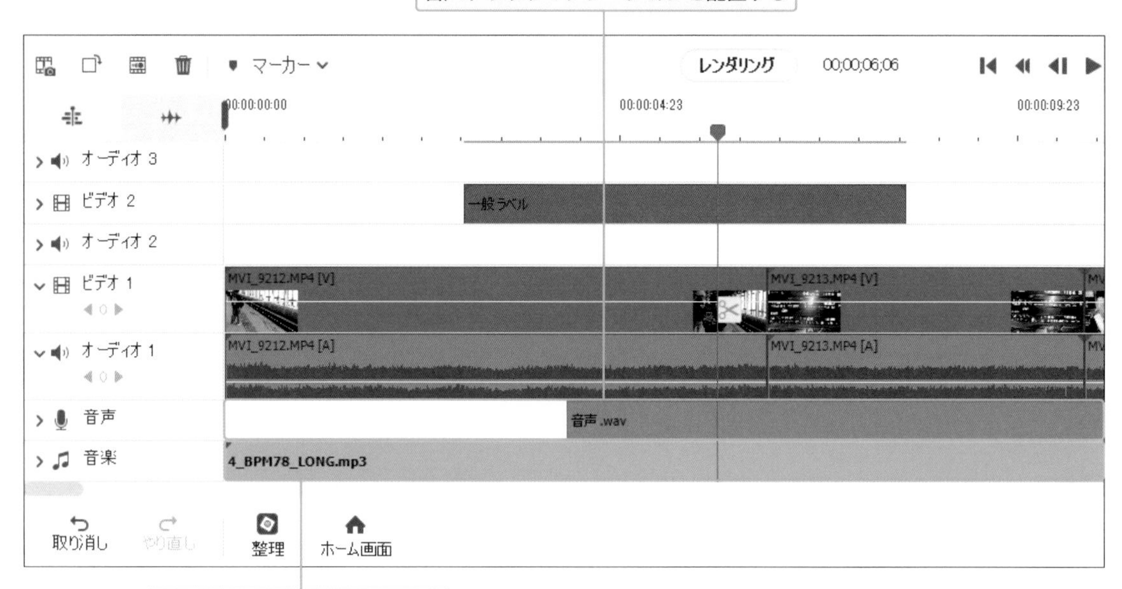

タイムラインの表示を切り替える

❶ [オーディオ表示を表示] をクリックしてオンにすると、オーディオパートが表示されます。

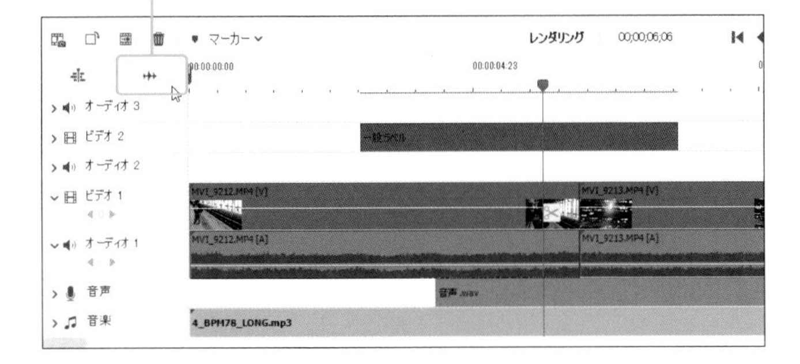

❷ すべてのオーディオトラックが展開されました。

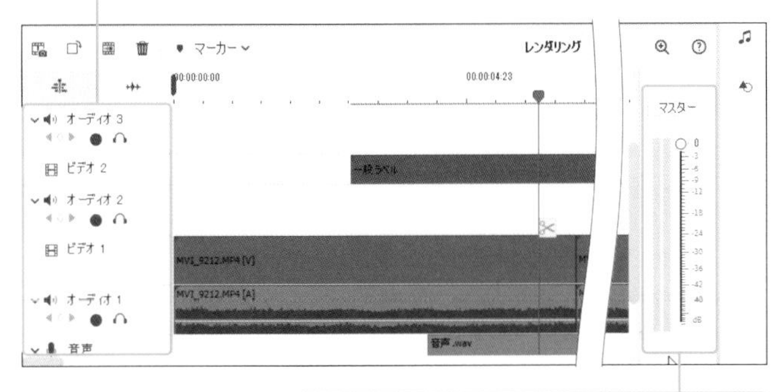

❸ [マスターボリュームコントロール] が表示されます (右下のMEMO参照)。

この章での設定

以降、この章では [オーディオ表示を表示] をオンにした状態で作業を進めます。

マスターボリュームコントロールの役割

マスターボリュームコントロールでは、トラックごとではなく、編集しているプロジェクト全体のボリュームを調整できます。

Premiere Elementsで扱えるファイル形式

Premiere Elementsでは、以下のファイル形式のオーディオを扱うことができます。

読み込み

アダプティブマルチレート圧縮 (AMR) (.amr) ／オーディオインターチェンジファイル形式 (.aif、.aiff) ／アドバンストオーディオコーディング (AAC) (.aac) ／MPEG オーディオ (.mp3) ／ドルビーデジタル (.ac3) ／QuickTime オーディオ (.mov) ／Waveform (.wav) ※ Windowsのみ／Windows Media オーディオ (.wma) ※ Windowsのみ

書き出し

オーディオインターチェンジファイル形式 (.aiff) ／アドバンストオーディオコーディング (AAC) (.aac) ／MPEG オーディオ (.mp3) ／QuickTimeオーディオ (.mov)

Section
73

オーディオ（音楽）を追加する

撮影したままの映像には、周囲の環境音や話し声などが収録されています。映像から音声を削除して、代わりにイメージに合うBGMを設置すれば、まるでミュージックビデオのようなムービーに仕上げることも可能です。

オーディオクリップを読み込む

❶Sec.10 の方法で、オーディオクリップを読み込みます。

❷[プロジェクトのアセット] パネルにオーディオクリップが読み込まれました。

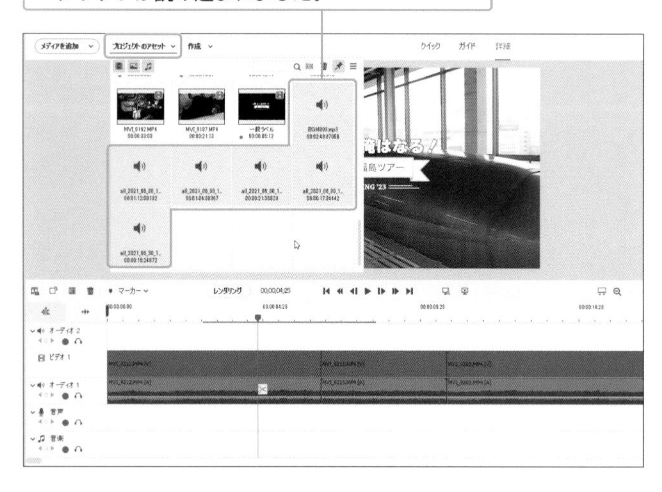

MEMO

CDの音楽を使いたい

CD内のファイルを直接読み込むことはできません。まずは、メディアプレーヤー（Macではミュージック）などのアプリケーションを利用して、CDのファイルをパソコン内に取り込んでから使用してください。なお、市販のCDの楽曲は個人で楽しむ範囲なら問題なく使用できますが、インターネット上に公開したり、第三者に提供したりはできないので注意しましょう。

オーディオクリップを配置する

❶時間インジケーターをオーディオの開始位置にドラッグします。

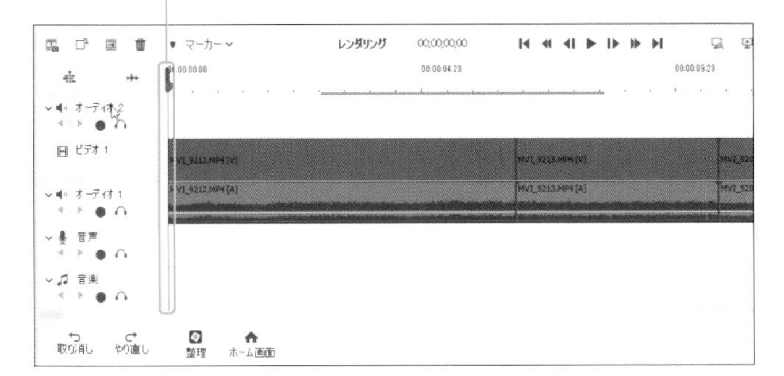

❷［プロジェクトのアセット］パネルから、タイムラインの音楽トラックにオーディオクリップをドラッグします。

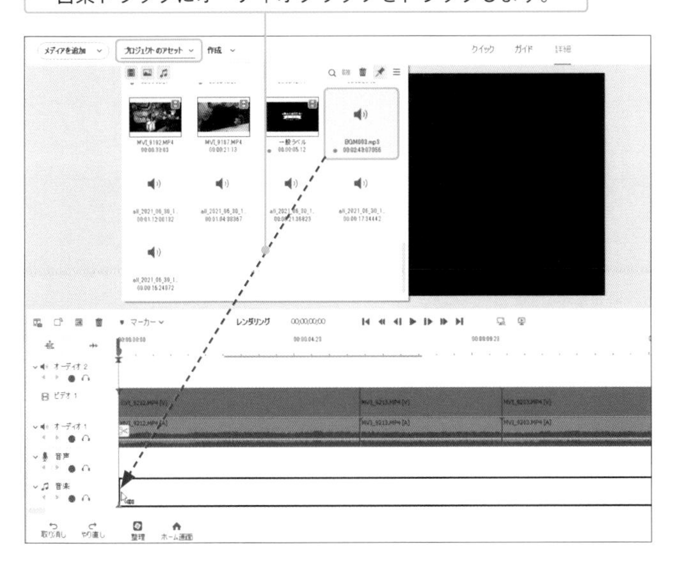

❸タイムラインの音楽トラックにオーディオクリップが配置されました。

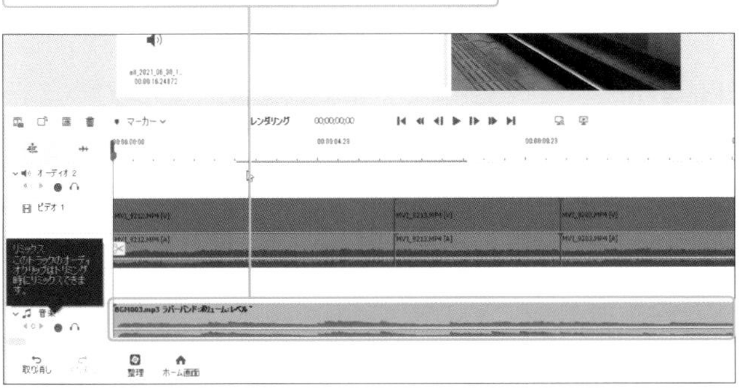

MEMO

オーディオクリップはどこに配置する？

オーディオクリップを配置するのは、オーディオを扱うトラックであれば、基本的にどこでも構いません。ただし、ナレーション録音機能を使用する（Sec.80参照）場合は音声トラックに録音されるため、ナレーションを使用する際は、あらかじめ音声トラックを空けておきましょう。

Section

74

映像に合わせた音楽を作成する〜音楽スコア

Premiere Elementsには、イントロ〜ボディ〜エンディングの各パートを組み合わせて、映像の長さに応じた音楽を作成する機能があります。各スコアをダウンロードするには、インターネット環境が必要です。

1 音楽スコアから音楽を配置する

❶ツールバーの［サウンドトラックに音楽を追加］をクリックします。

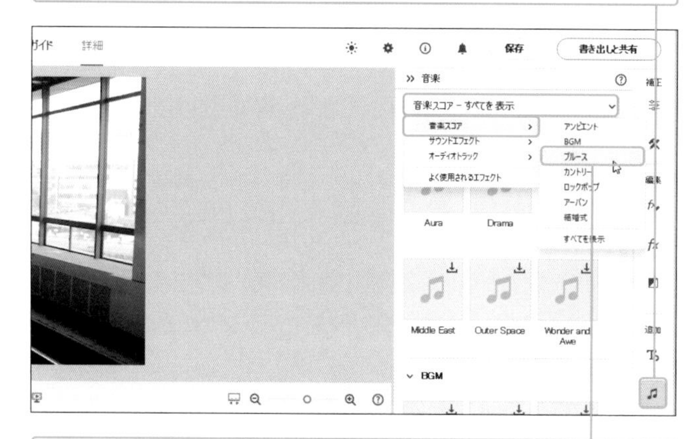

❷カテゴリをクリックし、「音楽スコア」のカテゴリを選択します。

❸目的の音楽アイコンをタイムライン上にドラッグして配置します。

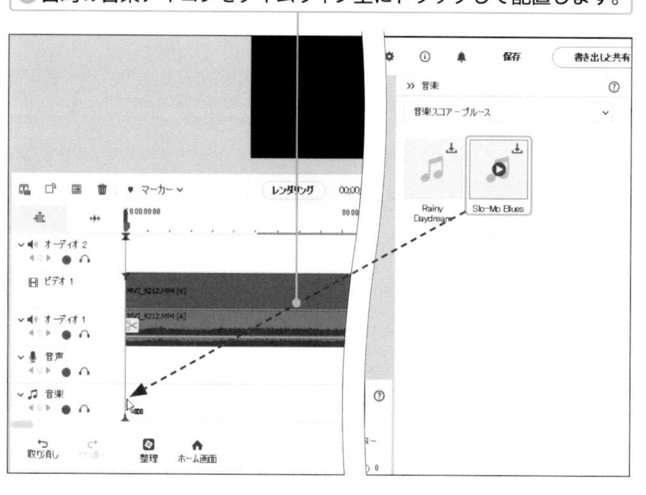

MEMO ここでの設定

手順❷では、例として［ブルース］を選択します。

MEMO 音楽を確認するには？

音楽アイコンにカーソルを合わせて［再生］をクリックすると、音楽スコアを確認できます。

④音楽スコアファイルがダウンロードされます。ダウンロードの完了後、最適化されます。

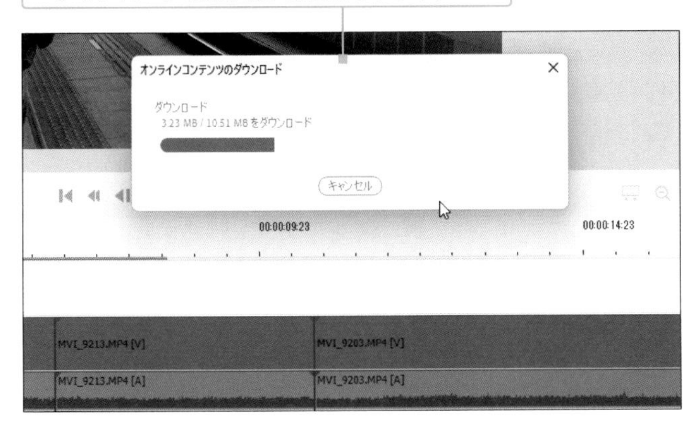

⑤［スコアのプロパティ］画面で［強さ］スライダーをドラッグし、曲のイメージを調整します。

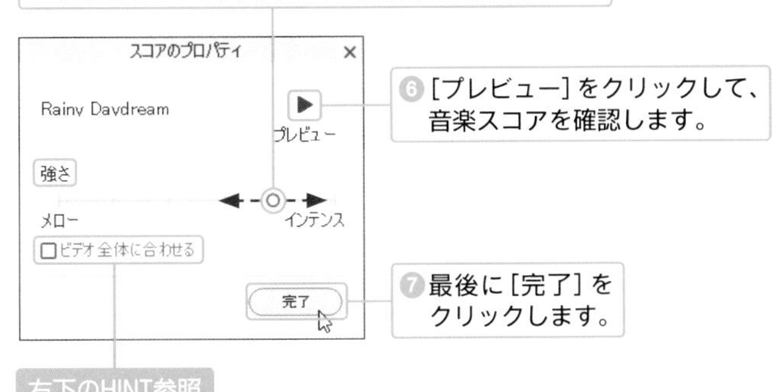

⑥［プレビュー］をクリックして、音楽スコアを確認します。

⑦最後に［完了］をクリックします。

右下のHINT参照

⑧タイムラインに配置されたスコアのクリップの端をドラッグして、映像の幅に合わせます。

⑨音楽が自動的に調整されます。

HINT

ダウンロードできない場合

音楽スコアはダウンロードコンテンツであるため、使用するにはインターネット環境が必要です。

KEYWORD

メロー／インテンス

手順⑤の画面のメローとは、「叙情的な」「落ち着いた」曲調のことです。インテンスとは「熱情的な」「激しい」曲調のことです。

HINT

自動的に長さを合わせるには？

手順⑤の［スコアのプロパティ］画面で［ビデオ全体に合わせる］にチェックを入れると、音楽の長さを自動的に映像に合わせることができます。なお、［スコアのプロパティ］画面を表示するには、オーディオクリップをダブルクリックします。

Section
75 オーディオを分割する／長さを調整する

映像と同様に、オーディオも自由に編集ができます。Premiere Elementsには、通常の音楽ファイルであっても、指定した長さで曲が終わるように自動的にリミックスする機能があります。

オーディオを分割する

❶オーディオクリップをクリックして選択し、

❷時間インジケーターをドラッグして、分割したい位置に移動します。

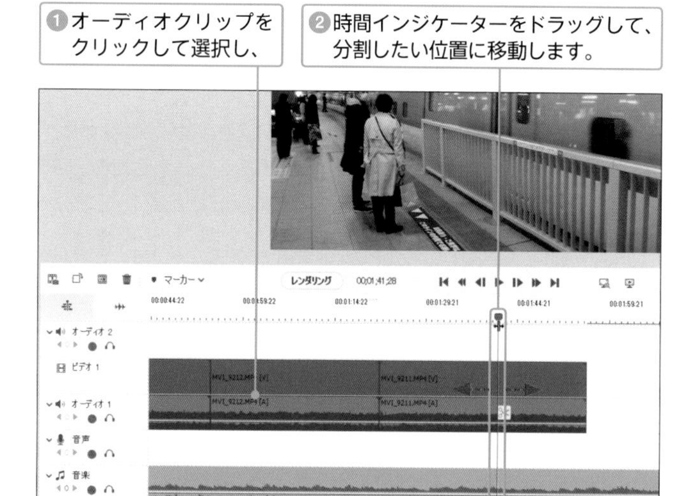

❸[クリップを分割] をクリックし、クリップを分割します。

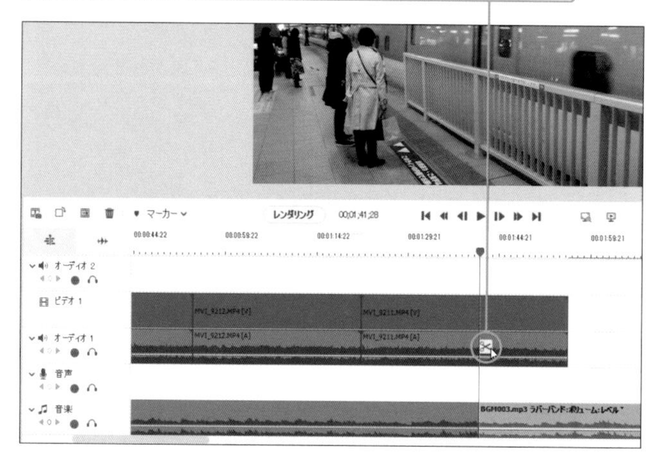

MEMO
オーディオクリップが分割できない

オーディオクリップを分割するには、あらかじめ、オーディオクリップをクリックして選択する必要があります。間違えてビデオクリップを分割した場合はCtrl（MacではCommand）+Zキーで操作前の状態に戻りましょう。

映像に合わせてオーディオの長さを調整する

①対象となるクリップの終了位置にカーソルを合わせ、

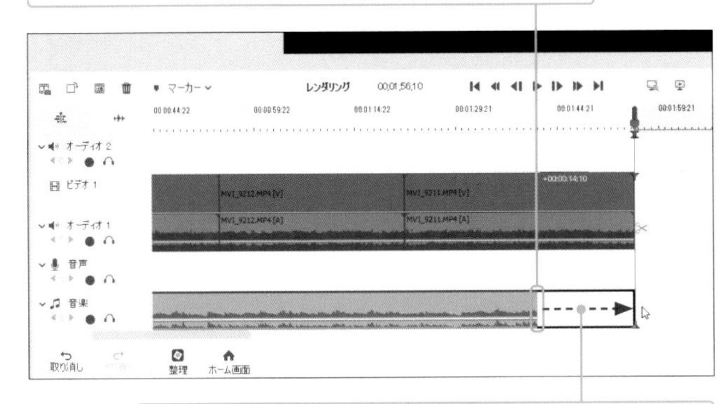

②カーソルの形状が［トリムアウト］アイコン に変化したら、マウスを目的の位置までドラッグします。

③しばらく計算したあと、リミックスが実行されて、

④ドラッグした分だけオーディオの長さが変化します。

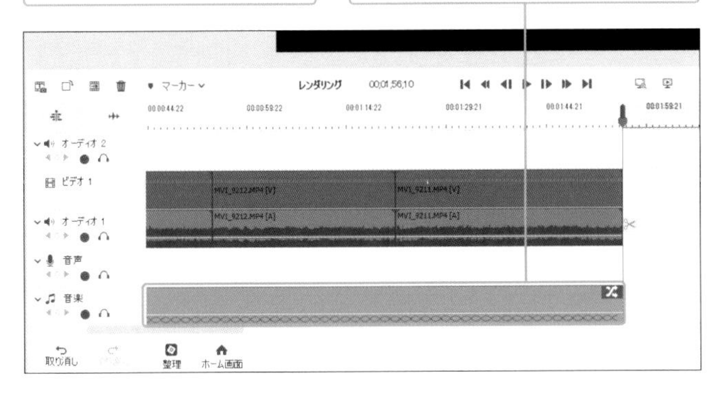

オーディオが音楽スコアの場合

音楽スコアの音源を使っている場合は、設置時に最適化が行われます。そのため、オーディオの長さを調整しても、特に計算をすることなくリミックスされます。

リミックスされないようにするには？

オーディオの長さを変更してもリミックスされないようにするには、手順①で Alt （Macでは option ）を押しながらドラッグします。初期状態でリミックスされないようにする場合は、［編集］（Macでは［Adobe Premiere Elements 2024 Editor］）→［環境設定］→［オーディオ］の順にクリックし、リミックスオプションの「音楽トラックのデフォルト条件」を［トリミング］とします。この設定にした場合、Alt （Macは option ）を押しながらドラッグすると、リミックスが一時的に有効になります。

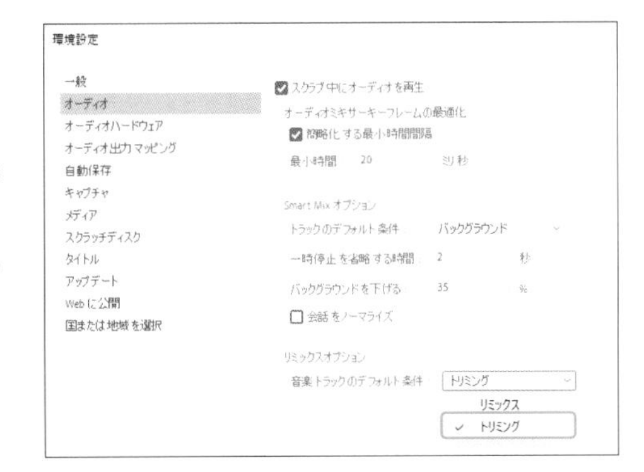

Section
76

オーディオの音量を調整する

撮影した映像は、すべての音声が同じ音量で記録されているとは限りません。クリップごとに音量を調整したり、あるいはプロジェクト全体の音量を調整したりして、最適な音量に設定しましょう。

クリップのボリュームを調整する

❶対象となるクリップを選択します。

❷[調整]をクリックして、

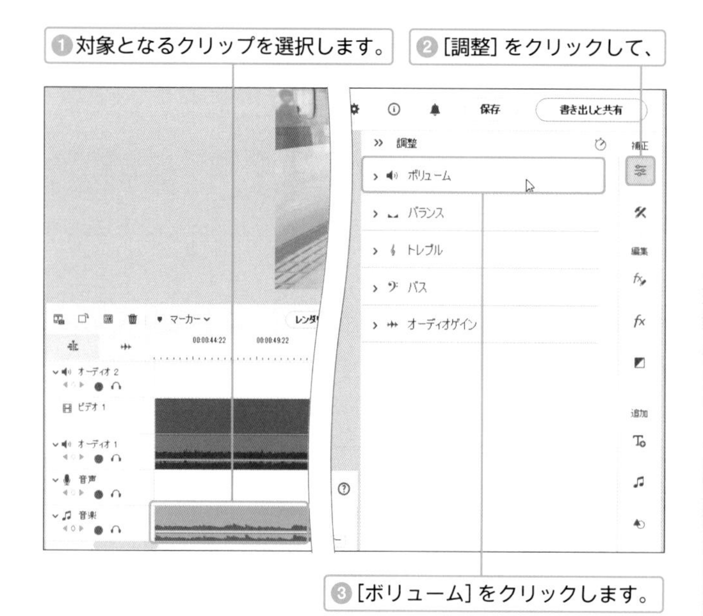

❸[ボリューム]をクリックします。

❹[レベル]スライダーをドラッグし、音量を調整します。

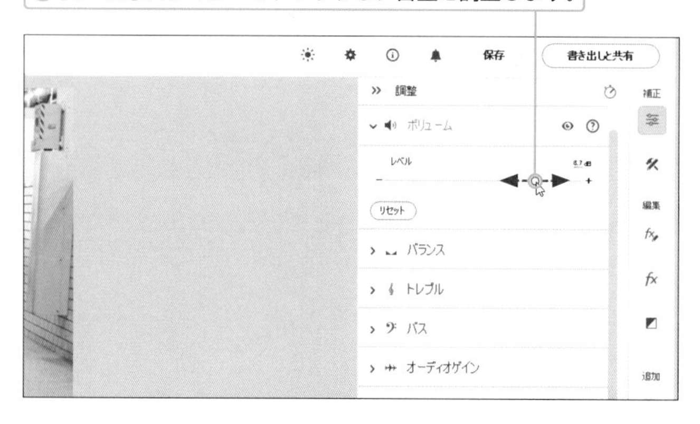

MEMO
左図と見え方が違う場合

手順❶で映像クリップを選択した場合は、「ぶれの軽減」や「カラー」など、映像に関する調整項目が追加で表示されます。

MEMO
タイムライン上で操作するには？

タイムライン上でオーディオトラックのボリュームレベル（黄色いライン）を上下することでも、ボリュームを調整できます。

オーディオミキサーでボリュームを調整する

❸「オーディオミキサー」に各トラックのミキサーが表示されます。

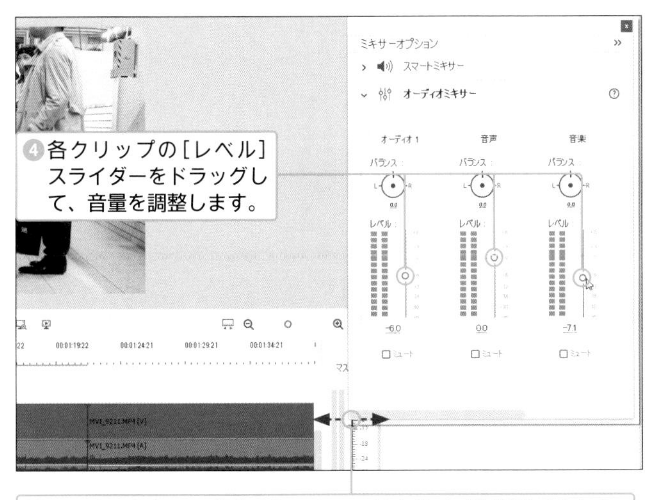

❺コーナーをドラッグすると、ウィンドウサイズを変更できます。

MEMO

プロジェクト全体の音量を調整するには？

プロジェクト全体の音量を調整する場合は、マスターボリュームコントロールを使います。詳しくはP.177を参照してください。

HINT

特定トラックの音声を無効にするには？

オーディオクリップを削除するのではなく、一時的に無効にするには、トラック名の隣にある[ミュートトラック]アイコンをクリックします。

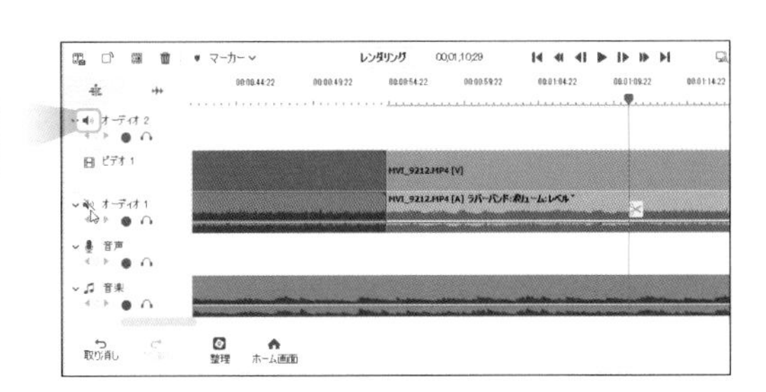

オーディオにエフェクトを適用する

Premiere Elementsでは、オーディオに対してもエフェクトを適用できます。オーディオに含まれる微細なノイズを取り除いたり、エコーをかけたりなどの編集がかんたんな設定で実現できます。

オーディオエフェクトを適用する

❶ [オーディオ表示を表示] をクリックし、オーディオパートを表示します。

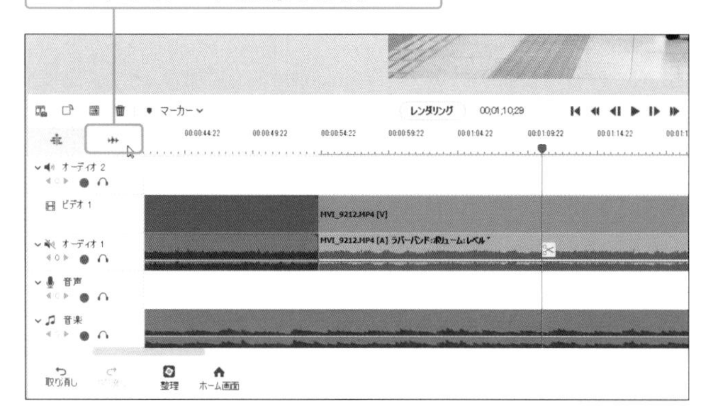

❷ツールバーの [エフェクト] をクリックします。

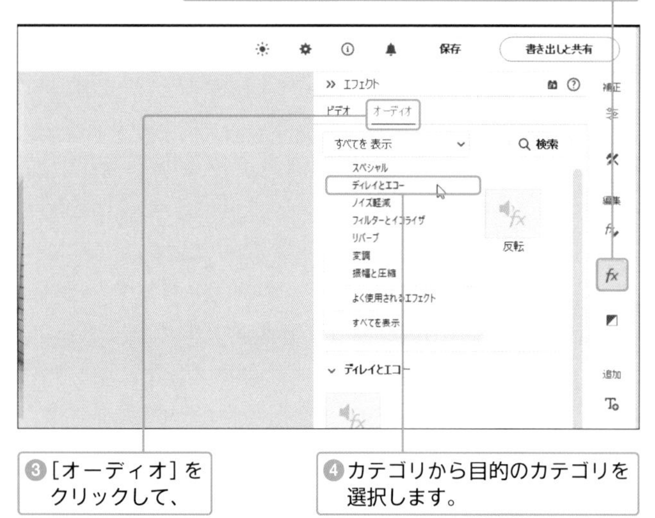

❸ [オーディオ] をクリックして、

❹カテゴリから目的のカテゴリを選択します。

MEMO オーディオパートが表示されている場合

すでにオーディオパート表示がされている場合は、手順❶の操作は不要です。

MEMO ここでの設定

手順❹では、例として [ディレイとエコー] カテゴリを指定します。

❺適用したいエフェクトを、対象となるオーディオクリップ（またはムービークリップのオーディオ部分）にドラッグします。

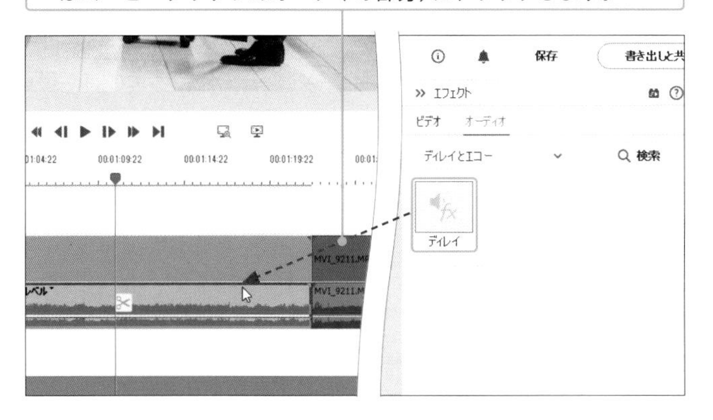

❻［適用されたエフェクト］パネルの、エフェクトの設定パネルが開きます（右下のMEMO参照）。

❼各種パラメーターをドラッグして、エフェクトのかかり具合を調整します。

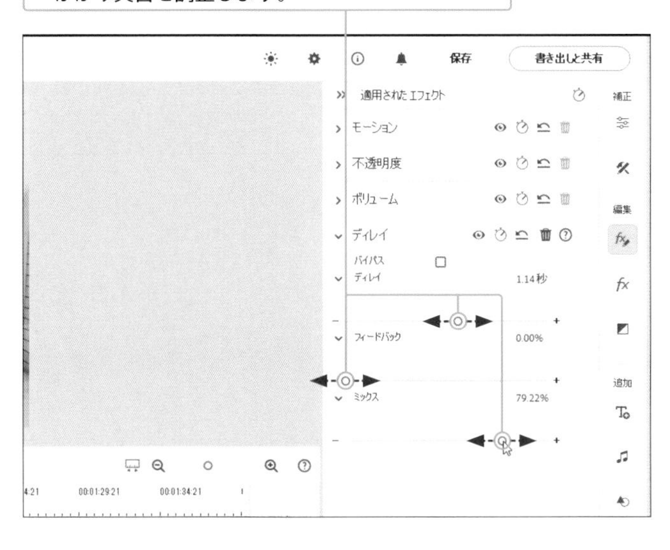

ディレイとは

手順❺では、例として［ディレイ］をドラッグしています。ディレイはやまびこのように音を反響させる「エコー効果」を与えます。

ディレイのパラメーター

手順❻の［ディレイ］のパラメーターは、以下のようになります。

バイパス	エフェクトのオン／オフの切り替え
ディレイ	エコー音声が遅れる秒数
フィードバック	エコーの減衰率
ミックス	エコーの量

Section 78

オーディオをフェードイン／フェードアウトする

オーディオを徐々に大きくして場面を盛り上げる表現をフェードイン、逆に小さくして余韻を持たせる表現をフェードアウトといいます。ここでは、フェードイン／フェードアウトの設定方法や長さの調整方法について解説します。

1 オーディオをフェードイン／フェードアウトする

❶タイムライン上のフェードインしたいクリップを右クリックし、

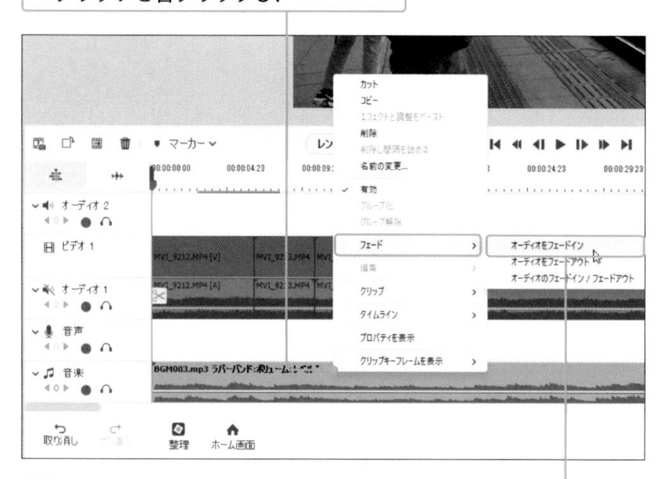

❷［フェード］→［オーディオをフェードイン］の順にクリックします。

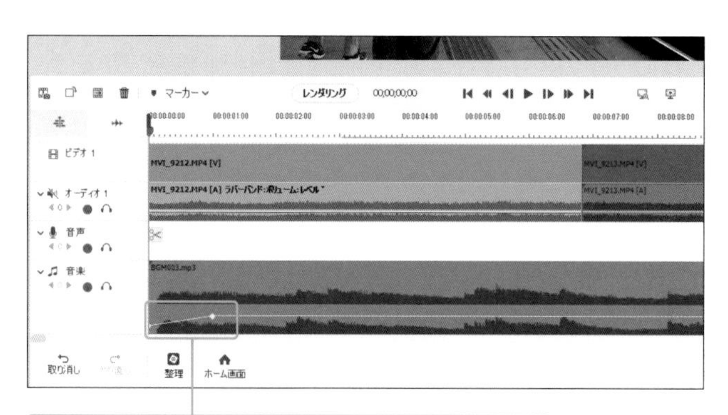

❸タイムラインのキーフレームを見ると、フェードインが適用されたことを確認できます。

MEMO

小さくて確認しづらい場合

クリップの表示が小さくて確認しづらい場合は、［ズームコントロール］でタイムラインの時間軸を拡大するか、Sec.20を参考にトラックの表示サイズを大きくすると、認識しやすくなります。また、オーディオトラックの境界線を上方向にドラッグすることでも、表示サイズを変更できます。

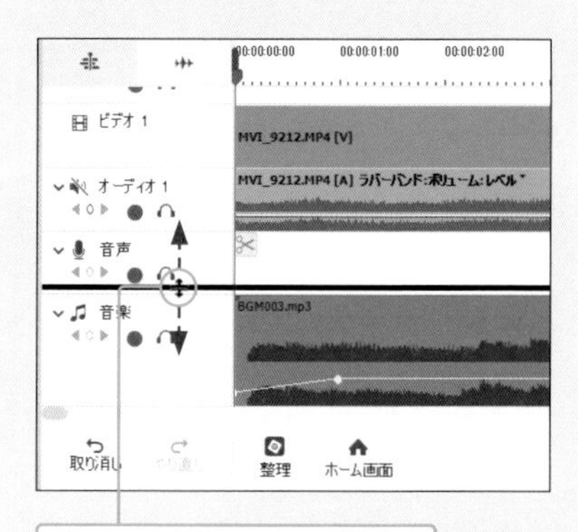

オーディオトラックの境界をドラッグします。

❹クリップを右クリックし、

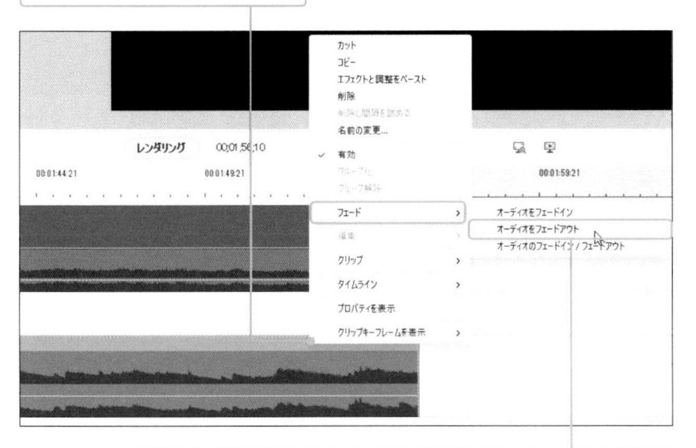

❺［フェード］→［オーディオをフェードアウト］の順にクリックすると、フェードアウトが適用されます。

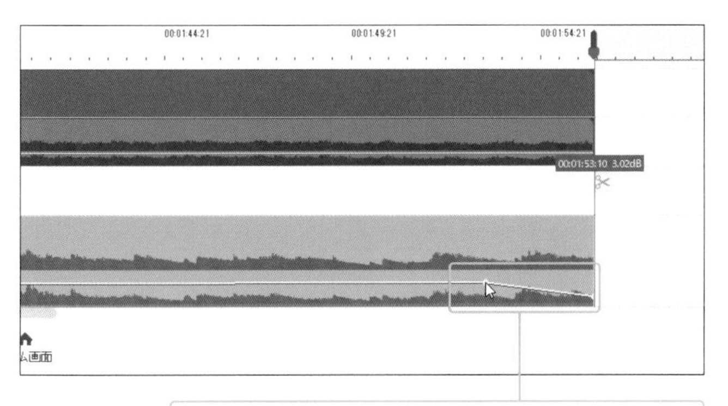

❻P.069の方法でキーフレームを調整して、フェードイン／フェードアウトの長さを変更します。

同時に設定するには？

手順❷や手順❺で［フェード］→［オーディオのフェードイン/フェードアウト］をクリックすると、フェードインとフェードアウトを同時に設定できます。

効果の長さの初期設定を変更するには？

フェードイン／フェードアウトに適用される長さは、初期設定では「1秒」です。これを変更するには、［編集］（Macでは［Adobe Premiere Elements 2024 Editor］）→［環境設定］→［一般］の順にクリックし、「一般」タブの「オーディオトランジションのデフォルトデュレーション」の項目を変更します。

Section 79

ビデオクリップのオーディオを切り離す

Premiere Elementsでは、撮影されたムービーの映像と音声のリンクを解除したり、逆に別の映像と音声をリンクさせたりできます。ムービーの映像のみ、または音声のみを使用したい場合に使えるテクニックです。

1 ビデオとオーディオを切り離す

❶ビデオクリップを右クリックし、

❷［オーディオとビデオのリンク解除］をクリックします。

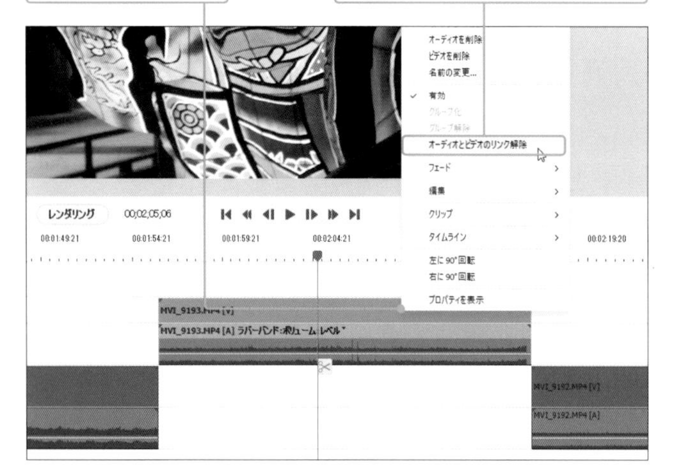

❸タイムラインの余白部分をクリックし、

❹リンクが解除されたオーディオクリップをクリックします。

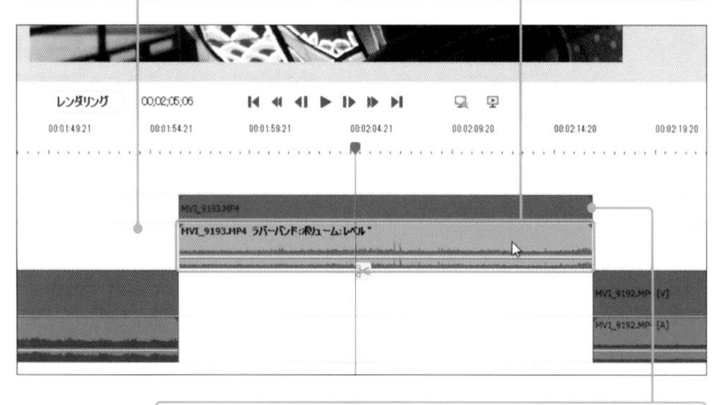

❺ビデオクリップは選択されず、オーディオクリップが切り離されたことが確認できます。

MEMO ビデオとオーディオを切り離すのはどんな時？

映像は切り替わっていても音声は前の映像のものを使いたい場合や、文化祭などで演奏している音声のみを使用して、映像は別のものを使用する場合など、オーディオの切り離しはアイディア次第でいろいろな場面で利用できます。

ビデオとオーディオをリンクさせる

①タイムライン上で、リンクさせたいビデオクリップとオーディオクリップを Shift を押しながらクリックして、選択します。

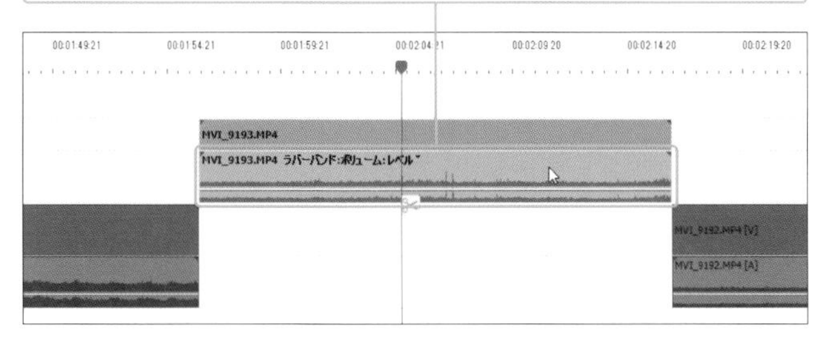

②選択したクリップを右クリックし、

③[オーディオとビデオをリンク]をクリックします。

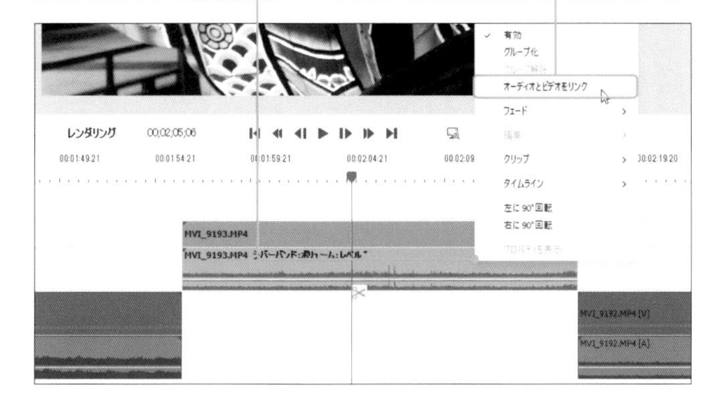

④クリップがリンクされ、1つのクリップのように扱うことができます。

MEMO

リンクさせるクリップの配置

リンクさせるクリップは、異なるトラック上に配置されていても構いません。

STEP UP **複数のオーディオとビデオはグループ化でまとめる**

[オーディオとビデオをリンク]機能を使ってリンクできるビデオとオーディオのクリップは、1対1である必要があります。それ以上のクリップをまとめるには、複数のクリップを選択してグループ化します。

①複数のクリップを選択し

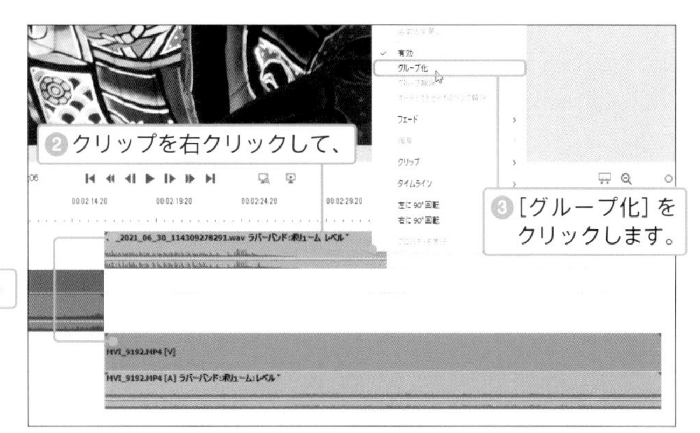

②クリップを右クリックして、

③[グループ化]をクリックします。

7 効果音やBGMの追加

Section 80

ナレーションを録音する

Premiere Elementsには、映像に合わせて音声を収録するナレーション機能があります。パソコンにマイクが内蔵されていない場合は、USB接続のマイクなど、お使いのパソコンで利用できる製品を別途用意する必要があります。

録音の準備をする

❶ [編集]（Macでは [Adobe Premiere Elements 2024 Editor]）をクリックし、

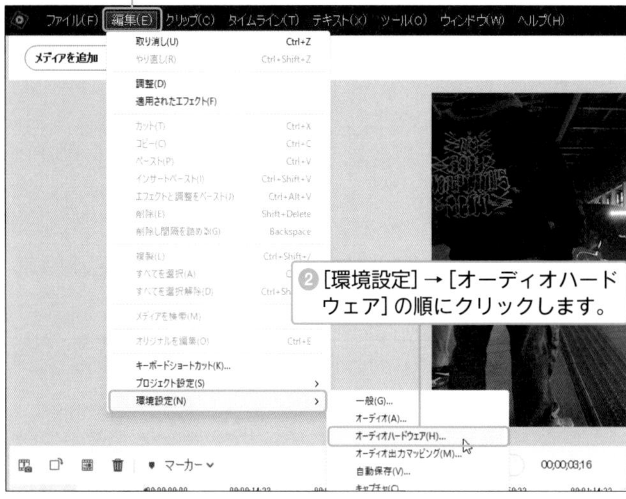

❷ [環境設定] → [オーディオハードウェア] の順にクリックします。

❸ [環境設定] 画面の「デフォルト入力」で使用するマイクを選択します。

❹ [OK] をクリックして閉じます。

ノートパソコンをお使いの場合は、通常、パソコン本体に内蔵のマイクがデフォルト入力に設定されているため、特に設定は必要ありません。

ナレーションを録音する

❶録音開始位置に時間インジケーターをドラッグします。

❷ツールバーの［ツール］をクリックし、

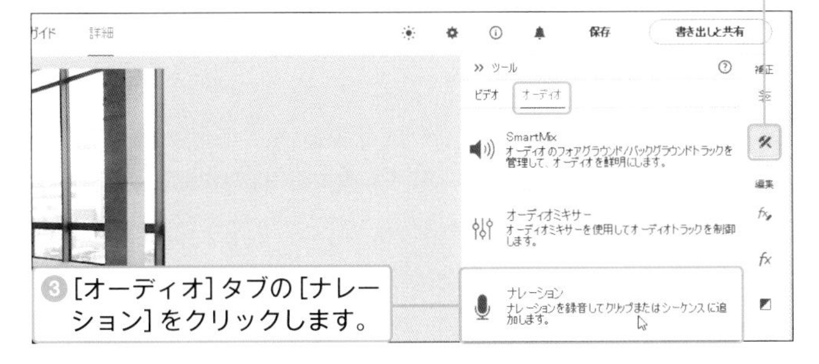

❸［オーディオ］タブの［ナレーション］をクリックします。

❹［録音］をクリックすると、［ナレーション］画面でカウントダウンがはじまり、プレビューの再生がはじまります。

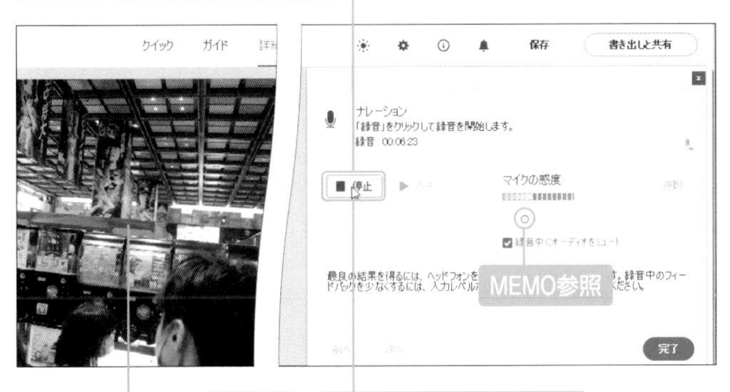

❺画面を見ながらナレーションを録音します。

［録音］をクリックすると［停止］に変化します。

❻［停止］をクリックし、録音を停止します。

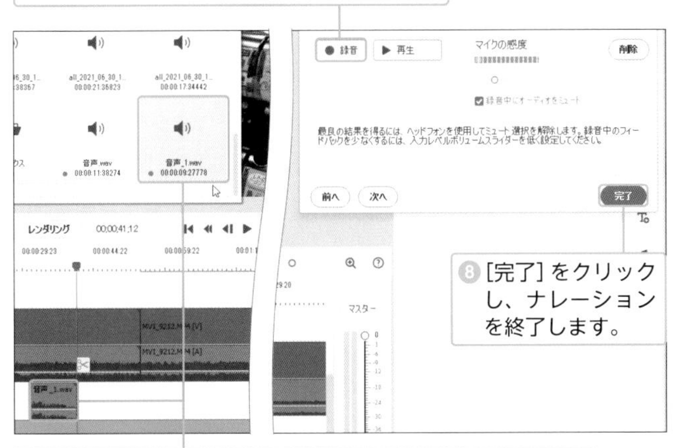

❼録音したナレーションは自動的に［プロジェクトのアセット］パネルに登録され、音声トラックに配置されます。

❽［完了］をクリックし、ナレーションを終了します。

MEMO

ナレーションが音割れする場合

ナレーションが音割れする場合は、［入力レベルボリューム］スライダーをドラッグして調整しましょう。

HINT

音声トラック以外のところにナレーションを録音するには？

［オーディオ表示を表示］をクリックし、各オーディオトラック内の［ナレーションを追加］をクリックすると、［ナレーション］画面が起動します。録音したナレーションは指定したトラックに配置されます。すでにオーディオトラックに音声が含まれている場合は、ナレーションにより音声が上書きされます。

❶［オーディオ表示を表示］をクリックし、

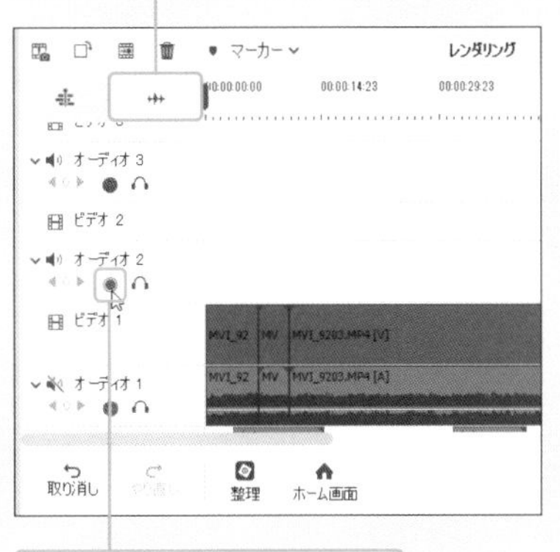

❷［ナレーションを追加］をクリックします。

Section 81

効果音を追加する

Premiere Elementsではあらかじめ多くの効果音が用意されており、表現豊かなムービーに仕上げることができます。ここでは、それらの使い方に加えて、インターネットで配布されている素材を紹介します。

サウンドエフェクトを追加する

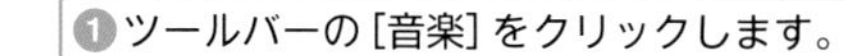

①ツールバーの［音楽］をクリックします。

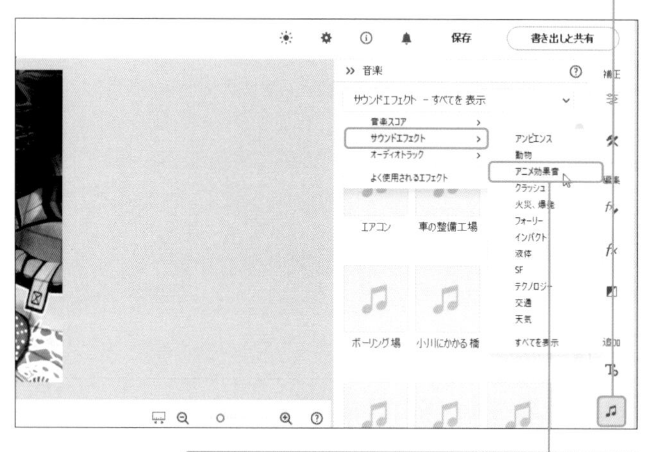

②カテゴリをクリックし、［サウンドエフェクト］のカテゴリを選択します。

③リストから、目的のサウンドエフェクトをタイムラインにドラッグして配置します。

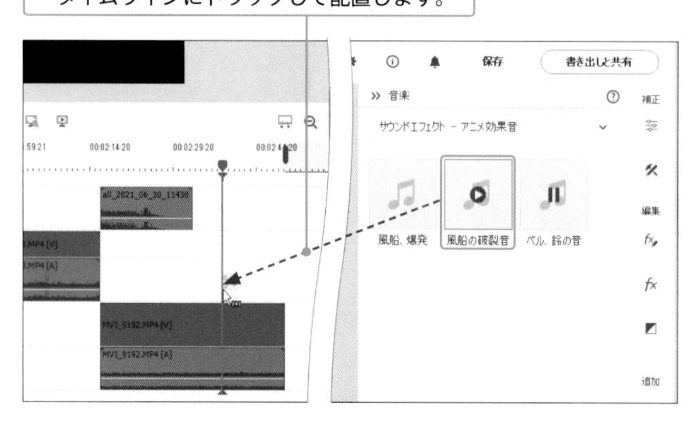

MEMO

ここでの例は

手順②では、例として［アニメ効果音］を選択します。

MEMO

映像とタイミングを合わせるには？

サウンドエフェクトはタイミングが重要です。微妙な位置調整をする場合は、タイムラインをズームしてフレーム単位で調整するといいでしょう（Sec.20参照）。また、Alt（Macではoption）+←／→で1フレームずつクリップを移動させることもできます。

サウンドエフェクトの一覧

Premiere Elementsで用意されているサウンドエフェクトは全部で250種類以上にも及びます。使用できるシーンが限られるものもありますが、各カテゴリ内にどのようなサウンドエフェクトが用意されているか確認しておくと、いざという時に役に立ちます。

エフェクトの名称	内容
アンビエンス	街の騒音や生活音などの環境音
動物	鳥や虫などの鳴き声
アニメ効果音	風船が割れる音やベルの音など
クラッシュ	アルミ製ごみ箱が固いものに当たる音や瓶が割れる音など
火災、爆発	爆弾やダイナマイトの爆発音
フォーリー	ベルやガラス瓶の音など
インパクト	色々な素材を叩く音
液体	泥や水の音、泡が浮かぶ音など
SF	SF をイメージさせる電子音
テクノロジー	電話のプッシュ音
交通	車や飛行機のエンジン音、走行音など
天気	雨や風の音など

HINT もっといろいろなサウンドエフェクトを使いたい

インターネット上には、著作権フリーのサウンドエフェクト素材を配布しているサイトがあります。使用の際は、各サイトに記載されている利用規約を確認しましょう。

●効果音ラボ（http://soundeffect-lab.info/）

●スプリンギン（https://www.springin.org/sound-stock/）

音楽の著作権について

撮影・編集した映像のBGMとして、お気に入りの歌手やアーティストの曲をCDから取り込んで使用することは、著作権法30条「私的使用のための複製」の範囲として法的にも認められています。具体的には、コピープロテクトが施されている場合を除き、CDなどから複製した本人が、個人的に楽しむ範囲で動画のBGM等に使用する分には問題ありません。しかし、YouTubeやSNS、ブログなど、インターネット上に公開する場合は「個人的に楽しむ」範囲を超えてしまうため、手続きが必要になります。
YouTubeでは多くの楽曲の著作権管理団体と契約しているため、動画内で譜面を元に自分で演奏したり歌ったりする範囲であれば、手続きや申請は不要です。ただし、CDやダウンロード販売などの市販されている曲については、その音源を作成したミュージシャンやレコード会社から使用許可を得る必要があります。インターネットに動画を公開する場合は、この点に十分注意しましょう。

オンラインで公開する動画のBGMに、市販されている音楽の使用は控えましょう。

Chapter

8

編集したムービーの書き出し

編集作業を終えた映像作品は、そのままではPremiere Elementsの中でしか観ることができません。誰もが観られるようにするためには、1つのムービーファイルとして出力する必要があります。本章では、動画をムービーをファイルとして出力する方法や、直接YouTubeにアップロードする方法などについて解説します。

Section

82

ムービーをファイルとして出力する

編集したムービーをファイルとして出力することで、パソコン間でのデータのやり取りや管理がしやすくなります。ファイル形式はいくつか用意されていますが、ここでは、一般的なMP4、H.264を使用します。

ファイルとして出力する

❶[書き出しと共有]をクリックし、

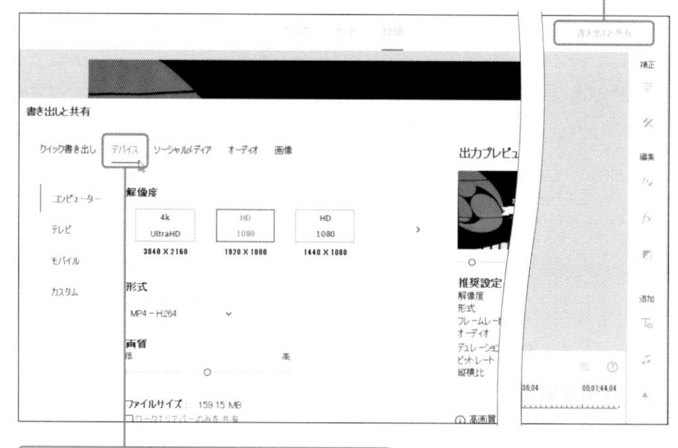

❷[デバイス]タブをクリックします。

❸用途に応じたデバイスを指定します(右下のMEMO参照)。

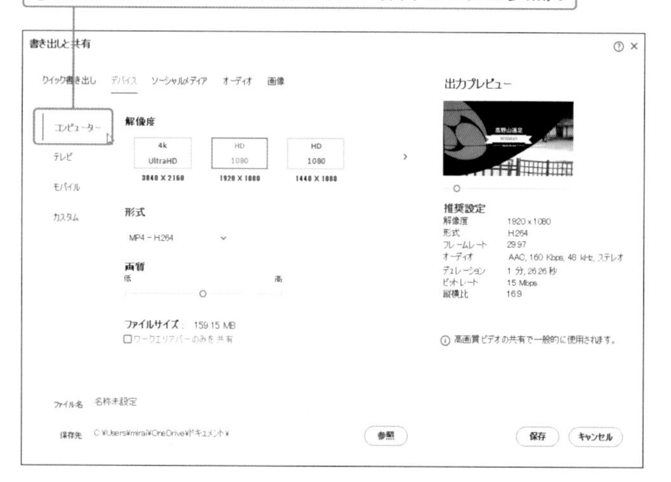

デバイスの指定について

手順❸では、出力したムービーを視聴するデバイス(機器)を指定します。デバイスによって、使用できる解像度やファイル形式に違いがあります。

ここでの設定

手順❸では、例として[コンピューター]タブをクリックします。

❹解像度をクリックして選択し（MEMO参照）、

❺ファイル形式を指定します（中段のHINT参照）。

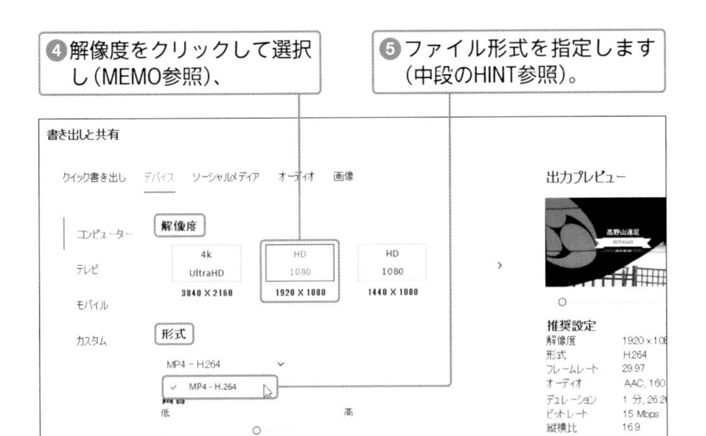

❻［画質］スライダーをドラッグし、画質を調整します。

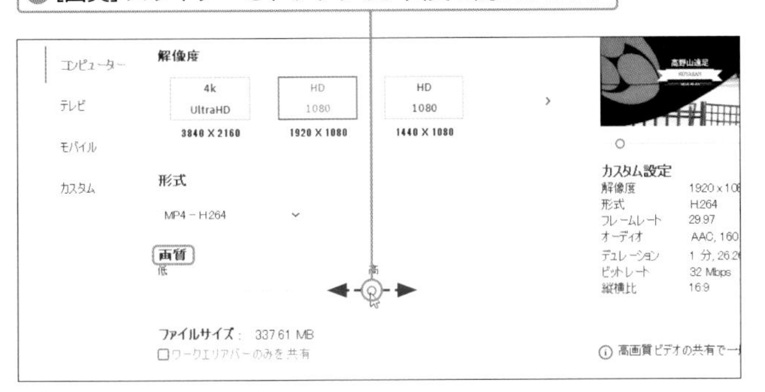

❼ファイル名を入力します。

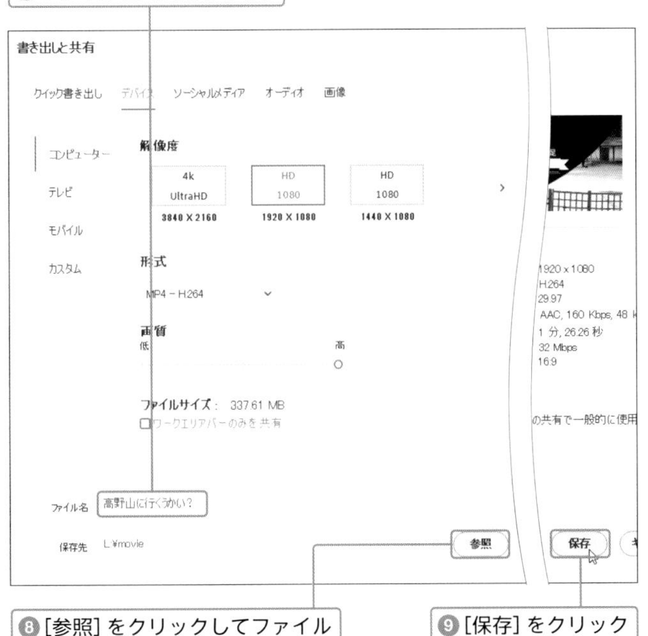

❽［参照］をクリックしてファイルの保存先を指定し、

❾［保存］をクリックします。

MEMO

ここでの設定

手順❹では、例として［HD1080（1920×1080）］を選択します。

HINT

ファイル形式について

手順❺では、例として［MP4-H.264］を選択します。MP4（エムピーフォー）は動画圧縮ファイルを格納するファイル形式の1つで、H.264（エイチ・ニ・ロク・ヨン）は動画の圧縮形式を示します。

HINT

［ワークエリアバーのみを共有］とは

通常は、ムービーの長さに合わせて出力されますが、［ワークエリアバーのみを共有］にチェックを入れると、ワークエリアバー（Sec.05参照）で指定した範囲を出力します。

Section 83

YouTubeやVimeoに公開する

インターネット環境があれば、動画配信サイトを利用することで、手軽に多くの人々にムービーを見てもらえます。あらかじめアカウントを取得していれば、動画配信サイトに直接ムービーをアップロードすることが可能です。

YouTubeに公開する

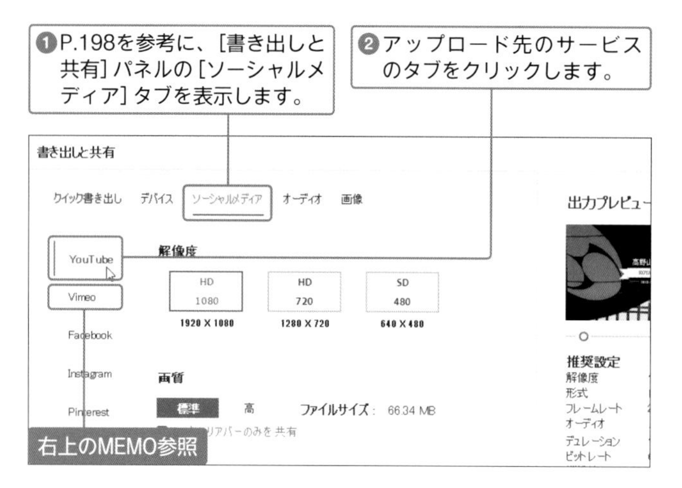

MEMO **Vimeoとは**

手順❶の画面にあるVimeo（ヴィメオ）はアメリカの動画共有サービスで、YouTubeと同じようにユーザーが作成したムービーを公開できます。利用するにはアカウント登録が必要です。

MEMO **ここでの設定**

手順❷では、例として[YouTube]タブをクリックします。

オンライン認証を行う

❶P.200手順❹のあと、Googleアカウントへのログイン画面が表示されます。

❷Googleアカウントをクリックして選択し、登録しているメールアドレスとパスワードを入力してログインします。

❸認証画面が表示されるので、[許可] をクリックします。

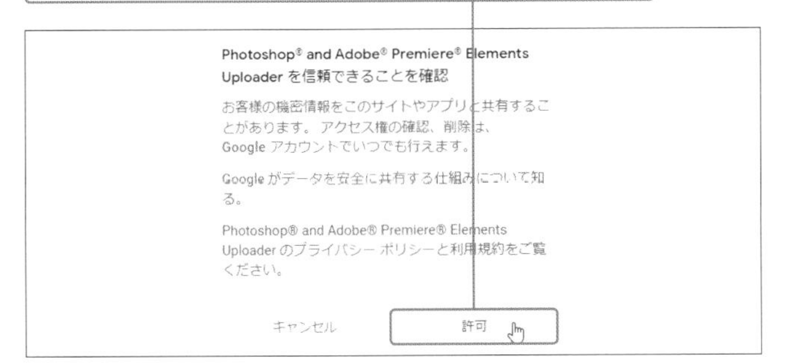

❹YouTubeにアップロードするムービーのタイトル、説明、タグを入力し、カテゴリと公開範囲を指定します（右下のMEMO参照）。

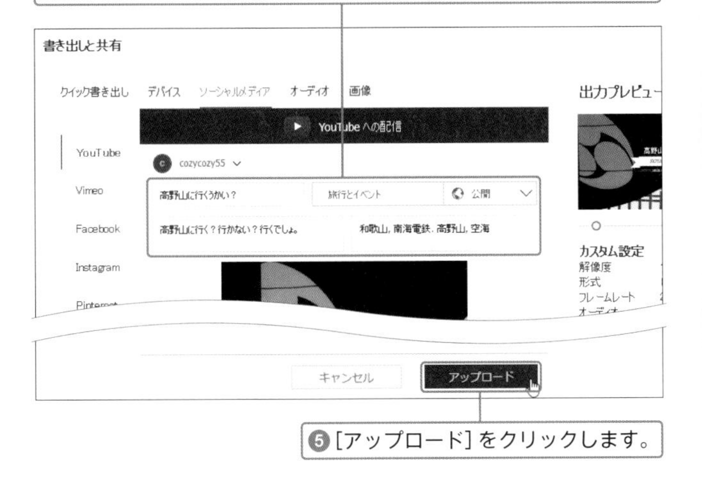

❺[アップロード] をクリックします。

Googleアカウントが必要

YouTubeに動画をアップロードするためには、あらかじめ Googleアカウントを取得しておく必要があります。

認証画面が表示された場合

手順❶でログイン後にGoogleの認証画面が表示された場合は、画面の指示に従って認証してください。

タグとは

手順❹のタグは、ユーザーがムービーを検索する際のキーワードとなります。タグを設定しておくと、ユーザーにムービーを探してもらいやすくなります。

❻編集した動画が1本のムービーとしてレンダリングされます。

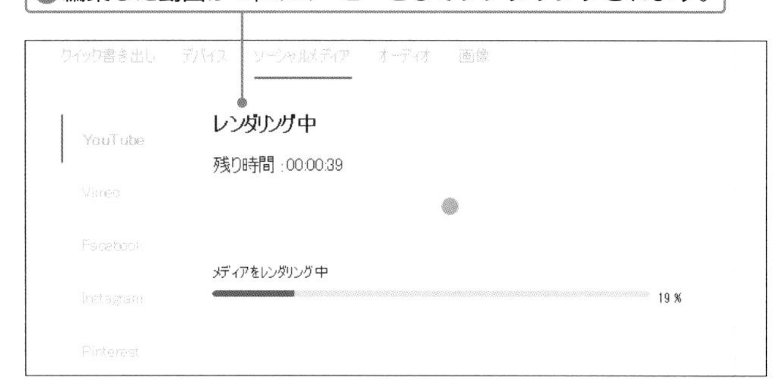

❼レンダリングが完了すると、自動的にYouTubeへのアップロードを開始します。

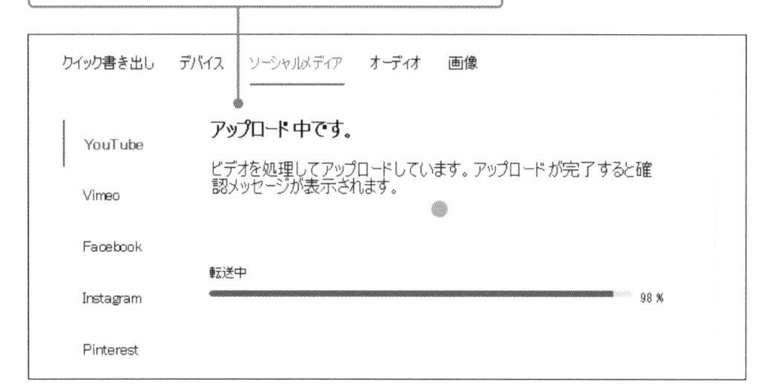

❽アップロードが完了すると、[配信完了] 画面になります。

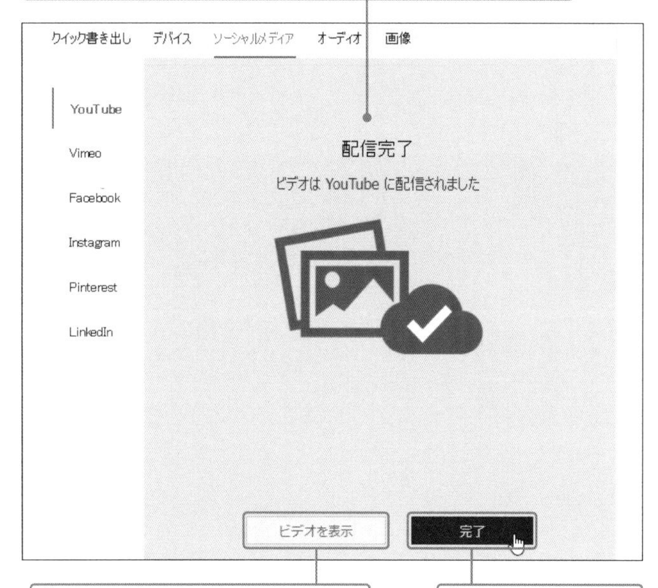

❾[ビデオを表示] をクリックするとブラウザが開き、アップロードしたムービーを確認できます。

❿[完了] をクリックすると、設定画面に戻ります。

MEMO　レンダリングが遅い場合

ムービーのファイルサイズによっては、レンダリングの完了まで時間がかかる場合があります。

Section 84

静止画として出力する

編集したムービーの中の1コマを静止画として出力して、静止画素材として流用したり、画像編集ソフトを使って加工したりできます。

1 画像として出力する

❶時間インジケーターを調整し、出力したい静止画を画面上に表示しておきます。

❷P.198を参考に、[書き出しと共有] パネルの [画像] タブを表示します。

❸[フレーム] タブをクリックします。

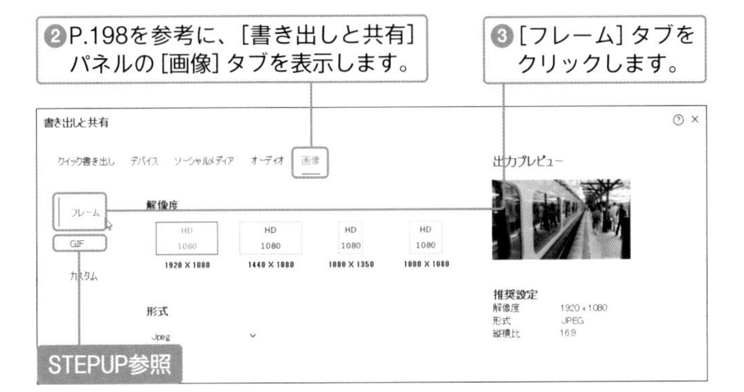

❹解像度と画質、ファイル名と保存先を指定します。

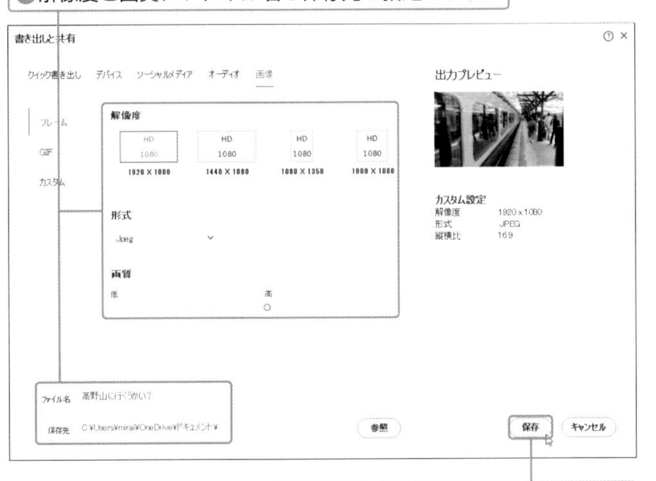

❺[保存] をクリックし、ムービーから書き出した静止画を保存します。

GIFアニメーションにも書き出せる

手順❸で [GIF] タブをクリックすると、GIFアニメーションで出力できます。このとき、ワークエリアバー(Sec.05参照)で書き出し範囲を指定可能です。GIFアニメーションは動画ではなく、パラパラ漫画のような機能を持つ画像です。動画時間が長くなるとファイルサイズが大きくなりすぎるため、書き出しの解像度と書き出し範囲に注意してください。

また、GIFアニメーションは手軽に動きを伝えることができる反面、使用できる色数は最大256色に制限されるため、描画が粗くなることにも留意が必要です。

Section 85

SNS用に動画を出力する

編集した動画は、人気SNS (Social Networking Service) 向けに出力することができます。多くのSNSは一般的な解像度のほか、縦型や正方形など独自の解像度にも対応しているのが特徴です。

1 対象のSNSを選択する

❶動画を編集後、P.198を参考に、[書き出しと共有] パネルの [ソーシャルメディア] タブをクリックします。

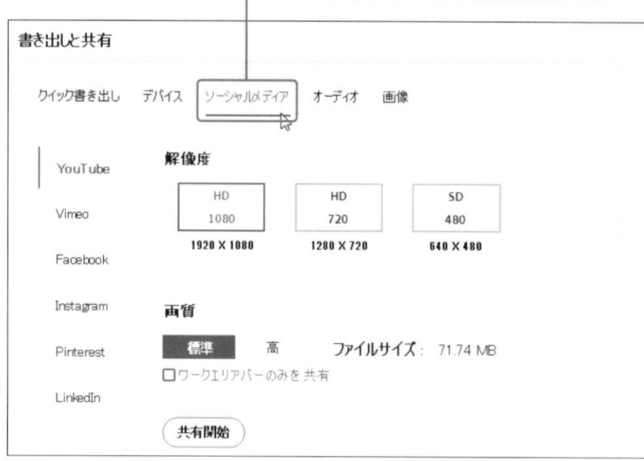

❷左側のリストから、出力したいSNSをクリックして選択します。

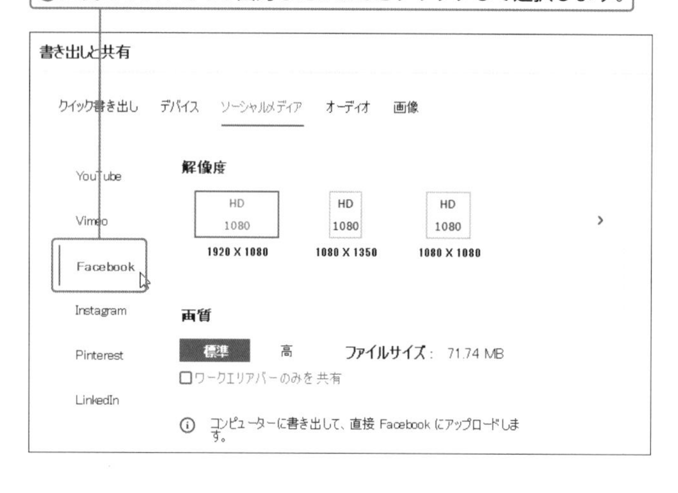

MEMO **ここでの設定**

ここでは例として、手順❷でFacebookをクリックして、Facebook向けの動画を出力します。

MEMO **YouTubeやVimeoの操作は？**

YouTubeとVimeoに関しては、Premiere Elementsから動画を直接アップロードできます。詳細はSec.83を参照してください。

② ファイルを出力する

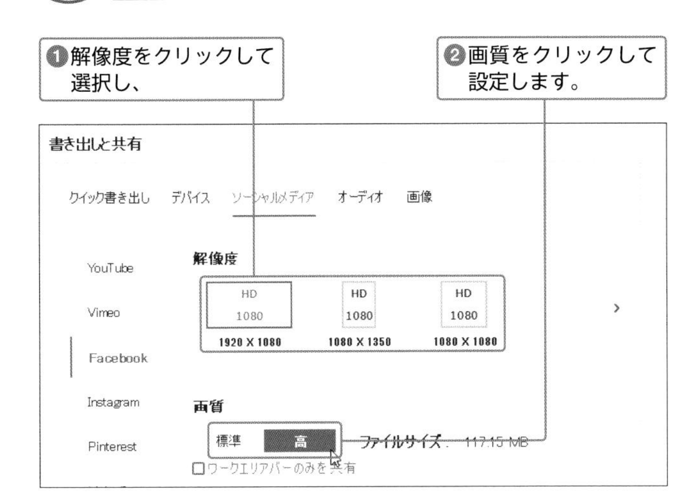

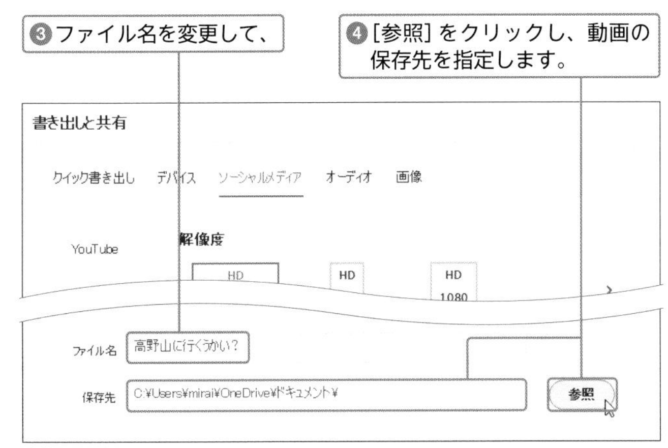

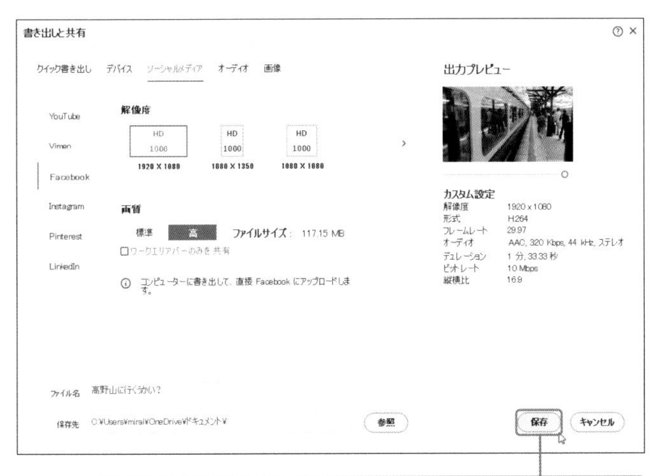

STEP UP 横型以外のサイズを指定すると、黒い余白がついてしまう

横型動画を縦型などにすると、縦型の幅に収まるようにサイズ変更されるため、小さなサイズでしか表示できなくなります。画面いっぱいにしたい場合は、P.210を参照してください。

Section
86

オーディオファイルとして出力する

Premiere Elementsで編集した動画から音声部分だけを取り出して、オーディオファイルとして出力することができます。出力したオーディオファイルは別の動画で利用するほか、さまざまな場面で活用できます。

既定の設定で出力する

❶動画を編集後、P.198を参考に、[書き出しと共有]パネルの[オーディオ]タブを表示します。

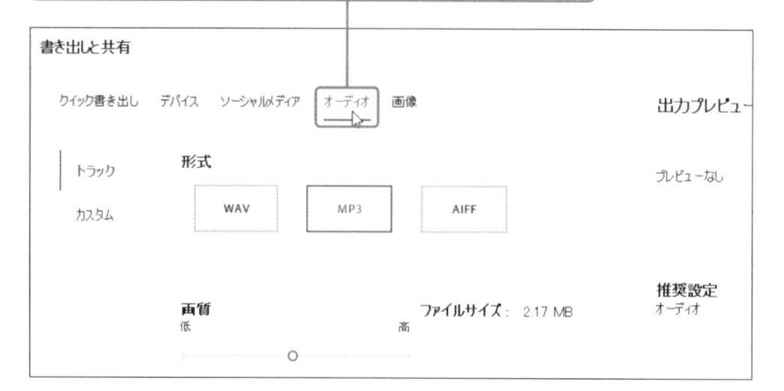

❷[トラック]タブの[形式]からオーディオのファイル形式を選択し（右上のMEMO参照）、

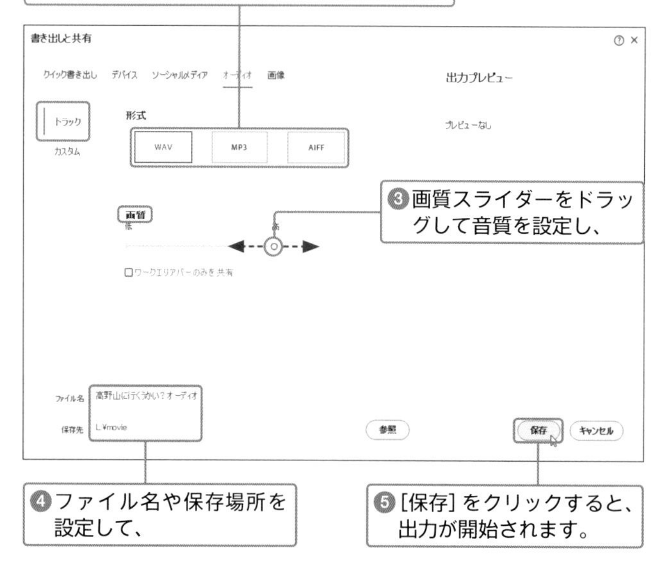

❸画質スライダーをドラッグして音質を設定し、

❹ファイル名や保存場所を設定して、

❺[保存]をクリックすると、出力が開始されます。

MEMO

オーディオ形式の違い

手順❷では、以下のオーディオ形式を選択できます。

WAV……非圧縮の音声ファイルで高音質ですが、ファイルのサイズは大きくなります。詳細設定では「波形オーディオ」と表記されます。

MP3……WAVを圧縮したファイルなのでやや低音質ですが、ファイルのサイズは小さくなります。

AIFF……WAVと同様、非圧縮の音声ファイルです。音質はWAVと差がありません。

MEMO

画質スライダーとは

画面には「画質」と表示されていますが、実際には音質が調整されます。音質を調整すると、オーディオの周波数が変化します。

カスタム設定を行う

❶[書き出しと共有]パネルで[オーディオ]タブをクリックし、

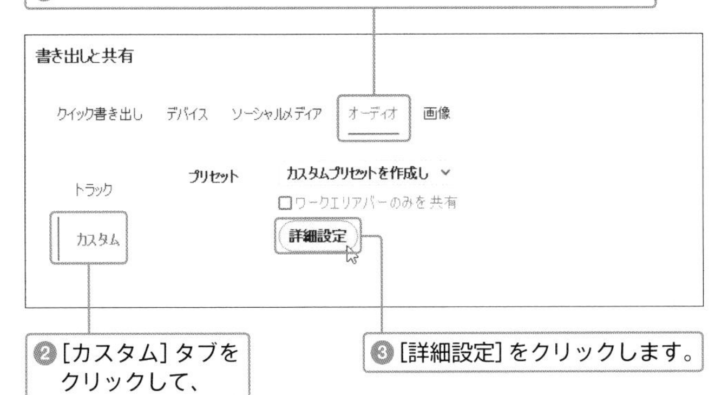

❷[カスタム]タブをクリックして、

❸[詳細設定]をクリックします。

❹書き出し設定からファイル形式を指定し、

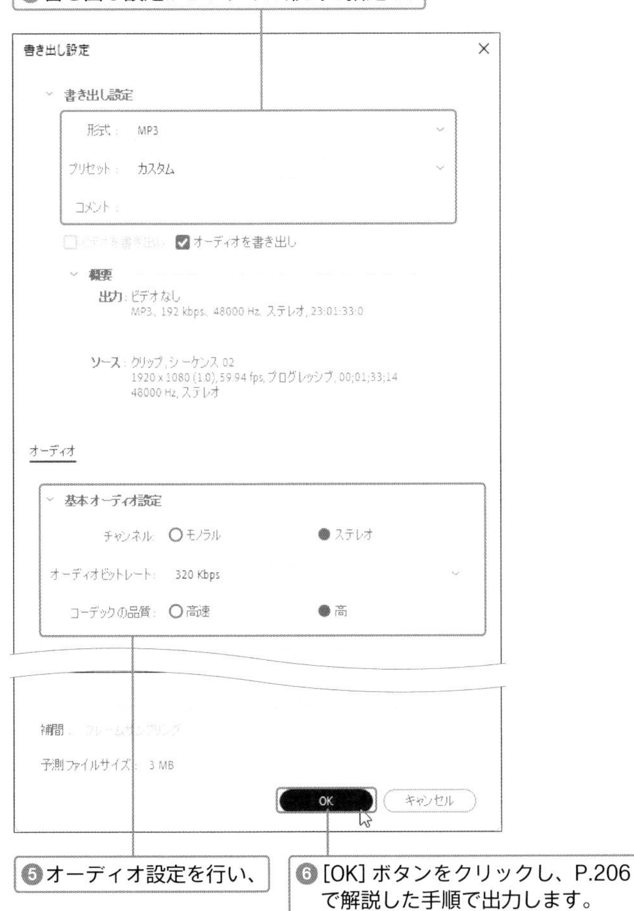

❺オーディオ設定を行い、

❻[OK]ボタンをクリックし、P.206で解説した手順で出力します。

MEMO

カスタム設定をするとどうなる？

カスタム設定では、通常は設定できない項目を設定したり、ノーマルの設定値以外の値を選択したりできます。また、音声ファイルとしてではなく、「音声のみの動画ファイル」として出力することもできます。

MEMO

プリセットとは

カスタム設定で既存の値以外の設定を行うと、プリセットとして保存されます。次回以降、保存されたプリセットを選択するだけで、カスタム設定の内容を再現できるようになります。保存したプリセットが不要になった場合は、プリセットの横にある[プリセットの削除]  をクリックします。

保存されたプリセットを選択します。

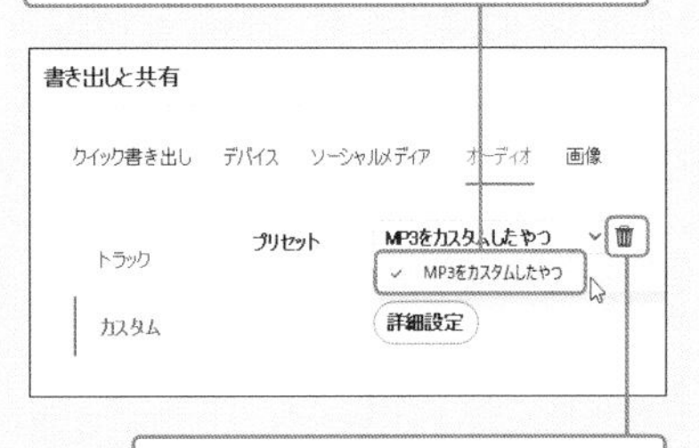

クリックすると、プリセットを削除します。

Appendix 01

Elements Organizerを利用する

Premiere Elementsに付属するElements Organizerは、画像や映像、音声などさまざまな種類のファイルを一括で管理するためのソフトウェアです。Premiere Elementsと連携して活用しましょう。

Elements Organizerで素材を管理する

❶スタートメニューからPremiere Elementsを起動します。

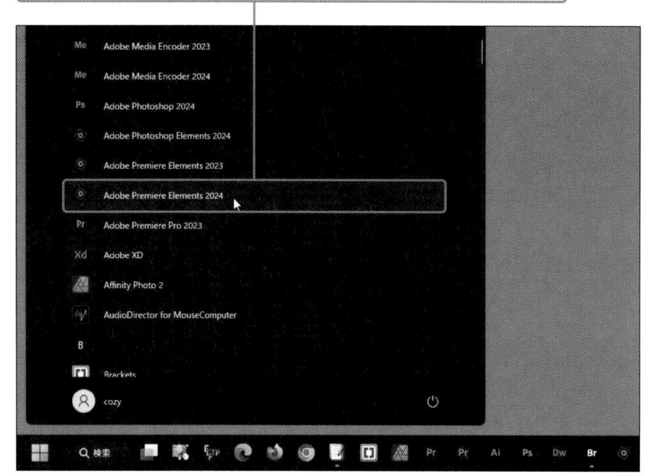

❷Premiere Elementsのホーム画面が表示されたら、[整理] をクリックします。

MEMO **チェックフォルダーについて**

Elements Organizerは、特定のフォルダーを常にチェックし、新しいファイルが確認された場合は、起動時に読み込むかどうかの確認を行います。[ファイル] メニュー→[チェックフォルダー] の順に開くと、対象となるフォルダーを追加できます。

HINT **カメラから読み込むには？**

[読み込み] →[カメラまたはカードリーダーから] の順にクリックすると、Sec.09の方法で素材を読み込めます。

❸ [読み込み] をクリックし、

❹ [ファイルやフォルダーから] をクリックします。

❺ 目的の素材がフォルダー内に保存されている場合は、対象のフォルダーをクリックして選択し、

❻ [開く] をクリックします。

❼ 使用する素材をクリックして選択し、

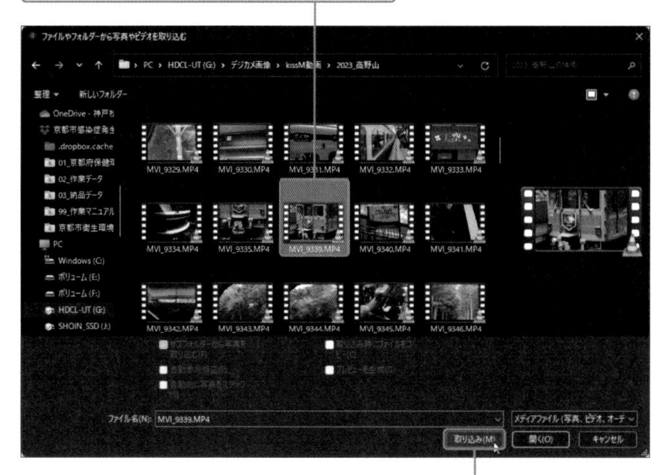

❽ [取り込み] をクリックすると、素材がカタログに記録されます。

MEMO

複数の素材を選択するには？

手順❼で Ctrl (Macは command) を押しながらクリックすると、複数の素材を同時に選択できます。連続したクリップをまとめて選択する場合は、先頭の素材をクリックし、最後の素材を Shift を押しながらクリックします。すべての素材を選択する場合は Ctrl (Macは command) + A キーを押します。

MEMO

一部の素材を選択から外すには？

選択した複数の素材から不要なものを外すには、Ctrl (Macは command) を押しながら対象の素材をクリックします。

MEMO

スキップされる

取り込もうとした素材がすでにカタログとして記録されている場合は、メッセージが表示されます。[OK] をクリックしてメッセージを閉じてください。

Appendix 02

横型動画を縦型動画として編集する

SNSではスマートフォンでの利用が多いため、縦型や正方形となどのフォーマットが多く利用されています。ここでは横型で撮影した動画を縦型や正方形の動画として編集・出力する方法について解説します。

動画フォーマットを設定する

❶ファイルメニューで［ファイル］→［新規］→［プロジェクト］の順にクリックし、新規プロジェクトを作成します。

❷プロジェクトのファイル名と保存場所を設定し、

❸「プロジェクトプリセット」で動画の解像度を設定します（MEMO参照）。

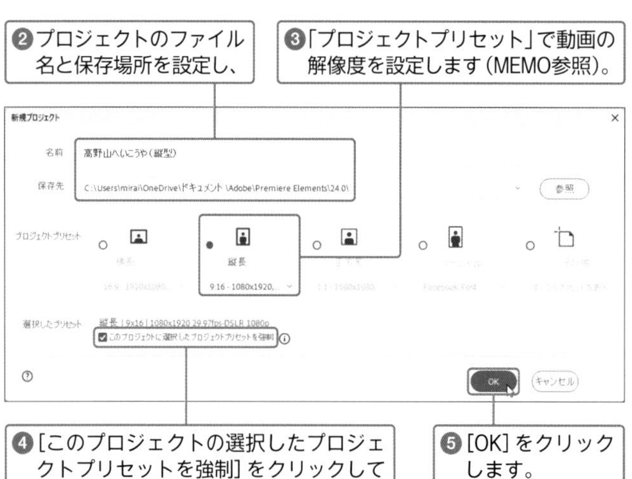

❹［このプロジェクトの選択したプロジェクトプリセットを強制］をクリックしてチェックを入れ、

❺［OK］をクリックします。

MEMO ここでの設定

手順❸では、例として［縦長(9:16-1080X1920,29.97)］を選択しています。

動画を編集する

❶Sec.08を参考にメディアを追加し、タイムラインに動画を配置します。

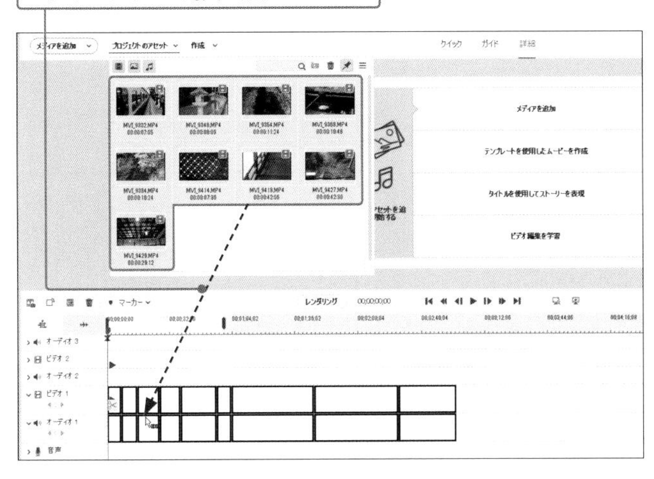

❷タイムライン上のクリップをクリックし、

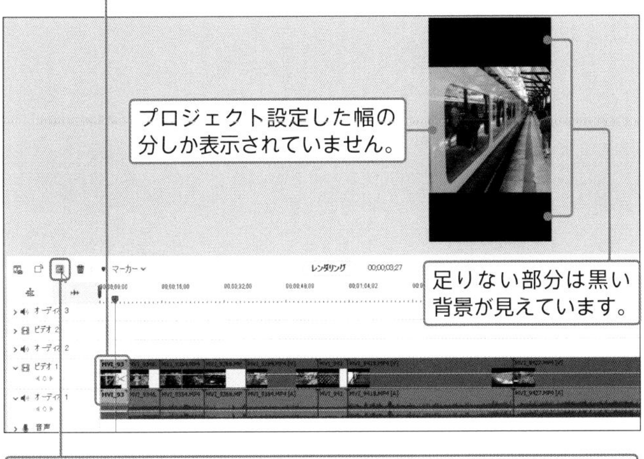

❸[オートリフレーム]ボタンをクリックします(右下のMEMO参照)。

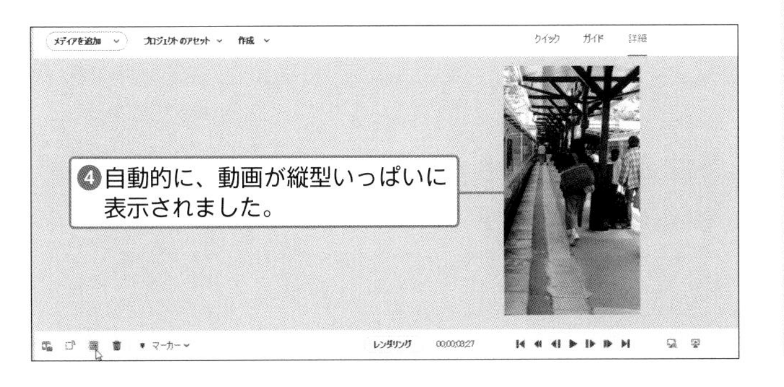

MEMO

ここが重要

P.210手順❹で[このプロジェクトの選択したプロジェクトプリセットを強制]にチェックを入れていない場合、タイムラインに配置した動画の解像度に自動的に変更されます。

MEMO

ここでの設定

ここで読み込む動画は、横型の動画を例に解説します。

MEMO

オートリフレームについて

タイムライン上のクリップにまとめてオートリフレームを設定すると、分析に時間がかかる場合があります。画面の右下に分析の進捗状況が表示されるので、完了するまでの時間の目安になります。

❺[適用されたエフェクト]をクリックし、

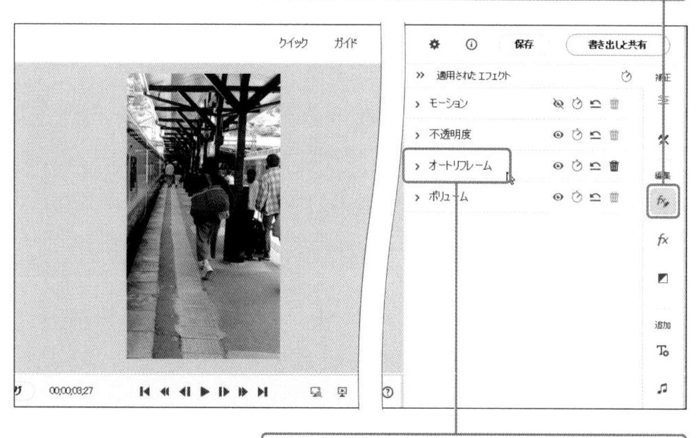

❻[オートリフレーム]をクリックします。

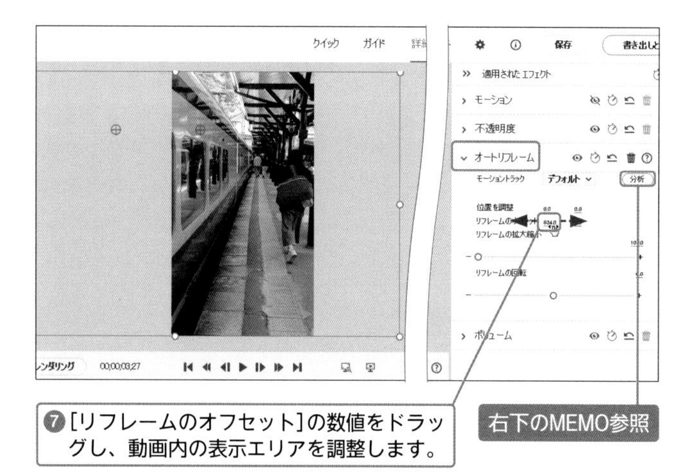

❼[リフレームのオフセット]の数値をドラッグし、動画内の表示エリアを調整します。

右下のMEMO参照

❽同様に、ほかのクリップでも設定を行います。

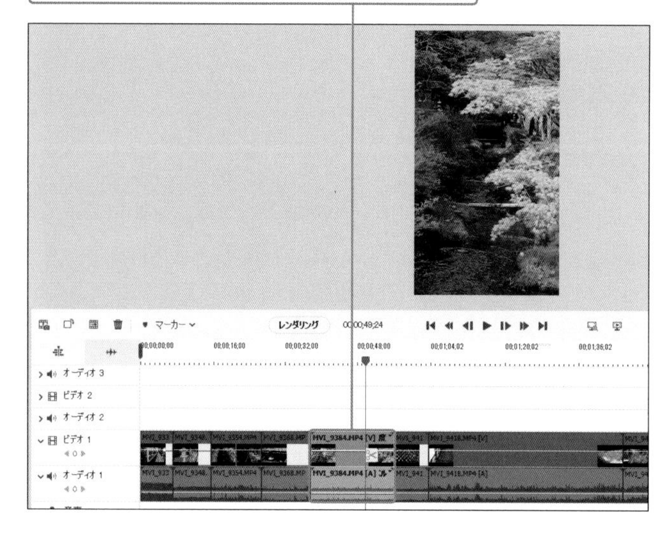

オートリフレームの数値について

手順❼で思うような変化が得られない場合は、shiftキーを押しながらドラッグしてみましょう。

オートリフレームを再分析するには？

期待した調整の結果にならない場合は、オートリフレームの[リセット]→[分析]の順でクリックし、オートリフレームを再設定してください。

動画を出力する

右上のMEMO参照

❶［書き出しと共有］をクリックし、

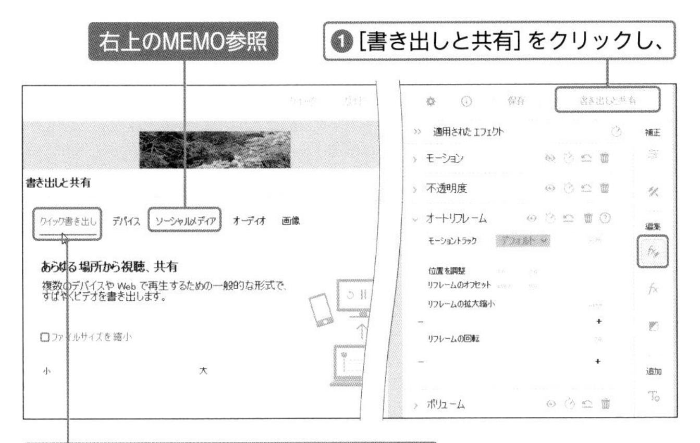

❷［クイック書き出し］をクリックします。

❸ファイルサイズを抑えたい場合は［ファイルサイズを縮小］にチェックを入れ（右下のMEMO参照）、

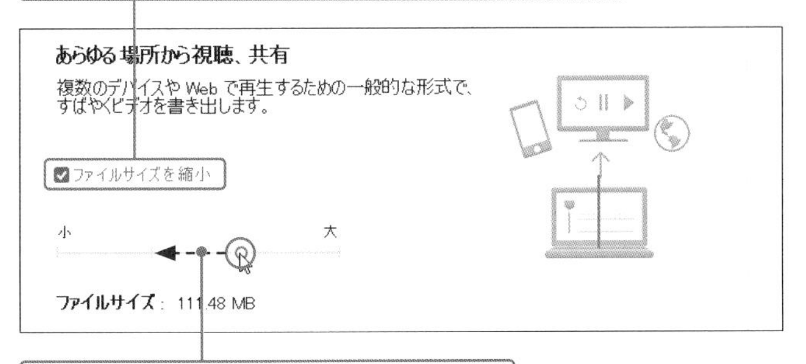

❹スライダーを「小」側にドラッグします。

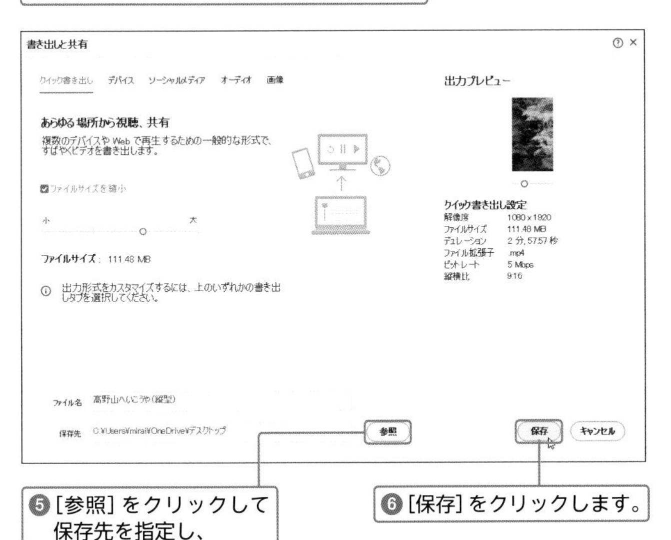

❺［参照］をクリックして保存先を指定し、

❻［保存］をクリックします。

MEMO

［ソーシャルメディア］タブを選ばない理由

手順❷では、プロジェクト設定時に設定した解像度でそのまま出力する場合は、クイック書き出しで問題ありません。縦型動画として編集した動画を正方形動画として出力する場合などは、［ソーシャルメディア］タブから指定しましょう。ただし、長辺が収まるようにリサイズされるため、余白部分は自動的に黒い帯が付きます。

MEMO

ファイルサイズの縮小について

手順❸でファイルサイズを縮小すると、映像の解像度はそのままで、単純に画質が低下します。

Appendix 03

ビデオストーリーを作成する

あらかじめ用意されたテーマとチャプターに対して素材の画像や映像を当てはめていくだけで、見応えのあるムービーが完成します。キャプションやナレーションを加えるなど、カスタマイズすることが可能です。

ビデオストーリーを作成する

❶[作成]をクリックし、

STEPUP参照

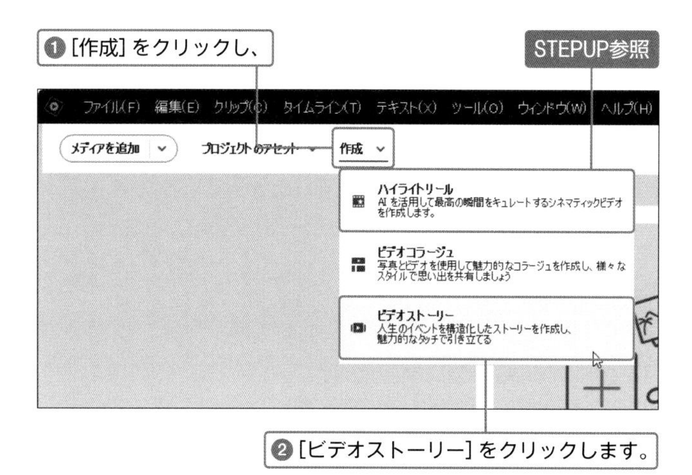

❷[ビデオストーリー]をクリックします。

❸カテゴリ一覧が表示されるので、目的のテーマに沿ったカテゴリをクリックします。

MEMO

カテゴリ一覧の画面が出ないときは？

すでにビデオストーリーが作成されている場合は、手順❷のあと、[新規ストーリー]をクリックします。

STEP UP

インスタントムービーも作成できる

手順❷で[ハイライトリール]をクリックすると、ハイライトリールを作成できます。ハイライトリールとは、Adobeが誇るAI「Sensei」が動画に含まれる被写体の表情や動きなどのシーンを分析し、最適な形で自動的に編集する機能です。編集後はそのままSNSに投稿することも可能です。

❹ ⊂ や ⊃ をクリックしてデザインテーマを選択し、

HINT参照

❺［開始］をクリックします。

タイムラインのクリップを使う場合は？

タイムライン上のビデオクリップや静止画クリップを素材として使用する場合は、［タイムラインのオリジナルビデオクリップを使用］にチェックを入れます。

ストーリーアセットを作成する

❶いずれかの方法で、ビデオストーリーに使用するメディアを読み込みます。

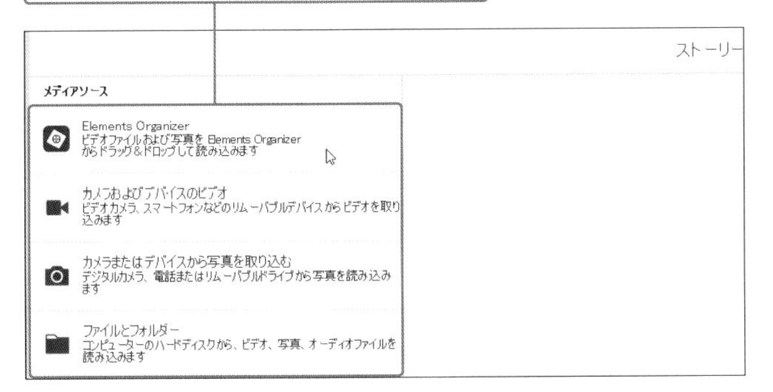

❷Elements Organizerに登録されている静止画や動画のうち、ビデオストーリーとして使用したい素材をストーリーアセットにドラッグし、

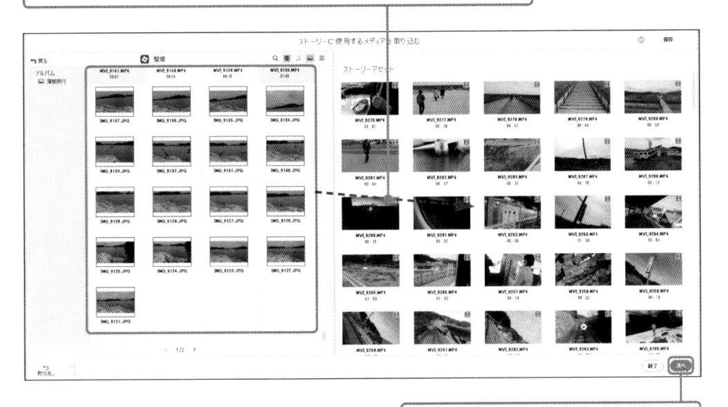

❸［次へ］をクリックします。

ここでの設定

手順❶では、例として［Elements Organizer］をクリックします。

メディアをプレビューするには？

Elements Organizerのサムネイルをダブルクリックするとプレビューウィンドウが開き、メディアをプレビューできます。

3 ストーリーを作成する

❶チャプターに設定したいメディアをチャプターにドラッグします。

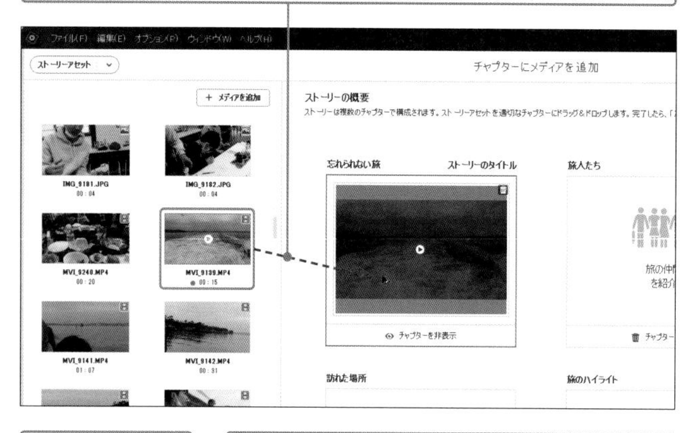

❷チャプターをクリックし、

❸タイトル部分をクリックして新しいタイトルを入力し、Enterを押します。

❹手順❶〜❸を繰り返し、チャプターにメディアをドラッグして、ストーリーを作り上げます。

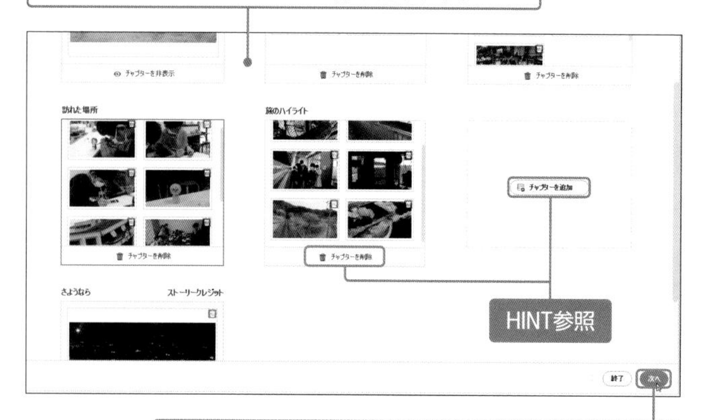

❺一通り作成を終えたら、[次へ] をクリックします。

MEMO どんな素材を使ってもいいの？

それぞれのチャプターにはストーリーが書かれているので、適切な素材を使用してください。

HINT チャプターを追加／削除するには？

用意されたチャプターだけでは足りない場合は、[チャプターを追加] をクリックし、新しいチャプターを追加します。チャプターを削除する場合は、各チャプターの下部にある [チャプターを削除] をクリックします。

ビデオストーリーをカスタマイズする

❶[詳細ビュー] タブでストーリーのチャプターを切り替え、

❷ムードをクリックし、ムービーの雰囲気を設定します（MEMO参照）。

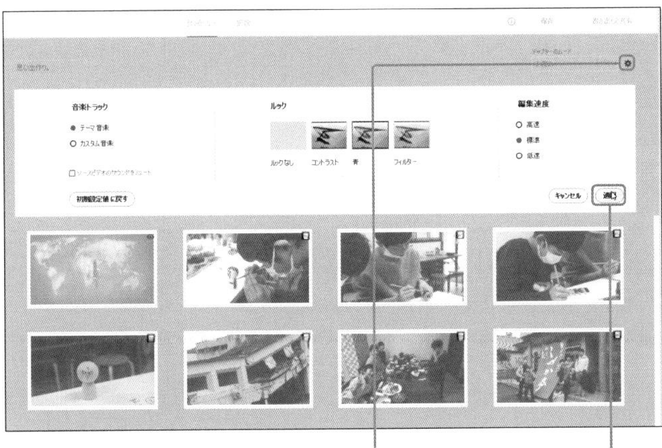

❸[設定] をクリックすると、チャプターのカスタマイズができます（HINT参照）。

❹設定後、[適用] をクリックします。

❺画面左下の [キャプションを追加] をクリックし、キャプション画面を表示します。

❻キャプションを挿入したいタイミングに時間インジケーターをドラッグし、

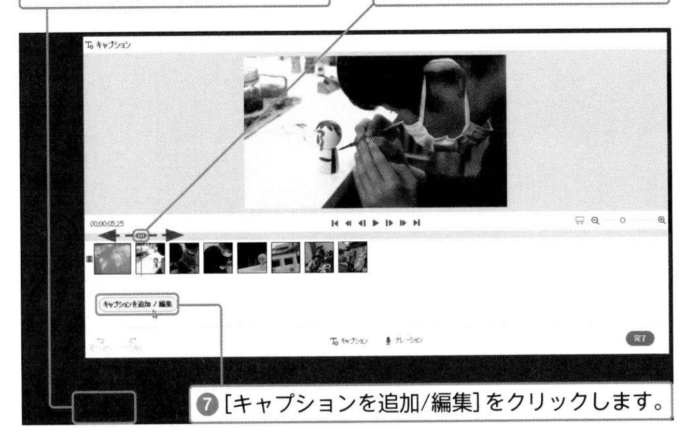

❼[キャプションを追加/編集] をクリックします。

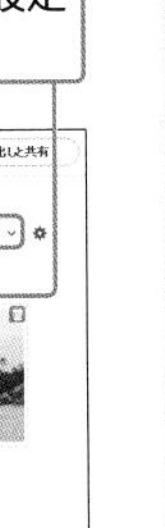

ムードはどんな効果がある？

手順❷で選択したムードの種類によって、テーマ音楽やムービーの見た目の印象が変化します。

チャプターのカスタマイズ

手順❸のチャプターのカスタマイズでは、以下の設定ができます。

音楽トラック……[カスタム音楽] を選択すると、オリジナルのオーディオファイルを指定できます。

ルック……クリップにフィルタを適用し、雰囲気を変更します。

編集速度……各チャプターを自動編集で短くする（高速）か、長くする（低速）かを設定します。

❽キャプションのテキストを入力して、

❿キャプションの表示位置を指定し、

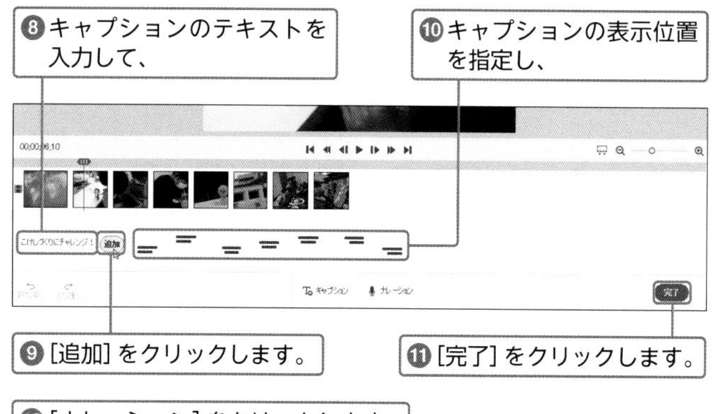

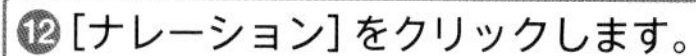

⓫[完了] をクリックします。

⓬[ナレーション] をクリックします。

⓭ナレーションを追加したい位置に時間インジケーターをドラッグし、

⓮[録音] をクリックして、ナレーションの録音を開始します。
⓯録音を停止するには [停止] をクリックし、

[録音] をクリックすると [停止] に変化します。

⓰[完了] をクリックします。

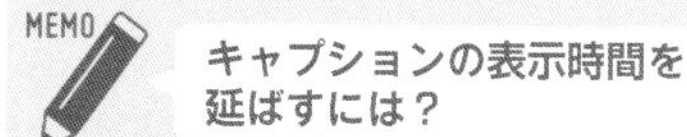

キャプションの表示時間を延ばすには？

キャプションの表示時間を延ばす場合は、タイムライン内のキャプション表示の端部をドラッグします。

MEMO

ナレーションが追加できない？

オープニングとエンディングのタイトル部分には、ナレーションを追加できません。

ビデオストーリーを出力する

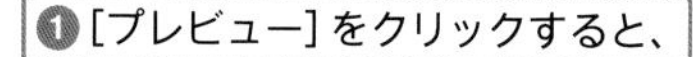

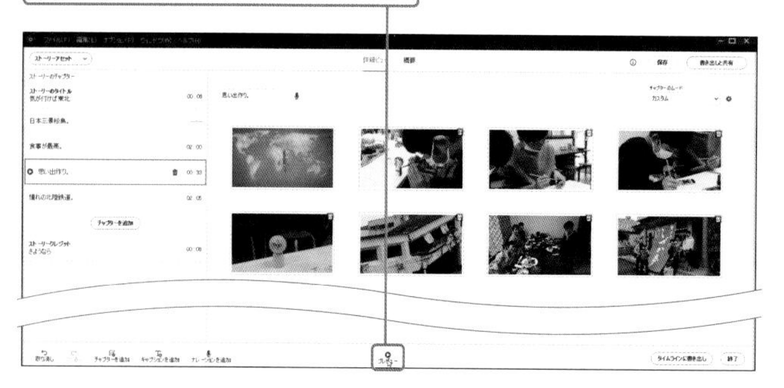

❷プレビューウィンドウが開き、再生がはじまります。

❸確認したら右上の [閉じる] をクリックし、プレビューを閉じます。

動きがカクカクする場合

[レンダリング] をクリックすると、プレビューが作られて滑らかに再生されます。

❹[書き出しと共有]をクリックすると、[書き出しと共有]パネルが開きます。

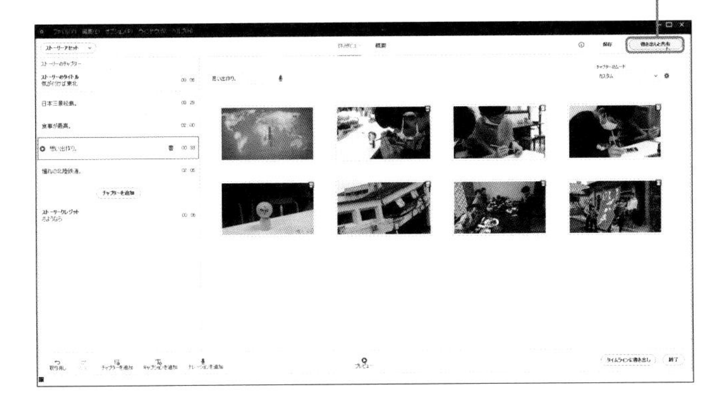

MEMO 出力の方法について

ビデオストーリーを出力する方法については、Sec.82～85を参考に出力してください。

6 ビデオストーリーをタイムラインに書き出す

❶[タイムラインに書き出し]をクリックします。

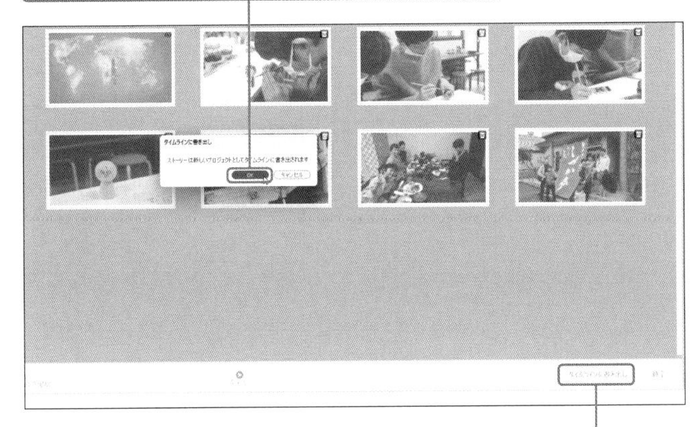

❷メッセージが表示されたら、[OK]をクリックします。

❸ビデオストーリーに使用したすべての素材が、クリップとしてタイムライン上に配置されます。

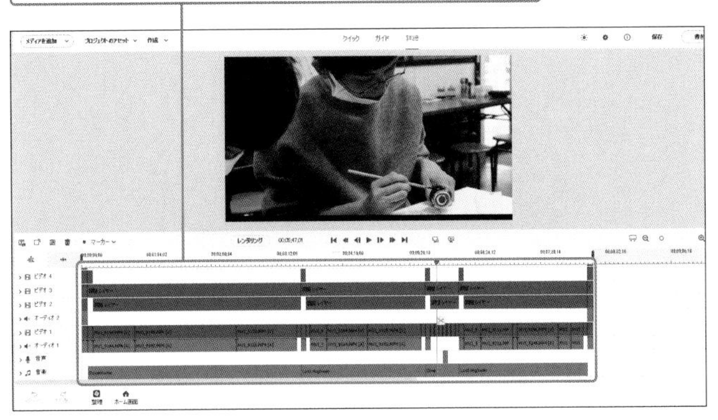

MEMO 保存ダイアログが表示された

一度も保存していない場合は、プロジェクトを保存した後に実行されます。

Appendix 04

体験版をインストールする

Premiere Elementsの体験版をインストールするには、アドビ株式会社のWebサイトからインストーラーをダウンロードします。その際、Adobe IDが必要です。Adobe IDを取得していない場合は、アドビアカウントのページ（https://account.adobe.com/）で取得しておきましょう。

Windows用の体験版をインストールする

1 ブラウザのURL欄に以下のURLを入力します。Adobe IDの入力を求められた場合は、画面の指示に従って検証の手続きをします。

https://www.adobe.com/jp/products/premiere-elements/download-trial/try.html

2 「無料体験を始めよう」のページでOSと言語に合うバージョン（ここでは［Windows 64-bit Japanese］）を選択し（❶）、［無料で始める］をクリックします（❷）。

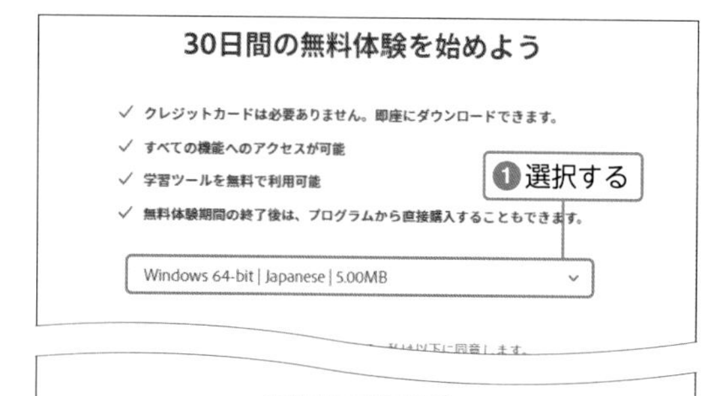

3 ［名前を付けて保存］画面が表示されたら、インストーラーを保存する場所を指定して、［保存］をクリックします。

4 ダウンロードしたインストーラーのアイコンをダブルクリックします（❶）。

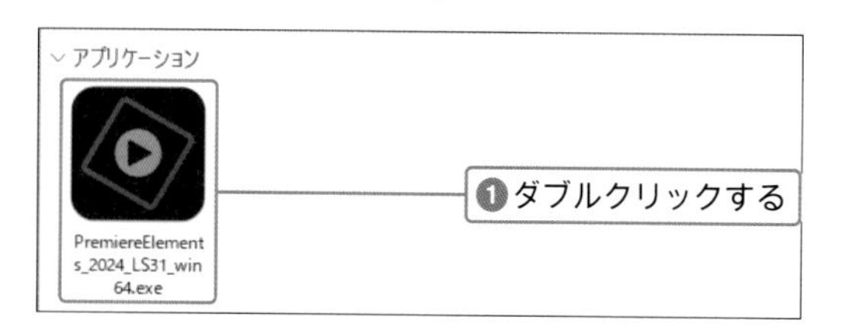

5 Premiere Elementsのインストーラーが起動します。最初の画面で［続行］をクリックします（❶）。

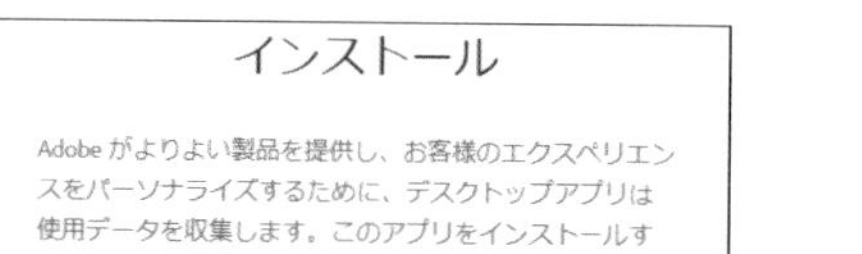

6 インストールオプションの「言語」は［日本語］、「場所」は［規定の場所］が設定されていることを確認して（❶）、［続行］をクリックします（❷）。

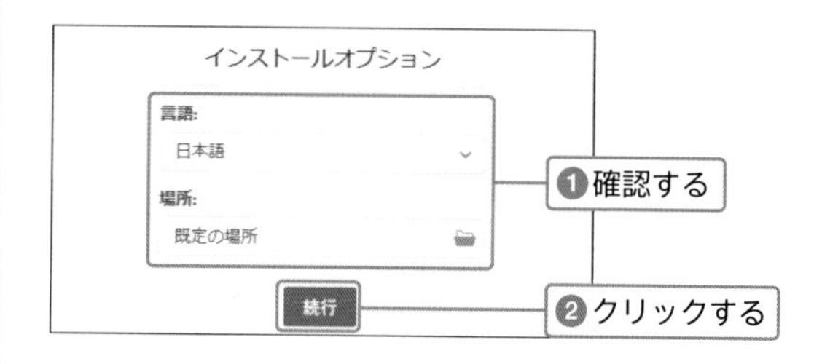

7 インストールが開始します。

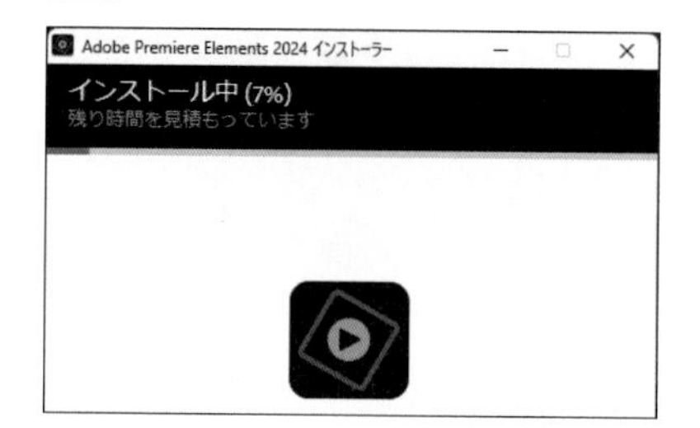

8 インストールが完了すると、Premiere Elementsの起動画面が表示されます。[ビデオの編集]をクリックします(❶)。

9 この画面が表示されたら[サインイン]をクリックします(❶)。

10 この画面では[今すぐ試す]をクリックします(❶)。

11 体験版を使用できる残りの日数が表示されるので、[無料体験版を開始]をクリックします(❶)。

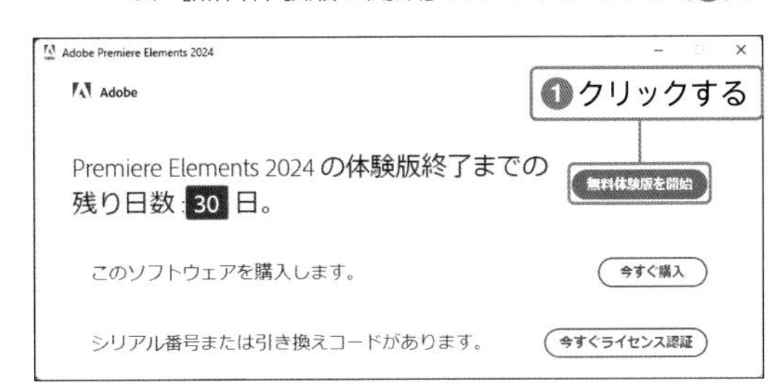

2 Mac用の体験版をインストールする

Macではブラウザは Safariを使用します。手順**2**では日本語のmac OSを選択し、[無料で始める]をクリックします。ダウンロードの完了後、Safariの[ダウンロードを表示します]ボタンをクリックし(❶)、表示されたファイルをダブルクリックします(❷)。インストーラーのフォルダが開くので、インストーラーのアイコンをダブルクリックして起動します(❸)。その後、手順**5**以降の操作を行います。

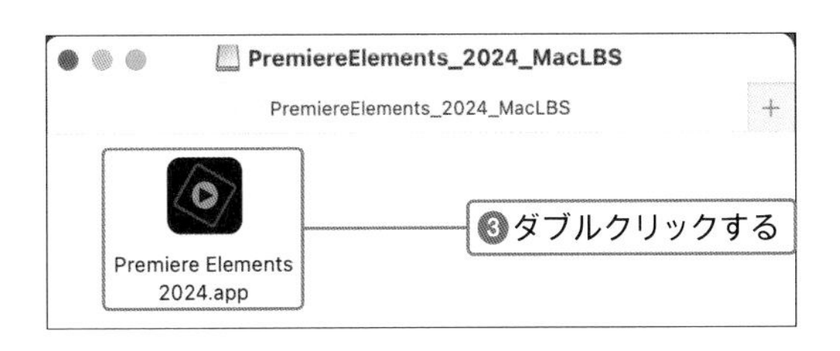

HINT ソフトウェアの購入方法

体験版はインストール後30日で使用できなくなります。製品版はパソコン量販店のほか、アドビ社の公式サイトからも購入できます。購入後、手順**11**の画面で[今すぐライセンス認証]をクリックし、入手したシリアル番号や引き換えコードを入力すると制限が解除されて、製品版として継続して利用できる状態になります。

MEMO Adobe IDとは

Adobe IDはアドビ社が提供するソフトウェアやサービスを利用するためのアカウントです。メールアドレス、任意のパスワード、氏名、生年月日、国籍、2段階認証を有効にする場合はスマホの番号、などの情報を入力すると無料で作成できます。

索引

数字・アルファベット

あ行

か行

さ行

た行

な・は行

ま行

や行・ら行・わ行

お問い合わせについて

本書に関するご質問については、本書に記載されている内容に関するもののみとさせていただきます。本書の内容と関係のないご質問につきましては、一切お答えできませんので、あらかじめご了承ください。また、電話でのご質問は受け付けておりませんので、必ずFAXか書面にて下記までお送りください。
なお、ご質問の際には、必ず以下の項目を明記していただきますようお願いいたします。

1 お名前
2 返信先の住所またはFAX番号
3 書名（今すぐ使えるかんたん Premiere Elements やさしい入門［2024／2023／2022対応版］）
4 本書の該当ページ
5 ご使用のOSとソフトウェアのバージョン
6 ご質問内容

なお、お送りいただいたご質問には、できる限り迅速にお答えできるよう努力いたしておりますが、場合によってはお答えするまでに時間がかかることがあります。また、回答の期日をご指定なさっても、ご希望にお応えできるとは限りません。あらかじめご了承くださいますよう、お願いいたします。

問い合わせ先

〒162-0846
東京都新宿区市谷左内町21-13
株式会社技術評論社　書籍編集部
「今すぐ使えるかんたん
Premiere Elements やさしい入門
［2024／2023／2022対応版］」質問係
FAX番号　03-3513-6167

https://book.gihyo.jp/116

■お問い合わせの例

FAX

1 お名前
　技術　太郎
2 返信先の住所またはFAX番号
　03-XXXX-XXXX
3 書名
　今すぐ使えるかんたん Premiere Elements やさしい入門［2024／2023／2022対応版］
4 本書の該当ページ
　40ページ
5 ご使用のOSとソフトウェアのバージョン
　Windows 11 Home
　Adobe Premiere Elements 2024
6 ご質問内容
　手順3の画面が表示されない

※ご質問の際に記載いただきました個人情報は、回答後速やかに破棄させていただきます。

今すぐ使えるかんたん Premiere Elements　やさしい入門［2024／2023／2022対応版］

2024年　5月17日　初版　第1刷発行

著　者●山本 浩司
発行者●片岡 巌
発行所●株式会社 技術評論社
　東京都新宿区市谷左内町21-13
　電話　03-3513-6150　販売促進部
　　　　03-3513-6160　書籍編集部
カバーデザイン●田邉恵里香
カバーイラスト●山内庸資
本文デザイン●リブロワークス・デザイン室
DTP●技術評論社 制作業務課
編集●田村佳則（技術評論社）
製本／印刷●大日本印刷株式会社

定価はカバーに表示してあります。

ISBN978-4-297-14140-0 C3055
Printed in Japan

■著者紹介

山本 浩司

神戸松蔭女子学院大学　准教授・未来画素代表・大阪市立デザイン教育研究所　非常勤講師。
関西を中心にweb・CG制作から各種印刷物の制作、映像編集、TV番組の制作など幅広く活動する傍ら、ソフトの操作解説書籍を多数執筆する。趣味はウイスキー（好きな銘柄は「余市」）と「DaiDaiだげな時間」。

●最近の著書
『AFFINITY PHOTO クリエイター教科書　[V2対応版]』『今すぐ使えるかんたん　Premiere Elements 2021［2021/2020対応］』『今すぐ使えるかんたん iMovie　動画編集入門【改訂3版】』（技術評論社）。